"十三五"江苏省高等学校重点教材（本书编号：2018-2-164）

应 用 型 本 科 计 算 机 类 专 业 规 划 教 材
应用型高校计算机学科建设专业委员会组织编写

计算机硬件技术基础

主　编　徐煜明
副主编　李曙英　徐文彬　俞　海
　　　　张利峰　马钧霆
编　委　韩　雁　闵立清　李春光
　　　　张建兵　谢光前

U0250589

南京大学出版社

内容简介

本书是"十三五"江苏省高等学校重点教材,为适应新工科计算机类专业教学改革,以及教育部高等学校计算机基础课程教学指导委员会最新发布的关于理工类专业本课程教学基本要求,结合作者及教学团队教学实践而编写的。简要介绍了电路及模拟电子技术基础知识,系统地阐述了数字逻辑及数字系统设计方法,主要内容包括:电路的基本定律及分析方法,基本放大电路原理及集成运算放大器的应用;数制与编码、数据在计算机中的表示方法,逻辑代数基础及应用;组合逻辑电路与时序逻辑电路的分析与设计方法;时序信号与脉冲波形,模拟信号与数字信号的转换,EDA开发技术。本书内容精炼,层次清楚,系统性实用性强,内容由浅入深,易于理解和掌握。配有本章要点、本章小结、本章实验、习题答案,便于教学和自学。本书可作为高等学校计算机类及相关专业的教材或参考书。

图书在版编目(CIP)数据

计算机硬件技术基础 / 徐煜明主编. — 南京:南京大学出版社,2019.12
ISBN 978 - 7 - 305 - 22676 - 2

Ⅰ. ①计… Ⅱ. ①徐… Ⅲ. ①硬件－高等学校－教材
Ⅳ. ①TP303

中国版本图书馆 CIP 数据核字(2019)第 256996 号

出版发行 南京大学出版社
社   址 南京市汉口路 22 号   邮编 210093
出 版 人 金鑫荣

书   名 计算机硬件技术基础
主   编 徐煜明
责任编辑 吕家慧 钱梦菊   编辑热线 025 - 83597482
照   排 南京理工大学资产经营有限公司
印   刷 南京京新印刷有限公司
开   本 787×1092 1/16 印张 18.25 字数 460 千
版   次 2019 年 12 月第 1 版 2019 年 12 月第 1 次印刷
ISBN 978 - 7 - 305 - 22676 - 2

定   价 47.80 元
网   址:http://www.njupco.com
官方微博:http://weibo.com/njupco
微信服务号:njuyuexue
销售咨询热线:(025)83594756

前　言

计算机类专业是计算机硬件与软件相结合、面向系统、侧重应用的宽口径专业,计算机硬件技术基础是"计算机组成原理""计算机系统结构""嵌入式系统""微机系统"等课程的先导课程。为适应新工科背景下计算机类专业教学改革,本书紧密围绕计算机数字系统核心知识,在选材和内容安排上注重基本理论与应用相结合,注意反映电子技术的新发展,涉及三大内容:① 电路的基本概念与分析方法;② 放大电路的原理及集成运算放大器的应用;③ 数字逻辑与数字系统设计。前面二大内容各占一章,期望读者能从中了解电路和模拟电子技术方面的相关基础知识;全书共分 8 章内容,重点放在"数字逻辑与数字系统设计"。

第 1 章:简要介绍电子技术发展历史,从数字系统的定义及嵌入式数字系统实例入手,初识模拟信号与数字信号的基本概念;介绍数制与编码、数据在计算机中的表示方法,包括原码、反码和补码。第 2 章:电路的基本定律与基本分析方法,以及电路中实际元件的理想化模型,包括电阻、电容、电感和电源的特性及在电路中的作用。第 3 章:半导体的基础知识,包括二极管三极管的基本结构、特性及参数;共发射极放大电路的分析、计算及改进方法,重点介绍集成运算放大器的应用。第 4 章:逻辑代数的基本概念、公式和定理,逻辑函数的四种表示方式和两种化简方法;基本逻辑门电路和集成逻辑门电路的性能和特点。第 5 章:组合逻辑电路的基本概念,常用中规模集成逻辑部件组的原理,重点介绍组合逻辑电路的分析与设计方法,特别是集成逻辑部件在计算机系统中的应用。第 6 章:触发器和时序逻辑电路的基本结构及工作原理,重点介绍时序逻辑电路的分析和设计方法,通过对计数器、寄存器等常用计算机逻辑部件的分析与设计,对计算机数字系统有进一步认识。第 7 章:针对 I^2C 总线协议引出时序信号的基本概念,通过解析时序图,认识时序信号在数字系统中的作用及工作过程,了解时序信号产生(或变换)电路的基本原理。第 8 章:介绍模/数和数/模转换器的工作原理、常用的典型电路及主要指标,在数字系统中与计算机的接口方法。附录:EDA 是数字系统设计的重要工具,通过"扫一扫"获取内容:主要包括 EDA 电路设计的基本概念及设计方法、Verilog HDL 语言语法及基本模块,通过实例分析及过程设计,旨在使读者初步掌握设计方法,为未来更深入研究应用 EDA 打下基础。

每章的开头有"本章要点",结尾有"本章小结",通过"扫一扫"获得实验指导与分析。在每章的最后附有大量"习题",通过"扫一扫"获得习题答案。

本书由徐煜明教授担任主编,李曙英、徐文彬、俞海、张利峰、马钧霆任副主编。本书是作者在几十年的本科教学实践基础上,参考和吸收了国内外优秀教材相关内容编写而成,参加本书编写的教师有徐煜明、李曙英、徐文彬、俞海、张利峰、马钧霆、韩雁、闵立清、李春光、张建兵、谢光前。在编写过程中得到了江苏省计算机学会、江苏省应用型高校计算机学科工作委员会、南京大学出版社等单位的领导及专家的热情支持和帮助,在此一并致谢!

本书适合作为高等院校计算机类及相关专业的教材,建议讲授 64~72 学时,并配有实验。对有电路及模拟电子技术基础的读者,第 2 章、第 3 章可以自学。

由于作者水平有限,书中错误和不当之处在所难免,敬请各位读者批评、指正。

本书配套 PPT 教学资源可通过扫码获取,欢迎读者选用。

编　者

2019 年 9 月 25 日

目　录

扫一扫
可获取教学资源

第1章

数字系统与信息

 **本章要点**

　　本章简要介绍了电子技术发展史,包括模拟电子技术、数字电子技术及 EDA 技术发展趋势。给出了数字系统的定义及嵌入式数字系统的典型结构,为了让读者有一个更具体直观的认识,借助于一个简单实例—仓库温度测量系统,解读模拟信号与数字信号的基本概念,以及模拟信号与数字信号相互之间的转换方法。介绍了数制与编码有关的基础知识,包括数制、不同数制之间的转换。介绍了数字系统中常用的 BCD 码、ASCII 字符代码以及各种代码的编码规律及特点。原码、补码、反码是计算机能识别的机器数,简要介绍了原码、补码及反码的表示方法及相互之间的转换规则。

1.1　电子技术的发展

1.1.1　电子技术发展史概述

　　电子技术是十九世纪末、二十世纪初开始发展起来的新兴技术,由于物理学的重大突破,电子技术在二十世纪发展最为迅速,应用最为广泛,成为近代科学技术发展的一个重要标志。从二十世纪六十年代开始,电子器件出现了飞速的发展,而且随着微电子和半导体制造工艺的进步,集成度不断提高。CPLD/FPGA、ARM、DSP、A/D、D/A、RAM 和 ROM 等器件之间的物理和功能界限正日趋模糊,嵌入式系统和片上系统(SOC)得以实现。以大规模可编程集成电路为物质基础的 EDA 技术打破了软硬件之间的设计界限,使硬件系统软件化。这已成为现代电子设计的发展趋势。二十一世纪,人类进入信息时代,信息社会中信息的生产、存储、传输和处理等过程一般均由电子电路来完成,因此电子技术在国民经济各方面占有至关重要的作用。尤其是近年来,随着计算机技术、通信技术和微电子技术等高新科技的迅猛发展,大量的生产实践和科学技术领域都存在着大量与电子技术有关的问题,目前,电子技术的应用极其广泛,涉及计算机产业、通信、科学技术、工农业生产、医疗卫生等各个领域,如电视信号传播、无线电通信、光纤通信、军事雷达、医疗 X 射线透视等,所有这些方面均与电子科学与技术学科息息相关,密不可分。电子技术是其他高新技术发展的基础和龙头,它的发展带动了其他高新技术的发展,对推动国民经济的发展起着重要的作用,因此对电子技术的探究具有重要意义。

电子技术由模拟电子技术和数字电子技术两部分构成。随着晶体管、集成电路的发展与应用,电子技术在各自的应用领域都得到了长足的发展,产品更是日新月异。

1. 模拟电子技术

模拟电子技术是整个电子技术的基础,在小信号放大、功率放大、整流稳压、模拟量反馈、混频、调制解调等领域具有无法替代的作用。模拟电子技术是一门研究半导体二极管、三极管和场效应管为关键电子器件,包括信号放大电路、功率放大电路、运算放大电路、反馈放大电路、信号运算与处理电路、信号产生电路、电源稳压电路等学科。

模拟电子技术主要应用于各种模拟量接口的场合。真实的世界是模拟的世界,人的听觉、视觉、触觉等是模拟量,其他自然界的物理量(如温度、压力等)也是模拟量。例如音视频的输入输出是模拟量,必须采用模拟技术将模拟量接入,经过数字处理,然后再变回模拟量以供人耳及人眼接收。早期的模拟电子技术主要用在工业测量和控制中,如今也广泛应用到各种个人消费类电子产品中,例如电子体温计、电子血压计等。此外,大多数便携式消费类产品采用电池供电,因而以电池为初级电源的各种电源功率器件也得到飞速发展,例如充电管理器、线性低压降稳压器、各种直流变换器等。

2. 数字电子技术

数字电子技术是电子科学与技术领域中的一个重要分支,随着微电子和计算机技术的飞速发展,数字电子技术已渗透到了各个领域。"数字"这一词被广泛应用在计算机、逻辑电路以及其他离散信息值的系统中,从而产生了"数字电路"和"数字系统"的专业术语。"逻辑电路"是指电路的操作对象只含有两种逻辑量(逻辑 0 和逻辑 1),所以"数字电路"也称为"逻辑电路"。计算机是由逻辑电路构成的,其操作对象也是由逻辑量所构成的某种数值形式,这些数值形式可以用来表示十进制数字。

数字电子技术与模拟电子技术相比,其数字电路具有精度高、稳定性好、抗干扰能力强、程序软件控制等一系列优点。从目前的发展趋势来看,除一些特殊领域外,以前一些模拟电路的应用场合,大有逐步被数字电路所取代的趋势。如数字滤波器等数字电子技术目前也在向两个截然相反的方向发展,一是基于通用处理器的软件开发技术,比如单片机、DSP、PLC 等技术,其特点是在一个通用微处理器(CPU)的基础上结合少量的硬件电路设计来完成系统的硬件电路,而将主要精力集中在算法、数据处理等软件层次上的系统方法;另一个方向是基于 CPLD/FPGA 的可编程逻辑器件的系统开发,其特点是将算法、数据加工等工作全部融入系统的硬件设计当中,在"线与线的互联"当中完成对数据的加工。

1.1.2 数字系统

简单地说,数字系统是仅仅用数字来处理信息以实现计算和操作的电子网络,或者定义为对数字信息进行储存、传输、处理的电子系统。数字系统处理的是数字信息而不是模拟信息,如用 0、1 表示的二进制信息。但是,一个完整的系统都可以看成是对外部信息进行加工处理的"黑盒",外部信息可能是数字的,也可能是模拟的。在大多数情况下,外部的信息表现为模拟信号(如温度、颜色、声音、速度、位移等)，因此一个数字系统还需要有模/数(A/D)和数/模(D/A)转换的部分，必须完成如下任务：

(1) 对外部信息转换成系统可以理解的数字信息；

(2) 系统对数字信息完成所要求的处理；

(3) 系统将处理的结果转换成外部可以理解的信息或操作。

通用的计算机就是一种数字系统，它可以顺序处理已存储的指令序列(也称程序)，指令的操作对象为数据。用户可以根据特定的需要对程序或数据进行设定或修改，而且操作非常方便，所以通用计算机可以处理各种信息，执行各种任务，几乎涵盖了应用的各个方面，这使得计算机成为一种通用性强、非常灵活的数字系统。同样，由于它的通用性、复杂性以及广泛的应用性，计算机也成为一种学习数字系统设计概念、方法和工具的理想载体。以下利用计算机来强调所涉及知识的重要性及其与数字系统的关系，着眼于日常生活中的嵌入式系统来说明数字系统的特点。

1. 数字系统框图

影响时代发展的计算机不仅仅是 PC 机，一种体积更小、性价比更高的单片微型计算机或微控制器以及具有特定功能的数字信号处理器(DSP)在人们生活中占有更为主导的地位。以它们为核心架构的计算机系统嵌入在各种设备中，从表面上往往不易觉察到计算机的存在。由于它们总是作为一种内部部件包含在设备中，所以称为嵌入式系统。图 1-1-1 是一个通用的嵌入式系统模块图，系统的核心就是一个微型计算机或数字信号处理器，它拥有 PC 的特性，但区别在于它的软件为某种设备专用，并被固化在系统内。这样的软件作为嵌入式系统的一个内容构成部分，对产品的运行至关重要，所以被称为嵌入式软件。而微型计算机的人机界面很简单，甚至没有人机界面；大型的数据存储器(如硬盘、存储卡等)在微型计算机中也很少见到，微型计算机中带有部分存储器，并可根据需要随时可以扩展外部存储器。

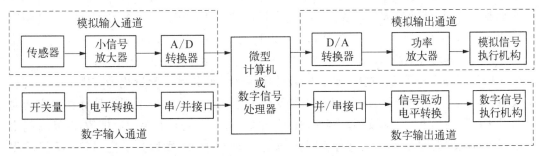

图 1-1-1　一般嵌入式数字系统框图

除外部存储器之外，与嵌入式微处理器相连的其他硬件用于与外部进行信息交换。输入通道将外部的信息转换成电信号，而输出通道将电信号转换成合适的形式送给执行机构。输入输出通道从处理信号的角度可以分为模拟信号通道和数字信号通道。

(1) 输入通道

模拟信号输入通道由模拟输入设备、放大器、A/D 转换器等组成。常用的模拟输入设备有温度传感器(随温度变化而变化的热敏电阻)、压力传感器(可感受外部压力并产生一定内电压的压电晶体)等。通常还需要将这些信号转换成嵌入式微处理器能够处理的信号或形式,所以模拟输入通道还需要有信号放大器、A/D转换器等接口电路。

数字信号输入通道由数字输入设备、电平转换、串并接口等组成。常用的数字输入设备有手动拨码开关、开关量传感器等。数字输入通道还需要有电平转换、串/并变化等接口电路,以适合微处理器对信号电平要求。

（2）输出通道

常用的模拟输出设备有扬声器、直流电机、指针式模拟仪表盘等。但是嵌入式微处理器输出的是数字信号,必须要将这些信号转换成与模拟执行机构相匹配的电压及功率。所以,模拟输出通道还需要有D/A转换器、功率放大器等接口电路。

常用的数字输出设备有继电器(用电压控制开关)、步进电机(用脉冲控制速度)以及LED显示器等。数字输出通道通常需要有并/串变换、电平转换、功率驱动等接口电路。

2. 嵌入式系统举例

为使读者能理解模拟信号与数字信号的基本概念,以及模拟信号与数字信号相互之间的转换方法,下面以仓库温度测量系统为例来具体说明。温度测量系统是一个典型的物联网系统,在仓库中测量得到温度信号,然后将这些参数传送到集中监控室,最后将温度显示在模拟仪表盘上。它的工作机制可以用图1-1-2所示的温度测量信号以及图1-1-1所示的嵌入式系统模块图来说明。整个系统有两个嵌入式微处理器,一个安装在仓库中,另一个安装在集中监控室。

仓库温度一天24小时内在0℃到60℃之间连续波动,其波形如图1-1-2(a)所示。一个含有热敏电阻的传感器负责仓库温度的检测,热敏电阻的阻值会随外界温度的变化而变化,传感器就能将仓库温度的变化转换成有相应变化的电压信号,通过信号放大、调理,使电压在0~12 V之间连续波动,如图1-1-2(b)所示。

假设微型计算机以每小时1次的频率对此电压信号进行采样(实际采用频率在秒级,这里作为举例用),其采样点图如图1-1-2(b)所示。每一个采样被送到图1-1-1所示的A/D转换器中,被转换成大小代表0~15的二进制数字0000~1111(假设用4位二进制表示),如图1-1-2(c)所示。这些二进制数可以转换成相应的十进制数,方法是从左到右将每一位分别与其对应的权8、4、2、1相乘,所得到的结果相加。例如,0101可以转换成:$0×8+1×4+0×2+1×1=5$。这样,通过模数转换将连续变化的温度量化为有限的16个值。比较图1-1-2(a)与1-1-2(b)相应的数字值,可以发现一个实际的温度值往往在它所对应的量化数字的上下5℃间波动。例如,在15℃<T<25℃之间的温度模拟值,转换后的量化数字所对应的温度为20℃。这种实际值与量化值之间的差别称为量化误差。为了获得更高的转换精度,我们必须将A/D转换器的输出位数提高的4位以上。图1-1-1所示的模拟输入通道即为负责传感、信号放大调节以及A/D转换的硬件模块。

A/D转换以后的信号通过微型计算机控制及处理,传送到一种无线输出设备(无线发送器)将数据发送,集中监控室中的无线接收器将数据接收下来。监控室的嵌入式系统获得数据后,会根据热敏电阻的特性对数据进行计算处理,通过模拟输出通道输出数据,最终显示在模拟仪表盘上。为了能在模拟仪表盘上显示温度,图1-1-2(d)中的量化的离散数据首先要通过一个D/A转换器,然后再将信号放大处理,转换成模拟信号,如图1-1-2(e)所示,传送到模拟仪表上显示。

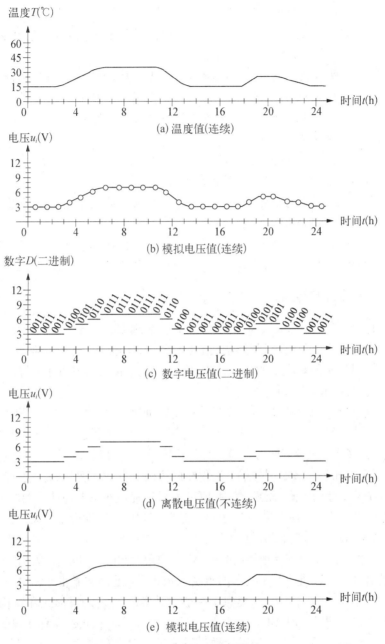

图 1-1-2 仓库温度测量信号

3. 数字系统特点

相对模拟系统而言,数字系统具有可靠、稳定、便于处理等方面的优点,因此,数字化系统已经处于绝对优势地位。随着微电子技术的发展,器件经历了小规模集成电路、中规模集成电路、大规模集成电路、超大规模集成电路、甚大规模集成电路的过程,同时由通用器件发展到专用集成电路和可编程逻辑器件,数字系统的设计方法也在不断发展。作为开发人员,有必要全面了解数字系统设计领域正在发生或将要发生的事情,掌握典型数字系统设计方法和辅助设计工具。相对模拟系统而言,数字系统具有很多优点:

（1）稳定性好。数字信号的状态数目少（如 0、1 两种状态），区别明显，便于准确识别，具有较强的抗干扰能力。例如，日常生活中的电视信号是模拟信号，非常容易受到各种干扰，而数字电视信号的抗干扰能力大大提高。

（2）便于加工。所有数字信息统一表示为由 0、1 组成的数码，对它们的操作界面完全一致，可以非常灵活地进行各种处理，而模拟信号需要符合其内在固有特性。例如，数码相机拍出的数字照片可以非常方便地利用图像处理软件进行各种处理。而基于胶片的暗房技术则需要专门的设备和更为专业的技巧。

（3）可靠性高。数字信息可以非常容易地采用冗余技术和编码技术来检测并纠正传输和处理过程中可能出现的错误，从而有效提高系统的可靠性。

（4）精确性好。数字系统的精确性可以通过改变采样或表示的数据位数来调整，可以非常容易地得到要求的精确性。

当然，为了得到这些好处是需要付出代价的，往往需要有 A/D 和 D/A 转换电路来与外界接口，但是相对所获得的好处来说是非常值得的，这也是目前产品数字化的原因。

1.1.3 电子设计自动化

电子设计自动化（electronic design automation，简称 EDA）技术是以计算机技术和微电子技术发展为先导，汇集了计算机图形学、拓扑逻辑学、微电子工艺与结构学和计算机数学等多种计算机应用学科最新成果的先进技术，它是在先进的计算机工作平台上开发出来的一整套电子系统设计的软件工具。

EDA 技术是从计算机辅助设计（CAD）、计算机辅助制造（CAM）、计算机辅助测试（CAT）和计算机辅助工程（CAE）等技术发展来的。利用 EDA 工具，电子设计师可以从概念、算法、协议等开始设计电子系统，大量工作可以通过计算机完成，并可以将电子产品从电路设计、性能分析到设计出 IC 版图或 PCB 版图的整个过程在计算机上自动处理完成。设计者的工作仅限于利用软件的方式，即利用硬件描述语言和 EDA 软件来完成对系统硬件功能的实现。由于设计的主要仿真和调试过程是在高层次上完成的，这既有利于早期发现结构设计上的错误，避免设计工作的浪费，又减少了逻辑功能仿真的工作量，提高了设计的一次性成功率。在 EDA 技术使用 ASIC 芯片，它可以很容易地转由掩模 ASIC 实现，因此开发风险也大为降低。

硬件描述语言（HDL）是 EDA 技术的重要组成部分，是用文本的形式来描述数字电路的内部结构和信号连接的一类语言，类似于一般的计算机高级语言形式和结构形式。超高速集成电路硬件描述语言（VHSIC hardware description language，简称 VHDL）具有很强的电路描述和建模能力，能从多个层次对数字系统进行建模和描述，从而大大简化了硬件设计任务，用 VHDL 进行电子系统设计的一个很大的优点是设计者可以专心致力于其功能的实现，而不需要对不影响功能的与工艺有关的因素花费过多的时间和精力。采用硬件描述语言作为设计输入和库（library）的引入，由设计者定义器件的内部逻辑和管脚，将原来由电路板设计完成的大部分工作放在芯片的设计中进行。由于管脚定义的灵活性，大大减轻了电路图设计和电路板设计的工作量和难度，有效增强了设计的灵活性，提高了工作效率。并且可减少芯片的数量，缩小系统体积，降低能源消耗，提高了系统的功能和可靠性。

EDA 技术发展趋势和研究方向：把逻辑综合和布图工艺结合起来进行高层次的综合。布图研究向纵深发展，时延约束、性能优化、时钟偏差以及噪声串扰等成为布图算法的必然考虑因素。在深亚微米工艺下互连线的延迟已超过了门的延迟,在对芯片进行电气性能模拟时必须考虑传输线。传输线的延迟模型、关键路径的延迟估算和时延分析是该领域研究的重点。传输线本身也推动了模拟技术的发展,其中 AWE(asymptotic waveform evaluation)方法及其改进是针对互连线模拟的有效方法。此外,低功耗设计技术、模拟电路的 EDA 工具的发展和软硬件 IP 核也是 EDA 技术未来的发展方向。

随着电子技术和计算机技术的深入发展以及 EDA 设计技术的不断进步与完善,在单个芯片上集成 CPU、DSP 存储器和其他控制功能的片上系统正处于高速发展中。未来的电子技术开发方式必然是高度层次化、综合化和自动化的,新器件的涌现和新的开发方式的进步是相互依存、相互促进的,它们会随着科学的发展不断地更新和完善。

1.2　数制与二进制运算

数制是数字系统中信息的表示,如日常生活中通常把信息用十进制量化,在计算机中的用二进制、十六进制量化信息。图 1-1-2(b)用十进制表示的仓库温度的电压值,图 1-1-2(c)用二进制数表示温度值。

1.2.1　几种常用的数制

1. 十进制数

十进制计数是人们最为熟悉的数制。它用 0、1、2、3、4、5、6、7、8、9 十个数字符号按照一定的规律排列起来表示数值的大小。例如:

$$1886 = 1 \times 10^3 + 8 \times 10^2 + 8 \times 10^1 + 6 \times 10^0$$

从上面这个 4 位十进制数不难发现十进制数的特点。

(1) 每一位数必然是十个数字符号中的一个,所以其计数的基数为 10。

(2) 同一个数字符号在不同的数位代表的数值不同,1886 这个 4 位数的位值依次分别为 1000、100、10、1,位值又称为权值或位权,它是 10 的幂。

(3) 低位数和相邻的高位数之间的进位关系是"逢十进一"。

有了基数和位权的概念,任何一个十进制数 N 按其位权值展开均可表示为

$$(N)_{10} = a_{n-1} \times 10^{n-1} + a_{n-2} \times 10^{n-2} + \cdots + a_1 \times 10 + a_0 \times 10^0$$
$$+ a_{-1} \times 10^{-1} + a_{-2} \times 10^{-2} + \cdots + a_{-m} \times 10^{-m}$$
$$= \sum_{i=n-1}^{-m} a_i \times 10^i \qquad (1-1)$$

式(1-1)中,a_i 为 0~9 中任一数码;n 和 m 为正整数;n 为整数部分的位数;m 为小数部分的位数。因此,任意进制数可以写成

$$(N)_R = \sum_{i=n-1}^{-m} r_i \times R^i \qquad (1-2)$$

式(1-2)中,r_i 为任意进制数中第 i 位的数码,数码可以是 0、1、$\cdots$、$R-1$ 中任一个;n 和 m 为正整数,n 为整数部分的位数,m 为小数部分的位数;R 为进位基数;R^i 为第 i 位的权值。

本书中常用的数制是十进制(decimal)、二进制(binary)、八进制(octadic)、十六进制

(hexadecimal)。因此,当基数 R 为 10 时,表示十进制数可用 $(N)_{10}$ 表示。同样,二进制数、八进制数、十六进制数可分别用 $(N)_2$、$(N)_8$、$(N)_{16}$ 表示。

2. 二进制数

二进制是在计算机中应用最广的计数体制。它只有 0 和 1 两个数字符号,所以计数的基数为 2。各位数的权值是 2 的幂,低位数和相邻高位数之间的进位关系是"逢二进一"。因此,任意一个二进制数 $(N)_2$ 可以表示为

$$(N)_2 = b_{n-1} \times 2^{n-1} + b_{n-2} \times 2^{n-2} + \cdots + b_1 \times 2^1 + b_0 \times 2^0 + b_{-1} \times 2^{-1} + \cdots + b_{-m} \times 2^{-m}$$

$$= \sum_{i=n-1}^{-m} b_i \times 2^i \tag{1-3}$$

式(1-3)中,b_i 只能取 0 或 1 两个数码;2^i 为第 i 位的权值。例如:

$$(1101.101)_2 = 1 \times 2^3 + 1 \times 2^2 + 0 \times 2^1 + 1 \times 2^0 + 1 \times 2^{-1} + 0 \times 2^{-2} + 1 \times 2^{-3}$$

【例 1-2-1】 一个 8 位二进制整数为 $(N)_2 = (10011110)_2$,求其对应的十进制数。

解:将二进制数按位权展开,求各位数值之和,可得

$$(N)_2 = (10011110)_2 = (1 \times 2^7 + 0 \times 2^6 + 0 \times 2^5 + 1 \times 2^4 + 1 \times 2^3 + 1 \times 2^2 + 1 \times 2^1 + 0 \times 2^0)_{10}$$
$$= (128 + 16 + 8 + 4 + 2)_{10} = (158)_{10}$$

3. 十六进制数

二进制数虽在计算机中易于实现,然而它最大的缺点是不便于读/写,与十进制数相比,表示同一个数时二进制用的位数较多。为此,在计算机中常使用十六进制数表示。

进位基数 $R=16$ 时称为十六进制。十六进制数中的 16 个数字符号为 0、1、2、3、4、5、6、7、8、9、A、B、C、D、E、F。这里,十进制数的 10~15 分别用英文字母 A~F 表示。各位数的权值是 16 的幂,低位数与相邻高位数之间的进位关系是"逢十六进一"。因此,任意一个十六进制数 $(N)_{16}$ 可表示为

$$(N)_{16} = h_{n-1} \times 16^{n-1} + h_{n-2} \times 16^{n-2} + \cdots + h_1 \times 16^1$$
$$+ h_0 \times 16^0 + h_{-1} \times 16^{-1} + \cdots + h_{-m} \times 16^{-m}$$

$$= \sum_{i=n-1}^{-m} h_i \times 16^i \tag{1-4}$$

式(1-4)中,h_i 只能取 0~F 中的某一个数码。例如:

$$(3A.9E)_{16} = 3 \times 16^1 + A \times 16^0 + 9 \times 16^{-1} + E \times 16^{-2}$$

【例 1-2-2】 求 2 位十六进制数 $(9E)_{16}$ 所对应的十进制数的值。

解:按位权展开,求各位数值之和,可得

$$(9E)_{16} = (9 \times 16^1 + 14 \times 16^0)_{10} = (158)_{10}$$

同一个十进制数(如 158),当分别由二进制(10011110)、十六进制(9E)来表示时,显然十六进制要比二进制数简单,因此在计算机程序书写中,通常用十六进制表示数制。

4. 八进制数

同理,当进位基数 $R=8$ 时,称为八进制。它有 0~7 八个数字符号,各位数的权值是 8

的幂,低位和相邻高位数之间的进位关系是"逢八进一"。因此,任意一个八进制数 $(N)_8$ 可以表示为

$$(N)_8 = q_{n-1} \times 8^{n-1} + q_{n-2} \times 8^{n-2} + \cdots + q_1 \times 8^1 + q_0 \times 8^0 + q_{-1} \times 8^{-1} + \cdots + q_{-m} \times 8^{-m}$$

$$= \sum_{i=n-1}^{-m} q_i \times 8^i \tag{1-5}$$

式 (1-5) 中, q_i 只能取 $0 \sim 7$ 中的某一数码。例如:

$$(325.7)_8 = 3 \times 8^2 + 2 \times 8^1 + 5 \times 8^0 + 7 \times 8^{-1}$$

【例 1-2-3】　求三位八进制数 $(N)_8 = (236)_8$ 所对应的十进制数的值。

解: 按位权展开,求各位数值之和。可得

$$(236)_8 = (2 \times 8^2 + 3 \times 8^1 + 6 \times 8^0)_{10} = (128 + 24 + 6)_{10} = (158)_{10}$$

十进制数虽然是生活中最常用、最习惯的一种进位计数制,但其十个数码在电路中很难找到十个状态与之对应。而二进制数只有 0、1 两个数码,只要用电路中的两种工作状态就可以表示 0 或 1,所以在数字系统及计算机中采用二进制。当二进制数中的数位较多时,书写麻烦,因而常采用十六进制表示。表 1-2-1 为几种常用计数进制对照表,表中几种数制各有其优缺点,应用场合也不相同。

表 1-2-1　几种常用计数进制对照表

十　进　制	二　进　制	八　进　制	十　六　进　制
0	0000	0	0
1	0001	1	1
2	0010	2	2
3	0011	3	3
4	0100	4	4
5	0101	5	5
6	0110	6	6
7	0111	7	7
8	1000	10	8
9	1001	11	9
10	1010	12	A
11	1011	13	B
12	1100	14	C
13	1101	15	D
14	1110	16	E
15	1111	17	F

1.2.2 不同数制之间的相互转换

数制之间的转换,可归为两类:十进制数和非十进制数之间的转换,2^n 进制数之间的转换。

1. 十进制数和非十进制数之间的转换

(1) 非十进制数转换成十进制数

由二进制数、八进制数、十六进制数的一般表达式可知,只要将它们按位权展开,求各位数值之和,即可得到对应的十进制数。

【例 1-2-4】 分别求 $(1011.011)_2$、$(27.46)_8$、$(C2)_{16}$ 的十进制数。

解: 将它们按位权展开,求各位数值之和,即可得到对应的十进制数:

$$(1011.011)_2 = (1 \times 2^3 + 1 \times 2^1 + 1 \times 2^0 + 1 \times 2^{-2} + 1 \times 2^{-3})_{10}$$
$$= (8 + 2 + 1 + 0.25 + 0.125)_{10} = (11.375)_{10}$$
$$(27.46)_8 = (2 \times 8^1 + 7 \times 8^0 + 4 \times 8^{-1} + 6 \times 8^{-2})_{10}$$
$$= (16 + 7 + 0.5 + 0.09375)_{10} = (23.59375)_{10}$$
$$(C2)_{16} = (12 \times 16^1 + 2 \times 16^0)_{10} = (194)_{10}$$

(2) 十进制数转换成非十进制数

十进制数转换成非十进制数时,要将其整数部分和小数部分分别转换,结果合并为目的数制形式。

① 整数部分的转换。整数部分的转换采用基数除法。所谓基数除法即用目的数制的基数去除十进制整数,第一次除所得的余数为目的数的最低位,把得到的商再除以该基数,所得余数为目的数的次低位,依次类推,直至商为 0 时,所得余数为目的数的最高位。此法也叫除基取余法。

【例 1-2-5】 把 $(26)_{10}$ 转换成二进制数、八进制数、十六进制数。

解: 整数转换采用基数除法:

$$(26)_{10} = (11010)_2 \qquad (26)_{10} = (32)_8 \qquad (26)_{10} = (1A)_{16}$$

② 小数部分的转换。小数部分的转换是采用基数乘法进行的。所谓基数乘法即用该小数去乘目的数制的基数,第 1 次乘得结果的整数部分为目的数的最高位(当然是小数部分的最高位),将乘得结果的小数部分再乘基数,所得结果的整数部分作为目的数的第 2 位,依次类推,直至小数部分为 0 或达到要求精度为止。此法也叫乘基取整法。

【例 1-2-6】 把 $(0.875)_{10}$ 转换成二进制数、八进制数、十六进制数。

解: 小数采用基数乘法:

$0.875 \times 2 = 1.750$	整数部分 1	$0.875 \times 8 = 7.0$　　$0.875 \times 16 = 14.0$
$0.75 \times 2 = 1.500$	整数部分 1	
$0.500 \times 2 = 1.000$	整数部分 1	

所以，$(0.875)_{10} = (0.111)_2$　　$(0.875)_{10} = (0.7)_8$　　$(0.875)_{10} = (0.E)_{16}$

【例 1－2－7】　把 $(0.423)_{10}$ 转换成二进制数（保留 4 位小数）。

解：小数采用基数乘法：

$$0.423 \times 2 = 0.846 \quad 0$$
$$0.846 \times 2 = 1.692 \quad 1$$
$$0.692 \times 2 = 1.384 \quad 1$$
$$0.384 \times 2 = 0.768 \quad 0$$
$$0.768 \times 2 = 1.536 \quad 1$$

一般保留 4 位小数，第 5 位小数则采取"零舍一入"的原则。所以，$(0.423)_{10} = (0.0111)_2$

从本例可知，十进制小数有时不能用二进制小数精确地表示出来，这时只能根据精度要求，求到一定的位数，近似地表示。

　　2. 2^n 进制数之间的转换

　　(1) 二进制数与八进制数之间的转换

　　八进制数的基数 $8 = 2^3$，所以 3 位二进制数构成 1 位八进制数。若要将二进制数转换成八进制数：只要将二进制数的整数部分自右往左每 3 位分一组，最后不足 3 位时左边用 0 补足；小数部分则自左往右每 3 位分为一组，最后不足 3 位时在右面用 0 补足；再把每 3 位二进制数对应的八进制数码写出即可。

【例 1－2－8】　试将二进制数 $(1010011100.101110111)_2$ 转换成八进制数。

解：以 3 位二进制数构成 1 位八进制数的方法：

$$001 \quad 010 \quad 011 \quad 100. \quad 101 \quad 110 \quad 111$$
$$1 \quad\ \ 2 \quad\ \ 3 \quad\ \ 4. \quad\ \ 5 \quad\ \ 6 \quad\ \ 7$$
$$(1010011100.101110111)_2 = (1234.567)_8$$

将一个八进制数转换成二进制数时，只要写出每位数码所对应的二进制数，依次排好即可。

【例 1－2－9】　试将八进制数 $(463.57)_8$ 转换成二进制数。

解：以 3 位二进制数构成 1 位八进制数的方法：

$$4 \quad\ \ 6 \quad\ \ 3 \quad . \quad 5 \quad\ \ 7$$
$$100 \quad 110 \quad 011 \quad . \quad 101 \quad 111$$
$$(463.57)_8 = (100110011.101111)_2$$

　　(2) 二进制数与十六进制数之间的转换

　　十六进制数的基数 $16 = 2^4$，所以 4 位二进制数对应 1 位十六进制数。按照上述转换步骤，只要将二进制数按 4 位分组，即可实现二进制数与十六进制数之间的转换。

【例 1－2－10】　试将二进制数 $(10110100111100.100101111)_2$ 转换成十六进制数。

解：以 4 位二进制数构成 1 位十六进制数的方法：

$$
\begin{array}{ccccccc}
0010 & 1101 & 0011 & 1100. & 1001 & 0111 & 1000 \\
2 & D & 3 & C. & 9 & 7 & 8
\end{array}
$$

$$(10110100111100.100101111)_2=(2D3C.978)_{16}$$

【例 1-2-11】 试将十六进制数$(3AF6.5B)_{16}$转换成二进制数。

解：以 4 位二进制数构成 1 位十六进制数的方法：

$$
\begin{array}{cccccc}
3 & A & F & 6. & 5 & B \\
0011 & 1010 & 1111 & 0110. & 0101 & 1011
\end{array}
$$

$$(3AF6.5B)_{16}=(0011101011110110.01011011)_2$$

如果要实现八进制数和十六进制数之间的转换，均可通过二进制数作为转换媒介。

1.2.3 二进制的算术运算和逻辑运算

1. 二进制的算术运算

算术运算就是加法、减法、乘法和除法，二进制数的算术运算方法与十进制数算术运算方法基本相同。

(1) 加法运算

二进制的加法规则：$0+0=0,0+1=1,1+0=1,1+1=10$(逢 2 进 1)。

【例 1-2-12】 $1011+110=10001,1011.001+10.11=1101.111$

解：

$$
\begin{array}{r}
1\ 0\ 1\ 1 \quad \text{被加数} \\
+\quad 1\ 1\ 0 \quad \text{加数} \\
\hline
1\ 0\ 0\ 0\ 1 \quad \text{和}
\end{array}
\qquad
\begin{array}{r}
1\ 0\ 1\ 1.0\ 0\ 1 \quad \text{被加数} \\
+\qquad\quad 1\ 0.1\ 1 \quad \text{加数} \\
\hline
1\ 1\ 0\ 1.1\ 1\ 1 \quad \text{和}
\end{array}
$$

(2) 减法运算

二进制的减法规则：$0-0=0,1-0=1,1-1=0,0-1=1,$(借 1 当 2)。

【例 1-2-13】 $1001-101=100,1100.111-10.01=1010.101$

解：

$$
\begin{array}{r}
1\ 0\ 0\ 1 \quad \text{被减数} \\
-\quad 1\ 0\ 1 \quad \text{减数} \\
\hline
0\ 1\ 0\ 0 \quad \text{差}
\end{array}
\qquad
\begin{array}{r}
1\ 1\ 0\ 0.1\ 1\ 1 \quad \text{被减数} \\
-\qquad\quad 1\ 0.0\ 1 \quad \text{减数} \\
\hline
1\ 0\ 1\ 0.1\ 0\ 1 \quad \text{差}
\end{array}
$$

(3) 乘法运算

二进制的乘法规则：$0\times0=0,0\times1=0,1\times0=0,1\times1=1$。

【例 1-2-14】 $1011\times1001=1100011$

解：

$$
\begin{array}{r}
1\ 0\ 1\ 1 \quad \text{被乘数} \\
\times\ 1\ 0\ 0\ 1 \quad \text{乘数} \\
\hline
1\ 0\ 1\ 1 \\
0\ 0\ 0\ 0 \\
0\ 0\ 0\ 0 \\
+\ 1\ 0\ 1\ 1 \\
\hline
1\ 1\ 0\ 0\ 0\ 1\ 1 \quad \text{乘积}
\end{array}
$$

（4）除法运算

二进制的除法是乘法的逆运算,这与十进制的除法是一样的。

【例 1 - 2 - 15】　$110110 \div 1010 = 101 \cdots 100$

解:

```
  除数                          1 0 1    商
1 0 1 0  |     1 1 0 1 1 0           被除数
         -    1 0 1 0
         ─────────────
                1 1 1 0
             -  1 0 1 0
         ─────────────
                1 0 0          余数
```

2. 二进制的逻辑运算

计算机既可以进行算术运算,又可以进行逻辑运算。逻辑运算与算术运算有着本质的区别,逻辑运算是按"位"进行的,其运算的对象及运算结果只能是 0 或 1 逻辑值。这里的 0 或 1 并不表示数字大小的概念,而是逻辑的两个状态,如"真"与"假""是"与"非"这样的逻辑意义。基本的逻辑运算有"与""或""非"三种逻辑运算,有关逻辑运算的规则将在第 4 章 4.2 节中详细介绍。

3. 移位运算

移位运算是二进制的又一种基本运算,在计算机指令系统中设置有各种的移位指令,可以实现移位运算。移位可分为左移、右移、循环左移、循环右移。为了分析方便,这里假设操作数是一个逻辑代码或无符号数(计算机在实际运算过程中操作码可能为带符号的数)。

在逻辑位移中,通常是把操作数当成纯逻辑代码,没有数制的含义,因此没有符号与数值变化的概念,通过逻辑位移可对其进行数值变化、判别。

左移是将操作数的所有位同时左移,最高位移出原操作数之外,最低位补 0。左移一位,相当于将无符号数乘以 2。例如,将 $(101)_{10} = 01100101$ 左移一位后,变成 11001010,相当于 $(101)_{10} \times 2 = (201)_{10}$。

右移是将操作数的所有位同时右移,最低位移出原操作数之外,最高位补 0。右移一位,相当于将无符号数除以 2。例如,将 $(148)_{10} = 10010100$ 右移一位后,变成 01001010,相当于 $(148)_{10} \div 2 = (74)_{10}$。

循环左移就是将操作数的所有位同时左移,并将移出的最高位送到低位。循环左移的结果不会丢失被移动数据位。例如,将 10010100 循环左移一位后变成 00101001。

循环右移就是将操作数的所有位同时右移,并将移出的最低位送到高位,也不会丢失被移动数据位。例如,将 10010100 循环右移一位后变成 01001010。

1.3　数据在计算机中的表示

1.3.1　机器数与真值

计算机实际上是一个二进制的数字系统,在机器内部,二进制数总是存放在由具有两种相反状态的存储元件构成的寄存器或存储单元中,即二进制数码 0 和 1 是由存储元件的两种相反状态来表示的。另外,对于数的符号(正号"+"和负号"-")也只能用这两种相反的状态来区别。也就是说,只能用 0 或 1 来表示。

数的符号在机器中的一种简单表示方法:规定在数的最高位设置一位符号位,正数符号位用 0 表示,负数符号位用 1 表示。这样,数的符号标识也就"数码化"了。即带符号数的数值和符号统一由数码形式(仅用 0 和 1 两种数字符号)来表示,例如,正二进制数 $N_1 = +1011001$,在计算机中表示为

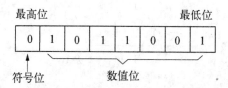

负二进制数 $N_2 = -1011001$,在计算机表示为

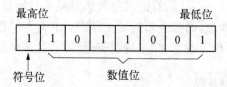

为了区别原来的数与它在机器中的表示形式,将一个数(连同符号)在机器中加以数码化后的表示形式,称为机器数,而把机器数所代表的实际值称为机器数的真值。例如,上面例子中的 $N_1 = +1011001$、$N_2 = -1011001$ 为真值,它们在计算机中的表示 01011001 和 11011001 为机器数。

在将数的符号用数码 0 或 1 表示后,数值部分究竟是保留原来的形式,还是按一定规则做某些变化,这要取决于运算方法的需求,来对机器数的表达形式进行变换。以下介绍机器数的 3 种不同的表示形式:原码、补码和反码。

1.3.2 常见的机器数形式

1. 原码

原码是一种比较直观的机器数表示形式。约定数码序列中的最高位为符号位,符号位为 0 表示该数为正数,符号位为 1 表示该数为负数;其余有效数值部分则用二进制的绝对值表示。

【例 1-3-1】 写出 +0.1001、-0.1001、+1001、-1001 的原码。

解：

真值 x	$[x]_原$
+0.1001	0.1001
-0.1001	1.1001
+1001	01001
-1001	11001

在后面讨论定点数与浮点数表示时将会看到,定点数又有定点小数和定点整数之分,所以下面分别给出定点小数和定点整数的原码定义。

(1) 若定点小数原码序列为 $x_0\,x_1\,x_2\cdots\,x_n$，则

$$[x]_{\text{原}} = \begin{cases} x, & 0 \leqslant x < 1 \\ 1-x, & -1 < x \leqslant 0 \end{cases}$$

式中 x 代表真值，$[x]_{\text{原}}$ 为原码表示的机器数。

【例 1-3-2】 写出 $+0.1011$、-0.1011 的原码。

解： 真值 $x = +0.1011$，则 $[x]_{\text{原}} = 0.1011$

真值 $x = -0.1011$，则 $[x]_{\text{原}} = 1-(-0.1011) = 1+0.1011 = 1.1011$

(2) 若定点整数原码序列为 $x_0\,x_1\,x_2\cdots\,x_n$，则

$$[x]_{\text{原}} = \begin{cases} x, & 0 \leqslant x < 2^n \\ 2^n-x, & -2^n < x \leqslant 0 \end{cases}$$

式中 x 代表真值，$[x]_{\text{原}}$ 为原码表示的机器数。

【例 1-3-3】 写出 $+1011$、-1011 的原码。

解： 真值 $x = +1011$，则 $[x]_{\text{原}} = 01011$

真值 $x = -1011$，则 $[x]_{\text{原}} = 2^4-(-1011) = 10000+1011 = 11011$

对于原码表示，具有如下特点：

① 原码表示中，真值 0 有两种表示形式，以定点小数的原码表示如下：

$$[+0]_{\text{原}} = 0.00\cdots0 \qquad [-0]_{\text{原}} = 1-(-0.00\cdots0) = 1+0.00\cdots0 = 1.00\cdots0$$

② 在原码表示中，符号位不是数值的一部分，它仅是人为约定(0 为正，1 为负)，所以符号位在运算过程中需要单独处理，不能当作数值的一部分直接参与运算。

③ 原码总共有 $n+1$ 位，其中，x_0 是符号位，有效数位是 n 位($x_1\,x_2\cdots\,x_n$)。

原码表示简单直观，而且容易由真值求得，相互转换也较方便。但是，真值 0 有两种表示形式，即 $[+0]_{\text{原}} \neq [-0]_{\text{原}}$，这在数学上不成立。所以，计算机在用原码进行运算时就会出现问题。为此，人们必须寻找一种更适合计算机进行运算的其他机器数表示法。

2. 反码

反码与原码相比，两者的符号位一样。即对于正数，符号位为 0；对于负数，符号位为 1。但在数值部分，对于正数，反码的数值部分与原码按位相同；对于负数，反码的数值部分是原码的按位求反，反码也因此而得名。

(1) 若定点小数的反码序列为 $x_0\,x_1\,x_2\cdots\,x_n$，则

$$[x]_{\text{反}} = \begin{cases} x, & 0 \leqslant x < 1 \\ (2-2^{-n})+x, & -1 < x \leqslant 0 \end{cases} \qquad [\text{Mod}\,(2-2^{-n})]$$

式中 x 代表真值，$[x]_{\text{反}}$ 为反码表示的机器数。

(2) 若定点整数的反码序列为 $x_0\,x_1\,x_2\cdots\,x_n$，则

$$[x]_{\text{反}} = \begin{cases} x, & 0 \leqslant x < 2^n \\ (2^{n+1}-1)+x, & -2^n < x \leqslant 0 \end{cases} \qquad [\text{Mod}(2^{n+1}-1)]$$

真值 0 在反码表示中有两种形式，例如，在定点小数的反码表示中：

$$[+0]_反=0.00\cdots0 \quad [-0]_反=1.11\cdots1$$

如上所述,由原码很容易得到相应的反码。

【例 1 - 3 - 4】 写出 $+0.1001$、-0.1001、$+1011$、-1011 的原码、反码。

解: 真值 $x=+0.1001$,则 $[x]_原=0.1001$,$[x]_反=0.1001$

真值 $x=-0.1001$,则 $[x]_原=1.1001$,$[x]_反=1.0110$

真值 $x=+1011$,则 $[x]_原=01011$,$[x]_反=01011$

真值 $x=-1011$,则 $[x]_原=11011$,$[x]_反=10100$

反码通常不单独使用,主要是用作求补码的一个中间步骤,下面介绍补码的表示方法。

3. 补码

从上面的分析可以知道,对于真值 0,其原码和反码都有二种不同的表示形式,所以计算机在运算时不能用原码或反码来参与运算。补码是计算机系统中表示负数的基本方法,如果一个数的真值用补码来表示,那么对于真值 0,其补码表示是唯一的。

为了理解补码概念,以日常生活中校正时钟为例,假定时钟停在 7 点,而正确的时间为 5 点,要拨准时钟可以有两种不同的拨法,一种是倒拨 2 个格,即 $7-2=5$(做减法);另一种是顺拨 10 个格,即 $7+10=12+5=5$(做加法,钟面上 12=0)。这里之所以顺拨(做加法)与倒拨(做减法)的结果相同,是由于钟面的容量有限,其刻度是十二进制,超过 12 以后又从零开始计数,自然丢失了 12。此处 12 是溢出量,又称为模(Mod)。这就表明,在舍掉进位的情况下,"从 7 中减去 2"和"往 7 上加 10"所得的结果是一样的。而 2 和 10 的和恰好等于模数 12。我们把 10 称作 -2 对于模数 12 的补码。

计算机中的运算受一定字长的限制,它的运算部件与寄存器都有一定的位数,因而在运算过程中会产生溢出量,所产生的溢出量称为模(Mod)。可见,计算机的运算也是一种有模运算。在计算机中不单独设置减法器,而是通过采用补码表示法,把减去一个正数看成加上一个负数,并把该负数用补码表示,然后一律按加法运算规则进行计算。当然在计算机中不是像上述时钟例子那样以 12 为模,在定点小数的补码表示中是以 2 为模。

下面分别给出定点小数与定点整数的补码定义。

(1) 若定点小数的补码序列为 $x_0 x_1 x_2 \cdots x_n$,则

$$[x]_补=\begin{cases} x, & 0 \leqslant x < 1 \\ 2+x, & -1 \leqslant x < 0 \end{cases} \quad (\text{Mod } 2)$$

式中,x 代表真值,$[x]_补$ 为补码表示的机器数。

【例 1 - 3 - 5】 写出 $+0.1011$、-0.1011 的补码。

解: 真值 $x=+0.1011$,则 $[x]_补=0.1011$

真值 $x=-0.1011$,则 $[x]_补=2+(-0.1011)=10.0000-0.1011=1.0101$

(2) 若定点整数的补码序列为 $x_0 x_1 x_2 \cdots x_n$,则

$$[x]_补=\begin{cases} x, & 0 \leqslant x < 2^n \\ 2^{n+1}+x, & -2^n \leqslant x < 0 \end{cases} \quad (\text{Mod } 2^{n+1})$$

【例 1 - 3 - 6】 写出 $+1011$、-1011 的补码。

解: 真值 $x=+1011$，则 $[x]_\text{补}=01011$，$[x]_\text{反}=01011$

真值 $x=-1011$，则 $[x]_\text{补}=2^5+(-1011)=100000-1011=10101$

对于补码表示，具有如下特点：

① 在补码表示中，最高位 x_0（符号位）表示数的正负，虽然在形式上与原码表示相同，即 "0 为正，1 为负"，但与原码表示不同的是，补码的符号位是数值的一部分，因此在补码运算中符号位像数值位一样可直接参加运算。

② 在补码表示中，真值 0 只有一种表示，即 $00\cdots0$。

另外，根据以上介绍的补码和原码的特点，容易发现由原码转换为补码的规律，即当 $x>0$ 时，原码与补码的表示形式完全相同；当 $x<0$ 时，从原码转换为补码的变化规律为"符号位保持不变（仍为 1），其他各位求反，然后末位加 1"，简称"求反加 1"。

【例 1 - 3 - 7】 写出 $+0.1010$，-0.1010 的原码、补码。

解: 真值 $x=+0.1010$，则 $[x]_\text{原}=0.1010$，$[x]_\text{补}=0.1010$

真值 $x=-0.1010$，则 $[x]_\text{原}=1.1010$，$[x]_\text{补}=1.0110$

容易看出，当 $x<0$ 时，若把 $[x]_\text{补}$ 除符号位外"求反加 1"，即可得到 $[x]_\text{原}$。也就是说，对一个补码表示的数，再次求补，可得该数的原码。

4. 机器数形式的比较和小结

（1）原码、补码、反码均是计算机能识别的机器数，机器数与真值不同，它是一个（连同符号）在计算机中加以数码化后的表示形式。

（2）正数的原码、补码和反码的表示形式相同，负数的原码、补码和反码各有不同的定义，他们的表示形式不同，相互之间可依据特定的规则进行转换。

（3）4 种机器数形式的最高位 x_0 均为符号位。原码、补码和反码表示中，位 x_0 为 0 表示正数，位 x_0 为 1 表示负数。

（4）原码、补码和反码既可用来表示浮点数（详见 1.3.3 节）中的尾数，又可用来表示其阶码。

（5）0 的补码表示是唯一的，0 在原码和反码表示中都有两种不同的表示形式。

真值、原码、补码和反码之间的转换规则如图 1 - 3 - 1 所示。

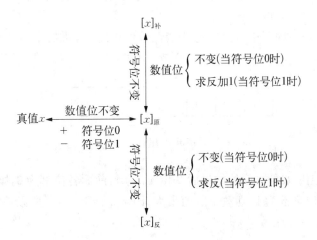

图 1 - 3 - 1 真值、原码、补码和反码关系图

【**例 1 - 3 - 8**】 写出 $+0.1101$、-0.1101 的原码、补码、反码。

解：真值 $x=+0.1101$，则 $[x]_原=0.1101$，$[x]_补=0.1101$，$[x]_反=0.1101$

真值 $x=-0.1101$，则 $[x]_原=1.1101$，$[x]_补=1.0011$，$[x]_反=1.0010$

1.3.3 数的定点表示与浮点表示

在计算机中，按照对小数点处理方法的不同，数的表示可分为定点表示和浮点表示，用这两种方法表示的数分别称为定点数和浮点数。

1. 定点表示法

定点表示法约定计算机中所有数的小数点位置固定不变，它又分为定点小数和定点整数两种形式。

（1）定点小数

所谓定点小数是指约定小数点固定在最高数值位之前、符号位之后，机器中所能表示的数为二进制纯小数，数 x 记作 $x_0 x_1 x_2 \cdots x_n$（其中 $x_i=0$ 或 1，$0 \leqslant i \leqslant n$），其编码格式如下：

符号位 x_0 用来表示数的正负。小数点的位置是隐含约定的，机器硬件中并不需要用专门的电路具体表示这个"小数点"。$x_1 x_2 \cdots x_n$ 是数值部分，也称尾数，尾数的最高位 x_1 称为最高数值位。

在正定点小数中，如果数值位的最后一位 x_n 为 1，前面各位都为 0，则数 x 的值最小，即 $x_{min}=2^{-n}$；如果数值位全部为 1，则数 x 的值最大，即 $x_{max}=1-2^{-n}$。所以正定点小数的表示范围为 $2^{-n} \leqslant x \leqslant (1-2^{-n})$。

在机器中，当出现小于 x_{min} 的数时，称为"下溢"（underflow），当作机器零处理；当出现大于 x_{max} 的数时，称为"溢出"或"上溢"（overflow），机器将无法表示。

（2）定点整数

所谓定点整数是指约定小数点固定在最低数值位之后，机器中所能表示的数为二进制纯整数，数 x 记作 $x_0 x_1 x_2 \cdots x_n$，其 $x_i=0$ 或 1，$0 \leqslant i \leqslant n$，其编码格式如下：

在正定点整数中，如果数值位的最后一位 x_n 为 1，前面各位都为 0，则数 x 的值最小，即 $x_{min}=1$；如果数值位全部为 1，则数 x 的值最大，即 $x_{max}=2^n-1$。所以正定点整数的表示范围为 $1 \leqslant x \leqslant (2^n-1)$。

2. 浮点表示法

在实际的科学及工程计算中,经常会涉及各种大小不一的数。采用上述定点表示法,用划一的比例因子来处理,很难兼顾既要防止溢出又要保持数据的有效精度两方面的要求。为了协调数的表示范围与精度的关系,可以让小数点的位置随着比例因子的不同而在一定范围内自由浮动,这就是数的浮点表示法。

在数的浮点表示中,数据代码分为尾数和阶码两部分。尾数表示有效数字,阶码表示小数点的位置。加上符号位,浮点数通常表示为

$$N = (-1)^S \times M \times R^E$$

其中,M(matissa)是浮点数的尾数,R(radix)是基数,E(exponent)是阶码,S(sign)是数据的符号位。在大多数计算机中,基数 R 取定为 2,是个常数,在系统中是约定的,不需要用代码表示。数据编码中的尾数 M 用定点小数的形式表示,它决定了浮点数的表示精度。在计算机中,浮点数通常被表示成如下格式:

S	E	M

S 是符号位(1=尾数为负数,0=尾数为正数);E 是阶码,占符号位之后的若干位;M 是尾数,占阶码之后的若干位。

合理的分配阶码 E 和尾码 M 所占的位数是十分重要的,分配的原则是应使得二进制表示的浮点数,既要有足够大的数值范围又要有所要求的数值精度。

【**例 1 - 3 - 9**】　设浮点数表示中,$S=0$,$E=3$,$M=(0.0100)_2$,试分别求出 $R=2$ 和 $R=16$ 时表示的数值。

解:根据浮点数的表示法,

当 $R=2$ 时,表示的数值:$N = (-1)^0 \times 0.0100 \times 2^3 = 2^3 \times 1/4 = 2$

当 $R=16$ 时,表示的数值:$N = (-1)^0 \times 0.0100 \times 16^3 = 16^3 \times 1/4 = 1024$

1.4　二进制编码

在数字系统及计算机中,无论是数字信息还是文字或符号信息,都必须采用由 0 和 1 组成的排列形式来表示,即必须采用二进制数据对需要处理的对象进行编码,否则计算机系统就不能处理或识别。所谓二-十进制编码,就是用若干位二进制的码元按一定的规律排列起来特定对象(信息或数据)的过程,也称为 BCD 码。以下仅介绍常用的二-十进制编码以及 ASCII 编码规则。

1.4.1　二-十进制编码

在数字系统中,由 0 和 1 组成的二进制数码不仅可以表示数值的大小,而且还可以表示特定的信息。这种具有特定含义的数码称为二进制代码。用 4 位二进制数组成一组代码来表示 0~9 十个数字,这种代码称为二-十进制代码(binary coded decimal),简称 BCD 码。常见的 BCD 码有三种,见表 1 - 4 - 1。

表 1-4-1 常见的 BCD 码

十进制整数	8421 码	2421 码	余 3 码
0	0000	0000	0011
1	0001	0001	0100
2	0010	0010	0101
3	0011	0011	0110
4	0100	0100	0111
5	0101	1011	1000
6	0110	1100	1001
7	0111	1101	1010
8	1000	1110	1011
9	1001	1111	1100

1. 8421 码

BCD 码可以分为有权码和无权码。所谓有权码即每一位都有固定数值的码,有权码中用得最多的是 8421 BCD 码。该码共有 4 位,其位权值从高位到低位分别为 8、4、2、1,故称 8421 码,它属于恒权码。每个代码的各位数值之和就是它表示的十进制数。8421 码与十进制数之间的关系是 4 位二进制代码表示 1 位十进制数。例如:

$$(8)_{10} = (1000)_{8421}; (369)_{10} = (0011\ 0110\ 1001)_{8421}$$

2. 2421 码

2421 码也是一种有权码,也属于恒权码。该码从高位到低位的权值分别是 2、4、2、1,也是 4 位二进制代码表示 1 位十进制数。该码中 0 和 9、1 和 8、2 和 7、3 和 6、4 和 5 互为反码,即两码对应位的取值相反。

3. 余 3 码

余 3 码组成的 4 位二进制数,正好比它代表的十进制数多 3,故称余 3 码。两个余 3 码相加时,其和要比对应的十进制数之和多 6。在余 3 码中,0 和 9、1 和 8、2 和 7、3 和 6、4 和 5 也互为反码。余 3 码不能由各位二进制数的权值来决定某代码的十进制数,故属于无权码。

1.4.2　格雷码

格雷码(Gray code)的特点是相邻两个代码之间仅有 1 位不同,其余各位均相同。格雷码属于无权码,它有多种代码形式,其中最常用的一种是循环码,表 1-4-2 为 4 位格雷码(循环码)的编码表。

表 1 - 4 - 2　4 位格雷码(循环码)的编码表

十 进 制 数	循 环 码	十 进 制 数	循 环 码
0	0000	8	1100
1	0001	9	1101
2	0011	10	1111
3	0010	11	1110
4	0110	12	1010
5	0111	13	1011
6	0101	14	1001
7	0100	15	1000

　　从表 1 - 4 - 2 中代码可知,任何两个相邻的二进制代码之间(包括首和尾),只有一位不同。也就是说,由这种代码表示的一个数变成下一个相邻数时,只要将该数的某一位改变即可。

　　为了说明它的作用,先看一下自然二进制编码的情形,假设一个数由 7(0111)变到 8(1000),从编码上看此时有 4 位二进制代码都发生了变化。在实际数字电路中,由于各位状态的改变总是有先后之差(电子器件延迟引起的,尽管差别是微小的),4 位二进制代码不可能同时发生变化。假如第一位变得快,就会瞬时从 0111 变到 1111,而此瞬间的代码还没有变为 1000。显然 1111 为错误代码,在某些情况下是不允许的,因为它可能会产生错误的输出结果,导致逻辑上的混乱。采用格雷码以后,任何两个相邻的二进制代码之间只有一位不同,杜绝了上述瞬时错误代码的产生,所以格雷码是一种典型的可靠性编码。

　　4 位格雷码(循环码)中,不仅相邻两个代码只有 1 位不同,而且首尾(0 和 15)两个代码也仅有 1 位不同,构成一个“循环”,故称为循环码。此外,这种代码还具有“反射性”,即以中间为对称的两个代码(如 0 和 15、1 和 14、…、7 和 8)也只有 1 位不同,所以又把它称为反射码。

　　自然二进制码与格雷码之间的转换规则如下:

　　(1) 格雷码转换为自然二进制码

　　自然二进制码的第 i 位(B_i)是格雷码的第 i 位(G_i)和自然二进制码第 $i+1$ 位(B_{i+1})的模 2 加。设格雷码为 $G_{n-1} G_{n-2} \cdots G_2 G_1 G_0$,自然二进制码 $B_{n-1} B_{n-2} \cdots B_2 B_1 B_0$,则:

$$B_i = G_i \oplus B_{i+1} \quad (i = 0, 1, 2, \cdots n-1)$$

　　式中,$\oplus$ 表示“模 2 加”,逻辑运算为“异或”(两个数相同为 0,不同为 1,详见第 4 章 4.1.2);最高位保留不变,即 $B_{n-1} = G_{n-1} \oplus B_n = G_{n-1} \oplus 0 = G_{n-1}$。

　　【例 1 - 4 - 1】　试将格雷码 10110 转换成自然二进制码。

解：

$$
\begin{array}{c}
\text{格雷码}\,G_{n-1}\,G_{n-2}\cdots G_2\,G_1\,G_0 \quad 1\;0\;1\;1\;0 \\[4pt]
\downarrow\;\oplus\;\oplus\;\oplus\;\oplus \\[4pt]
\text{自然二进制码}\,B_{n-1}\,B_{n-2}\cdots B_2\,B_1\,B_0 \quad 1\;1\;0\;1\;1
\end{array}
$$

（2）自然二进制码转换为格雷码

格雷码的第 i 位（G_i）是二进制码的第 i 位（B_i）位和第 $i+1$ 位（B_{i+1}）的模 2 加。设格雷码为 $G_{n-1}\,G_{n-2}\cdots G_2\,G_1\,G_0$，自然二进制码 $B_{n-1}\,B_{n-2}\cdots B_2\,B_1\,B_0$，则：

$$G_i = B_i \oplus B_{i+1} \quad (i=0,1,2,\cdots n-1)$$

式中 $\oplus$ 表示"模 2 加"，最高位保留不变，即 $B_{n-1}=G_{n-1}$。

【例 1-4-2】 试将自然二进制码 10110 转换成格雷码。

解：

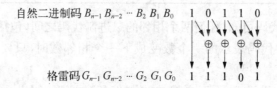

1.4.3 字符代码

在计算机中经常用二进制代码表示各种符号，例如英文字母、标点符号、运算符号等，通常把这种以表示各种符号（字母、数字、标点符号、运算符号、控制符号等）的二进制代码称为字符代码。ASCII（American standard cord for information interchange）码是美国标准信息交换码，是目前广泛采用的一种字符代码，如表 1-4-3 所示。代码的二进制位数称为长度，若代码长度为 n 位，则可以表示的字符数为 2^n 个。由表 1-4-3 可知，ASCII 的长度为 7 位，因此可以表示 128 个字符，包含了各种字符，如大写小写字母、十进制数字、标点符号及各种专用符号。

表 1-4-3　ASCII 码编码表

二进制	十进制	十六进制	字符/缩写	解　释
00000000	0	00	NUL（null）	空字符
00000001	1	01	SOH（start of headling）	标题开始
00000010	2	02	STX（start of text）	正文开始
00000011	3	03	ETX（end of text）	正文结束
00000100	4	04	EOT（end of transmission）	传输结束
00000101	5	05	ENQ（enquiry）	请求
00000110	6	06	ACK（acknowledge）	回应/响应/收到通知
00000111	7	07	BEL（bell）	响铃

二进制	十进制	十六进制	字符/缩写	解　释
00001000	8	08	BS (backspace)	退格
00001001	9	09	HT (horizontal tab)	水平制表符
00001010	10	0A	LF/NL(line feed/new line)	换行键
00001011	11	0B	VT (vertical tab)	垂直制表符
00001100	12	0C	FF/NP (form feed/new page)	换页键
00001101	13	0D	CR (carriage return)	回车键
00001110	14	0E	SO (shift out)	不用切换
00001111	15	0F	SI (shift in)	启用切换
00010000	16	10	DLE (data link escape)	数据链路转义
00010001	17	11	DC1/XON (device control 1/ transmission on)	设备控制1/传输开始
00010010	18	12	DC2 (device control 2)	设备控制2
00010011	19	13	DC3/XOFF (device control 3/ transmission off)	设备控制3/传输中断
00010100	20	14	DC4 (device control 4)	设备控制4
00010101	21	15	NAK (negative acknowledge)	无响应/非正常响应/ 拒绝接收
00010110	22	16	SYN (synchronous idle)	同步空闲
00010111	23	17	ETB (end of transmission block)	传输块结束/块传输终止
00011000	24	18	CAN (cancel)	取消
00011001	25	19	EM (end of medium)	已到介质末端/介质 存储已满/介质中断
00011010	26	1A	SUB (substitute)	替补/替换
00011011	27	1B	ESC (escape)	逃离/取消
00011100	28	1C	FS (file separator)	文件分割符
00011101	29	1D	GS (group separator)	组分隔符/分组符
00011110	30	1E	RS (record separator)	记录分离符
00011111	31	1F	US (unit separator)	单元分隔符
00100000	32	20	(space)	空格
00100001	33	21	!	
00100010	34	22	"	
00100011	35	23	#	
00100100	36	24	$	

二进制	十进制	十六进制	字符/缩写	解　释
00100101	37	25	%	
00100110	38	26	&	
00100111	39	27	'	
00101000	40	28	(	
00101001	41	29	)	
00101010	42	2A	*	
00101011	43	2B	+	
00101100	44	2C	,	
00101101	45	2D	—	
00101110	46	2E	.	
00101111	47	2F	/	
00110000	48	30	0	
00110001	49	31	1	
00110010	50	32	2	
00110011	51	33	3	
00110100	52	34	4	
00110101	53	35	5	
00110110	54	36	6	
00110111	55	37	7	
00111000	56	38	8	
00111001	57	39	9	
00111010	58	3A	:	
00111011	59	3B	;	
00111100	60	3C	<	
00111101	61	3D	=	
00111110	62	3E	>	
00111111	63	3F	?	
01000000	64	40	@	
01000001	65	41	A	
01000010	66	42	B	
01000011	67	43	C	

续表

二进制	十进制	十六进制	字符/缩写	解　　释
01000100	68	44	D	
01000101	69	45	E	
01000110	70	46	F	
01000111	71	47	G	
01001000	72	48	H	
01001001	73	49	I	
01001010	74	4A	J	
01001011	75	4B	K	
01001100	76	4C	L	
01001101	77	4D	M	
01001110	78	4E	N	
01001111	79	4F	O	
01010000	80	50	P	
01010001	81	51	Q	
01010010	82	52	R	
01010011	83	53	S	
01010100	84	54	T	
01010101	85	55	U	
01010110	86	56	V	
01010111	87	57	W	
01011000	88	58	X	
01011001	89	59	Y	
01011010	90	5A	Z	
01011011	91	5B	[	
01011100	92	5C		
01011101	93	5D	]	
01011110	94	5E	^	
01011111	95	5F	_	
01100000	96	60	`	
01100001	97	61	a	

二进制	十进制	十六进制	字符/缩写	解　释
01100010	98	62	b	
01100011	99	63	c	
01100100	100	64	d	
01100101	101	65	e	
01100110	102	66	f	
01100111	103	67	g	
01101000	104	68	h	
01101001	105	69	i	
01101010	106	6A	j	
01101011	107	6B	k	
01101100	108	6C	l	
01101101	109	6D	m	
01101110	110	6E	n	
01101111	111	6F	o	
01110000	112	70	p	
01110001	113	71	q	
01110010	114	72	r	
01110011	115	73	s	
01110100	116	74	t	
01110101	117	75	u	
01110110	118	76	v	
01110111	119	77	w	
01111000	120	78	x	
01111001	121	79	y	
01111010	122	7A	z	
01111011	123	7B	{	
01111100	124	7C	|	
01111101	125	7D	}	
01111110	126	7E	~	
01111111	127	7F	DEL (Delete)	删除

ASCII 编码中第 0~31 个字符(开头的 32 个字符)以及第 127 个字符(最后一个字符)都是不可见的(无法显示),但是它们都具有一些特殊功能,所以称为控制字符(Control Character)或者称为功能码(Function Code)。这 33 个控制字符大都与通信、数据存储以及设备有关,有些在现代计算机中的含义已经改变了。有些控制符需要一定的计算机专业知识才能理解,初学者可以跳过,选择容易理解的即可。

小 结

电子技术包括模拟电子技术和数字电子技术,模拟系统处理模拟信号,数字系统处理数字信号。一个完整的数字系统还需要有模/数和数/模转换接口,与外部信息进行交换。相对模拟系统而言,数字系统具有可靠、稳定、便于处理等方面的优点,因此,数字化系统已经处于绝对优势地位。

数字系统中常用二进制、八进制、十六进制计数规则,它们相互之间可以转换。二进制数、八进制数和十六进制数叫作非十进制数,非十进制数转换成十进制数的方法是将其按权展开即可;而将十进制数转换为非十进制数则要将其分整数和小数两部分进行,采用除基取余法和乘基取整法。二-八-十六进制的相互转换是根据相应进制的基数来确定转换的位数进行互换的。

BCD 码是数字系统和计算机中最常用的代码,常用的 BCD 码有 8421 码、2421 码、余 3 码等。各种代码都有自己的编码规律和特点。8421 码、2421 码属于权码,余 3 码、格雷码属于无权码,ASCII 码是计算机中广泛采用的字符码。

原码、补码、反码是计算机能识别的机器数。机器数与真值不同,它是带符号以后的一种数码形式。正数的原码、补码及反码的表示形式相同,负数的原码、补码及反码各有不同的定义,它们的表示形式不同,但相互之间可以按特定的规律进行转换。

习 题

1. 什么是数字信号?数字系统有什么特点?

2. 什么是 ASCII 字符代码?有什么特点?

3. 什么是二进制数?它有什么特点?

4. 什么是进位制中的基数与权值?

5. 分别说明二进制、八进制、十六进制的特点及其相互转换方法?

6. 用二进制运算规则计算下列各式。

(1) $101111+11011$ (2) $1000-101$

(3) 1010×101 (4) $10101001\div1101$

7. 什么是 BCD 码?什么是有权码和无权码?常见的有哪几种?

8. 写出下列各数的按权展开式。

$(826)_{10}$ $(96.38)_{10}$ $(1001)_2$ $(10111.011)_2$ $(275)_8$ $(4B5E)_{16}$

9. 将下列各数转换为十进制数。

$(1011.01)_2$ $(5B)_{16}$ $(27)_8$ $(101101)_2$ $(56.743)_8$ $(A6.C1E)_{16}$

10. 将下列十进制数转换为二进制数。

$(13)_{10}$　$(39.375)_{10}$　$(75.5)_{10}$　$(255)_{10}$　$(127)_{10}$　$(63)_{10}$

11. 将下列各数转换为八进制数和十六进制数。

$(10101101)_2$　$(100101011)_2$　$(11100011.011)_2$　$(110.1101)_2$

12. 试用 8421 码和余 3 码分别表示下列各数。

$(78)_{10}$　$(5423)_{10}$　$(760)_{10}$

13. 十进制数 10^{15} 需用几位二进制数表示?

14. 指出机器数与真值的区别,并分别说明正数与负数的原码、补码和反码表示的特点。

15. 写出下列二进制数的原码、补码和反码表示形式。

0.1001011　-0.1011010　$+1100110$　-1100110

16. 已知下列机器,写出它们的真值。

$[x_1]_{原}=11011$　$[x_2]_{反}=11011$　$[x_3]_{补}=11011$　$[x_4]_{补}=10000$

17. 试写出下列二进制码的格雷码。

111000　10101010

扫一扫见本章
习题参考答案

第 2 章

电路分析基础

电路的基本定律与电路的基本分析方法是分析电路的基本能力,本章以线性电路为基础,介绍了电路的基本概念与常用分析方法,重点介绍了理想线性电路的几种分析方法。首先介绍了电路的基本概念,电路分析中电压、电流、功率等物理量,讲述了线性电路中实际元件的理想化模型:电阻、电容、电感和电源的特性及在电路中的作用;接着介绍了基尔霍夫定律及其应用;最后介绍了电路的基本分析方法,如支路电流法、叠加原理、戴维南定理等。

2.1 电路的基本概念

2.1.1 电路及其组成

电路是电流通过的路径,它是各种电气器件(如电源、电阻、电容、电感、变压器、晶体管、电机、电灯、集成电路、控制电路等)为了完成某一功能而按一定方式连接起来组成的总体。电路的功能不同,电路的模型就不同,它们通常都由电源(信号源)、中间环节和负载三部分组成,如图 2-1-1 所示。

图 2-1-1　电路的组成框图

其中,电源是提供电能的装置,它将其他形式的能量转换为电能,如发电机、电池、话筒等;负载是取用电能的装置,它将电能转化为其他形式的能量,如电动机、电灯、扬声器等;中间环节是传输、分配、控制电能的装置,如传输线、变压器、放大器、开关等。

一个完整的电路,电源(信号源)、中间环节和负载三部分是缺一不可的。按工作任务划分,电路的功能有两类:第一类是进行能量转化、传输和分配,如电力系统;第二类是信号的传输与处理,音频放大系统。有时这两类电路在结构上并无区别,如指挥交通的红绿灯电路是传递信号的,街道上的照明灯是转换能量的,但它们的电路结构相同。

电路分析的研究对象并不是实际电路,而是它们的数学模型,即电路模型。电路模型是由理想化的电路元件相互连接构成的。理想化的电路元件(简称电路元件)是从实际器件的电磁特性抽象出来的数学模型,实际电路在运行过程中的表现相当复杂,如:制作一个电阻器是要利用它对电流呈现阻力的性质,然而当电流通过时还会产生磁场。要在数学上精确描述这些现象相当困难。为了用数学的方法从理论上判断电路的主要性能,必须对实际器件在一定条件下,忽略其次要性质,按其主要性质加以理想化,从而得到一系列理想化元件。

常用的三种基本理想化元件分别为理想电阻、电感和电容元件。其中,理想电阻元件只消耗电能,如电烙铁、灯泡、电炉等,可以用理想电阻来反映其消耗电能的特征;理想电容元件只储存电能,如各种电容器,可以用理想电容来反映其储存电能的特征;理想电感元件只储存磁能,如各种电感线圈,可以用理想电感来反映其储存磁能的特征。在电路理论中,将这种用理想化的元件模型连接构成的图形称为电路,"实际电路"与"电路"在概念上是有差异的,不能混淆。

本章中所讨论的电路和元件,均指理想电路模型和理想化的电路元件。本章主要探讨的问题是根据电路模型讨论电路的基本定律、定理和电路的基本分析方法。

2.1.2 电路中的基本物理量

为了定量描述电路的性能,电路中引入了一些物理量作为电路的变量。常用的物理量有电流、电压、功率、电能等,这组物理量一般与时间有关,是与时间 t 相关的数学函数。

1. 电流

电荷在电路通路中的定向移动形成电流,电流是有方向的,正电荷的定向移动方向为电流的实际正方向。

(1) 电流强度

大量电荷的定向运动形成电流,为了衡量电流的强弱,规定了电流强度这一物理量。电流强度是指在外电场的作用下,单位时间内通过导体横截面电荷量的代数和。在 $\mathrm{d}t$ 时间内,通过导体截面积的电量为 $\mathrm{d}q$,则电流强度为

$$i(t) = \frac{\mathrm{d}q}{\mathrm{d}t} \tag{2-1}$$

式中的 i 为电流强度,简称电流,它是时间的函数。

说明:若电流的大小和方向不随时间改变,这类电流称为恒定电流,俗称直流电流,一般用大写字母 I 表示电流;若电流的大小或方向会随时间改变,这类电流称为时变电流,一般用小写字母 i 表示电流;若电流的大小和方向会随时间作周期性变化,这类电流称为交变电流,简称交流电流(如正弦交流电流),一般用小写字母 i 表示电流。

(2) 电流的单位

在国际单位制中,电荷量的单位是库仑(C),时间的单位是秒(s)。电流的基本单位是

安培,中文简称安,英文符号为 A,电流的常用单位有:千安(kA)、安培(A)、毫安(mA)、微安(μA),它们的关系是 $1\ \text{kA}=10^3\ \text{A}, 1\ \text{A}=10^3\ \text{mA}=10^6\ \mu\text{A}$。

（3）电流的方向

电流不但有大小,而且还有方向,通常规定电流的方向为正电荷的运动方向。由于在分析复杂电路时难以事先判断支路中电流的实际方向,因此引入参考方向(reference direction)的概念。参考方向就是在分析电路时先假定一个支路的电流方向。当电流的实际方向与参考方向一致时,电流为正值;反之,电流为负值,如图 2-1-2 所示。假设电流为 2 A,在图 2-1-2(a)中,$I=2\ \text{A}$;在图 2-1-2(b)中,$I=-2\ \text{A}$。

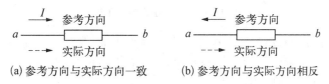

(a) 参考方向与实际方向一致　　　(b) 参考方向与实际方向相反

图 2-1-2　电流的实际方向与参考方向

说明:在电路图中,所标注的电流方向都是指参考方向,不一定是电流的实际方向,电流的大小用正负来表示。

2. 电压

（1）电压定义

电路中正电荷从 a 点移动到 b 点电场力对正电荷所做的功,用电压来度量这种电场力对电荷做功的能力,记做 U_{ab}。电压总是相对两点之间而言的,所以用双下标表示,如果正电荷顺电场方向由 a 移动到 b,那么 $U_{ab}>0$;反之,$U_{ab}<0$。

电压也称为电位差,用符号 U_{ab} 表示,$U_{ab}=U_a-U_b$,其中 U_a 为 a 点的电位,U_b 为 b 点的电位,如图 2-1-3 所示。

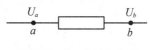

图 2-1-3　电压与电位

在分析电路时常常假设电路中某一点的电位为零(称为零参考点),这样电路中其他各点与零参考点之间的电压就是各点的电位。零参考点是可以任意规定的,所以电位是个相对量,它与参考点的选择有关,而电压是个绝对量,与参考点的选择无关。

电位参考点的选择,虽然从理论上说可以任意选择,但在不同的情况下有着不同的选择习惯。在电器中,如果电路中有接地点,通常选择接地点为参考点,用符号"⏚"表示;在电子电路中,常取若干导线的交汇点或机壳作为参考点,用符号"⊥"表示。

说明:若电压的大小和极性都不随时间改变,这类电压称为恒定电压,可以大写字母 U 表示。若电压的大小或极性随时间改变,这类电压称为时变电压,一般用小写字母 u 表示电压;若电压的大小和方向会随时间作周期性变化,这类电压称为交变电压,简称交流电压(如正弦交流电压),一般用小写字母 u 表示电压。

（2）电压的单位

在国际单位制中,电压的基本单位是伏特,中文简称伏,英文符号为 V,电压的常用单位有千伏(kV)、伏特(V)、毫伏(mV)、微伏(μV),它们的关系是 1 kV$=10^3$ V,1 V$=10^3$ mV$=10^6$ μV。

(3) 电压的方向

电压是标量,为了便于分析,也给电压规定了方向。在外电路中,电压的方向规定为由高电位指向低电位,即电压降落的方向。在电路中经常用箭头法或极性法(用+、−符号)来表示电压方向,如图 2-1-4 所示。

图 2-1-4　电压方向表示法

电路分析中,元件两端所标注的电压方向为参考方向,是任意设定的,不一定代表电压的真实方向。若该电压的实际方向与参考方向相同,电压值为正值;反之,若该电压实际方向与参考方向相反,电压值则为负值。

【**例 2-1-1**】　电路如图 2-1-5 所示,a 端接+12 V 电压,e 端接+2 V 电压,求图中 a、b、c、d、e 点的电位及电压 U_{ab}、U_{cd}。

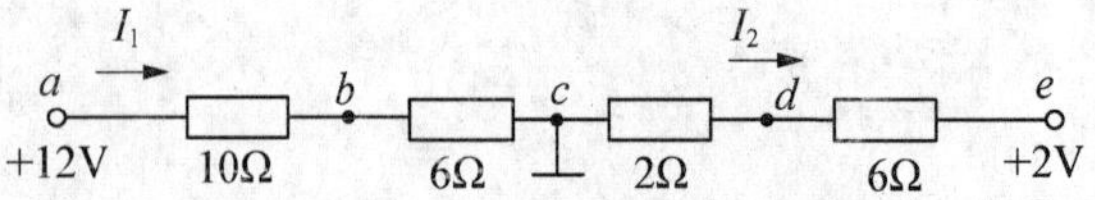

图 2-1-5　例 2-1-1 图

解:如图 2-1-5 所示,c 点为参考地,也是电源的接地端,a、e 点接电源的另一端,所以有 a、e 点的电位为

$$U_a = 12 \text{ V}, U_e = 2 \text{ V}, U_c = 0 \text{ V}$$

a、c 间的电流 I_1 为

$$I_1 = \frac{U_{ac}}{10+6} = \frac{12}{16} = \frac{3}{4} \text{ A}$$

c、e 的电流 I_2 为

$$I_2 = \frac{U_{ce}}{2+6} = \frac{-2}{8} = -\frac{1}{4} \text{ A}$$

$$U_{ab} = U_a - U_b$$

$$U_{ab} = I_1 \times 10 = \frac{3}{4} \times 10 = \frac{15}{2} \text{ V}$$

$$U_b = U_a - U_{ab} = 12 - \frac{15}{2} = \frac{9}{2} \text{ V}$$

$$U_{cd} = U_c - U_d$$

$$U_{cd} = I_2 \times 2 = -\frac{1}{4} \times 2 = -\frac{1}{2} \text{ V}$$

$$U_d = U_c - U_{cd} = 0 + \frac{1}{2} = \frac{1}{2} \text{ V}$$

注意:某两点间的电压表示用下标标注,如 U_{ab},是指从 a 点到 b 点间的电压。

3. 功率

(1) 功率的定义

电路的功能就是电能和非电能的转换,根据能量守恒定律,电源供出的电能量等于负载消耗或者吸收电能的总和。功和能量用字母 W 表示。

负载消耗或吸收的电能量即电场移动电荷 Q 所做的功。由电压定义,a、b 两点间的电压等于电场力将单位正电荷从 a 点移动到 b 点所做的功,所以 t 时间内将电荷从 a 点移动到 b 点电场力做的功可表示为

$$w(t)=\int_{0}^{t}u\mathrm{d}q \qquad (2-2)$$

电流做功的速率称为功率,用字母 p 表示。

$$p(t)=\frac{\mathrm{d}w}{\mathrm{d}t}=u\frac{\mathrm{d}q}{\mathrm{d}t}=u(t)i(t) \qquad (2-3)$$

若电压、电流都是恒定值时,以上两式分别为

$$W=UIt=Pt$$

$$P=\frac{W}{T}=UI$$

(2) 功率的单位

在国际单位制中,功率的单位是瓦特(W)。另外,电功率的单位也常用千瓦(kW)和毫瓦(mW)表示。它们的关系是 $1\ \mathrm{kW}=10^{3}\ \mathrm{W}$,$1\ \mathrm{W}=10^{3}\ \mathrm{mW}$。

在工程上,电能常用千瓦·时(kW·h)表示,1 kW·h 就是一度电。它们的关系是1度电＝1 kW·h。

(3) 功率的正负

功率没有方向,但功率有正负。$P=IU$,因为 I、U 有正有负,所以 P 的值也有正有负。当 $P>0$ 时,表明该元件上的电流和电压的实际方向一致(称为电流电压关联方向一致),此时该元件消耗功率(如电阻消耗功率);当 $P<0$ 时,表明该元件上的电流和电压的实际方向不一致(称为电流电压关联方向相反),此时该元件发出功率(如电源提供能量)。

【例 2 - 1 - 2】 图 2 - 1 - 6 中有三个元件的电路总功率 $P=30$ W,已知 $I=2$ A、$U_{ab}=8$ V、$U_{cd}=-6$ V,问三个元件的功率各多少?

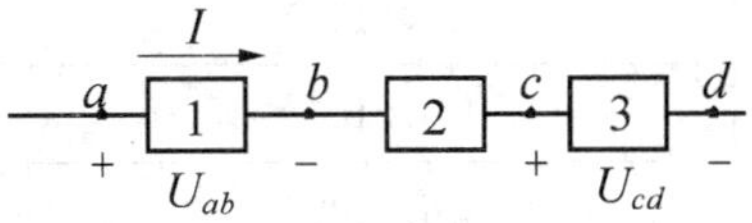

图 2 - 1 - 6　例 2 - 1 - 2 图

解: 1 号元件上的功率:

$$P_{1}=I\times U_{ab}=2\times 8=16\ \mathrm{W}(消耗功率)$$

3 号元件上的功率:

$$P_3 = I \times U_{cd} = 2 \times (-6) = -12 \text{ W(发出功率)}$$

2 号元件上的功率：

$$P = P_1 + P_2 + P_3$$

$$P_2 = P - P_1 - P_3 = 30 - 16 + 12 = 26 \text{ W(消耗功率)}$$

【2-1-3】 有一只 220 V,60 W 的电灯,接在 220 V 在电源上,试求电灯的电阻和电灯在 220 V 电压下工作时的电流。如果每晚用 3 h,问一个月消耗电能多少?

解:流过电灯的电流 $I = \dfrac{P}{U} = \dfrac{60}{220} = 0.273$ A

电灯的电阻 $R = \dfrac{U}{I} = \dfrac{220}{0.273} = 806$ Ω

一个月用电 $W = UIt = Pt = 0.06 \times 3 \times 30 = 5.4$ kW·h

2.1.3 无源电路元件

电路元件是组成电路模型的最小单元,元件本身就是一个最简单的电路模型。电路元件按与外部连接的端子数目可分为二端、三端、四端元件等。电阻元件、电感元件和电容元件都是二端元件。电路元件的特征是由它端子上的电压、电流关系来表征的,通常称为伏安特性,可以用数学关系式表示,也可以描述成电压、电流的关系曲线,即伏安特性曲线。

1. 电阻

电阻是导电材料对电流的阻碍能力,用符号 R 表示。任何均匀截面材料的电阻由材料的电阻率 ρ、截面积的大小 S 和材料的长度 l 决定,即

$$R = \rho \frac{l}{S} \tag{2-4}$$

不同材料的电阻率差异很大,表 2-1-1 中为一些常用材料的电阻率。

表 2-1-1 常用材料的电阻率

材料名称	电阻率/Ω·m	分类
石墨烯	1.00×10^{-8}	导体
金	2.44×10^{-8}	导体
银	1.59×10^{-8}	导体
铜	1.7×10^{-8}	导体
铁	1.0×10^{-7}	导体
锗	4.6×10^{-1}	半导体
硅	6.4×10^{2}	半导体
玻璃	10^{10} 到 10^{14}	绝缘体

电阻是电路中最简单的无源器件。德国物理学家欧姆在 1827 年发现了电阻、电流和电压之间的关系,这种关系被称为欧姆定律,欧姆定律的数学关系是

$$R = \frac{U}{I} \qquad\qquad (2-5)$$

式(2-5)中,U 是电阻两端的电压,R 是电阻值,I 是电阻中流过的电流。欧姆定律表明电阻两端的电压与通过其的电流成正比。电阻器件的阻值为定值,与电流、电压无关。

在本书中讨论的电阻是指线性电阻元件,即无条件满足欧姆定律的电阻器件。在理想电路中电阻用 R 表示,电阻两端的电压与流过的电流之间的关联参考方向如图 2-1-7(a)所示。线性电阻的电压与电流关系曲线称为电阻的伏安特性曲线,如图 2-1-7(b)所示,电压与电流成正比例。电阻是消耗功率的元件,将电能转换成其他形式的能(如热能、光能等)。

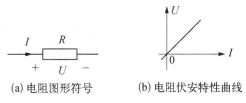

(a) 电阻图形符号　　　(b) 电阻伏安特性曲线

图 2-1-7　电阻元件

2. 电容

用两块金属平板中间用介质隔开就构成一个简单的电容器,中间的介质理想情况下是绝缘的。在外电源作用下,两块金属极板上能分别聚集等量的异种电荷,在介质中形成电场,储存电场能量。外电源移走后,在理想情况下电荷将继续保留在两块极板上,电场依然存在,因此这些电荷能长久地在极板上储存。所以电容器是一个能积聚电荷、存储电场能量的器件,是无源器件。

(1) 电容的定义

电容元件是实际电容器的理想化模型,其电路符号如图 2-1-8(a)所示。电容元件的定义:一个二端元件,在任一时刻 t,它所积聚的电荷 $q(t)$ 与其端电压 $u(t)$ 之间的关系可以用 q-u 平面上的一条曲线来确定,则称该二端元件为电容元件,简称电容。该曲线称为电容元件在 t 时刻的库伏特性曲线。若该曲线为通过原点的直线,则称为线性电容;否则为非线性电容。若曲线不随时间而变化,则称为非时变电容;否则称为时变电容。本课程中的电容元件均指线性非时变电容,其 q-u 特性曲线如图 2-1-8(b)所示,关系式可写成:

$$q = Cu$$

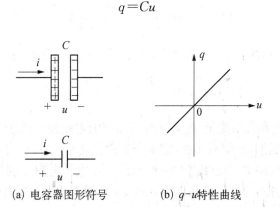

(a) 电容器图形符号　　　(b) q-u特性曲线

图 2-1-8　电容元件

其中 C 是一个与电容元件形状结构、电介质有关的量，表征电容元件积聚电荷能力的物理量，称为电容量，简称电容。

（2）电容的单位

电容的单位为法拉（F），也可用微法（μF）、纳法（nF）、皮法（pF）表示。它们的关系是 $1\,F = 10^6\,\mu F = 10^9\,nF = 10^{12}\,pF$。

（3）电容上电流与电压关系

电容端电压和电流在关联参考方向下，由电流的定义，

$$i(t) = \frac{dq}{dt} = \frac{du(t)C}{dt} = C\frac{du(t)}{dt} \tag{2-6}$$

式（2-6）表明电容元件是一个动态元件，电容元件中任一时刻的电流与该时刻的电压的变化率成正比，当电容上的电压不随时间变化时电容中的电流为零，此时电容元件相当于开路，这就是电容元件的"隔直通交"功能。

电容上的电压与电流有如下特点：① 电容元件上任一时刻的电流取决于同一时刻元件的电压的变化率，而与这一时刻的电压值无关，这是电容的"通交流信号"作用。② 当电压为恒定值时，即使电压很高，电容中也不会有电流。所以，电容对于直流信号相当于开路，这是电容的"隔直流信号"作用。③ 电容电压不能跃变，因为电流为有限值。

将式（2-6）两边积分并整理，可得到电容电压 u 的表达式为

$$u(t) = \frac{1}{C}\int_{-\infty}^{0} i\,dt = \frac{1}{C}\int_{-\infty}^{0} i\,dt = u(0) + \frac{1}{C}\int_{0}^{t} i\,dt \tag{2-7}$$

式（2-7）中，$u(0)$ 为初始值，可见，电容元件在某时刻 t 的电压值不仅取决于 $(0,t)$ 区间的电流值，而且还与其初始电压有关。表明电容元件有记忆作用，故称电容为记忆元件。

（4）电容上的电能

当 u、i 取关联参考方向时，电容的功率为

$$p(t) = u(t)i(t) = u(t)C\frac{du(t)}{dt}$$

若在 $[0,T]$ 时间内，电压由零升高到 U，则电容器吸收的电能为

$$W = \int_{0}^{T} p\,dt = \int_{0}^{U} Cu\,du = \frac{1}{2}CU^2 \tag{2-8}$$

若电容电压在相同时间由 U 下降到零，则电容器吸收的电能则为

$$W' = \int_{0}^{T} p\,dt = \int_{U}^{0} Cu\,du = -\frac{1}{2}CU^2$$

W' 为负值，表明电容放出能量，电容元件将储存的电场能转换为电能送还给电路系统。因此电容元件是无源元件，是储能元件，它本身不消耗能量。

实际电容器也是电路中广泛使用的一种元件。在电子电路中利用电容器实现调谐、滤波、耦合、移相、隔直、旁路、选频等；在电力系统中，利用电容改善电力系统的功率因数；或者利用它存储电能的特性，实现高压油开关的跳闸动作，在机械加工工艺中利用它实现电火花

加工等。衡量一个电容器的性能指标有电容器、绝缘电阻、介质损耗和耐压等,其中最主要的是电容器和耐压两个指标。电容器有一定的规格,而在实际工作中常会遇到电容器的电容量不够大或者耐压不够高的时候,可以把若干个电容适当进行串联或并联来满足需要。

3. 电感

实际电感元件通常由绕在磁性材料上的线圈构成。当线圈流过电流时即在其线圈内外建立磁场并产生磁通 φ(单位为韦伯,Wb)。如果线圈紧绕,且有 n 匝,则各线匝磁通的总和称为磁通链 $\psi(\psi=n\varphi)$。可见电感元件是一种建立磁场、存储磁场能量的器件。电感元件是实际电感器的理想化模型,电路符号为 L,其电感线圈示意图及图形符号如图 2-1-9(a) 所示。

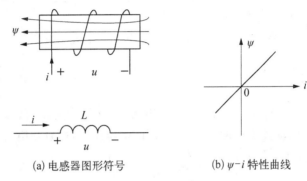

(a) 电感器图形符号　　　　　　　(b) ψ-i 特性曲线

图 2-1-9　电感元件

(1) 电感的定义

一个二端元件,如果在任一时刻,它所交链的磁链与其电流之间的关系可以用一条曲线来确定,则此二端元件称为电感元件,简称电感。线性电感元件的自感磁通链 ψ 与电感中的电流 i 是成正比的,满足关系式:

$$\psi=Li \tag{2-9}$$

式(2-9)中 L 为电感元件的电感值(也称电感),是一个正的实常数。电感元件的特征曲线可以用 i-ψ 坐标曲线来表示(称为韦安特性曲线),线性电感元件的韦安特性曲线是通过坐标原点的一条直线,如图 2-1-9(b)所示。

(2) 电感的单位

线性电感元件的电感值 L 是常量,只和线圈及其线匝导体的形状、尺寸有关,与电流无关。本书中讨论的电感只限于线性电感。L 的基本单位是亨利(H),除此之外还有毫亨(mH)、微亨(μH),它们的转换关系为 $1\ \mathrm{H}=10^3\ \mathrm{mH}=10^6\ \mu\mathrm{H}$。

(3) 电感上电流与电压关系

当变化的电流通过电感线圈时,在其周围产生变化的磁通,根据法拉第电磁感应定律,该变化的磁通在线圈两端引起感应电压。感应电压的大小等于磁链的变化率。若电感元件两端的电压 u 与 i 采用图 2-1-9(a)所示的关联参考方向,电感元件两端的感应电压为

$$u=\frac{\mathrm{d}\psi}{\mathrm{d}t} \tag{2-10}$$

将式(2-9)代入式(2-10)中得到电感元件电压与电流关系式

$$u = L \frac{\mathrm{d}i}{\mathrm{d}t} \tag{2-11}$$

式(2-11)说明,任何时刻线性电感上的电压与该时刻的电流变化率成正比。当电流不随时间变化时电压为零,这时电感相对于短路,所以在直流稳压状态时,电感元件可以看成是短路的。

电感上的电压与电流有如下特点:① 任何时刻,电感元件两端的电压与该时刻的电流变化率成正比,而与该时刻元件中电流的大小无关,由于电感电流与电压的这种动态关系,电感元件又称为动态元件;② 若通过电感的电流为直流,无论其值的大小如何,都有 $u=0$,即电感对直流信号相当于短路;③ 当电感的电压为有限值时,电感的电流不能跃变,电感这一特性是分析动态电路的重要依据。

将式(2-11)两边积分并整理,可得到电流 i 由电压 u 表示的函数,即

$$i(t) = \frac{1}{L}\int_{-\infty}^{t} u\mathrm{d}t = \frac{1}{L}\int_{-\infty}^{t} u\mathrm{d}t + \frac{1}{L}\int_{0}^{t} u\mathrm{d}t = i(0) + \frac{1}{L}\int_{0}^{t} u\mathrm{d}t \tag{2-12}$$

式(2-12)中,$i(0)$ 为计时时刻 $t=0$ 时的电流值,又称为初始值。式(2-12)说明了电感元件在某一时刻的电流值不仅取决于 $(0,t)$ 区间的电压值,而且与电流的初始值有关。因此,电感元件有记忆功能,是一种记忆元件。

(4) 电感上的电能

当电感两端电压与电流取关联参考方向时,电感元件的瞬时吸收功率为

$$p = i(t)u(t) = i(t)L\frac{\mathrm{d}i(t)}{\mathrm{d}t}$$

若电流由零增加到 I 值,电感元件吸收的功能为

$$W = \int_{0}^{I} Li(t)\mathrm{d}i(t) = \frac{1}{2}LI^{2} \tag{2-13}$$

若电流 i 由 I 减小到零值时,则电感元件吸收的电能为

$$W' = \int_{I}^{0} Li(t)\mathrm{d}i(t) = -\frac{1}{2}LI^{2}$$

W' 为负值,吸收的电能为负,意味着电感放出能量。电感元件从电路中吸收电能,将其转化为磁场能储存起来;当电流减小时,释放磁场能量转化为电能送还给电路。电感元件是储能元件,它本身不消耗能量。

实际电感器是由导线构成的线圈,实际导线都有一定的电阻值,所有一个实际电感器除了具有储能的特性外,一般还会有能量损耗,在精确电路分析中实际电感器的模型应该是电感元件与电阻元件的组合。

2.1.4 有源电路元件

给电路提供电能的元件称为有源电路元件。有源电路元件可分为独立源和受控源两

大类。

独立源能独立地给电路提供电压和电流,而不受其他支路的电压和电流控制,常作为信号源,它又分为独立电压源和独立电流源。受控源向电路提供的电压和电流,受其他支路的电压和电流控制。

1. 电压源

(1) 理想的电压源

电压源是一种理想的有源二端元件,其两端电压总能保持定值或一定的时间函数,且电压值与流过它的电流无关。

电压源是实际电源忽略其内阻后的理想化模型。若电压源的电压 u_s 是随时间变化的,是与时间相关的函数,这个电压源称为时变电压源。如果 u_s 不随时间变化,即其电压值为常数,则称为直流电压源或者恒定电压源。

电压源的图形符号如 2-1-10(a) 所示,u_s 为电压源的电压,"+""−"为电压源的参考极性。如果电压源是恒定电压源,也叫直流电源,通常用 U_s 表示;直流电源也可用长线段表示电压源正极,短线段表示负极来表示。

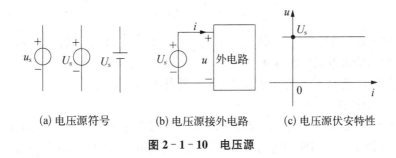

(a) 电压源符号   (b) 电压源接外电路   (c) 电压源伏安特性

图 2-1-10 电压源

直流电压源接外电路后的伏安特性如图 2-1-10(c) 所示,电压源具有如下特性:

① 电源两端电压由电源本身决定,与外电路无关,与流经它的电流方向、大小无关,始终保持自身提供电压。

② 通过电压源的电流由电源及外电路共同决定。

(2) 实际的电压源

常见的实际电源有蓄电池、干电池、发电机等,通常它们都有内阻,在很多电路分析模型中采用理想电压源和电阻元件串联组合模型,如图 2-1-11(a) 所示,R_s 称为电压源内阻。由于内阻上的电压会随着输出电流的增大而升高,所以电源输出端的电压 u 不再恒定,而是与输出电流有关,且随着输出电流的增大而减小,如图 2-1-11(b) 所示。

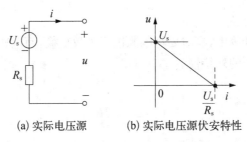

(a) 实际电压源   (b) 实际电压源伏安特性

图 2-1-11 考虑电压源内阻的模型

2. 电流源

(1) 理想的电流源

电流源也是一种理想的有源二端元件,其流出的电流总能保持定值或一定的时间函数,且电流值与它两端的电压无关。

电流源是实际电流源忽略其内阻后的理想化模型,电流源一般用 i_s 表示。若电流源的电流 i_s 随时间变化,是与时间相关的函数,称为时变电流源。如果 i_s 不随时间变化,即电流值为常数,则称其为恒定电流源或直流电流源,通常用 I_s 表示。电流源的图形符号如图 2-1-12(a)所示,图中箭头所指的方向为电流参考方向。

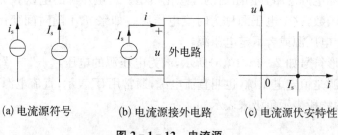

(a) 电流源符号　　(b) 电流源接外电路　　(c) 电流源伏安特性

图 2-1-12　电流源

直流电流源接外电路后的伏安特性如图 2-1-12(c)所示,电流源具有如下特点:

① 电流源的输出电流由电源本身决定,与外电路无关;与它两端电压无关。

② 电流源两端的电压由其本身输出电流及外部电路共同决定。

(2) 实际的电流源

在实际电路中光电管、光电池等器件的工作特性接近于电流源,实际电流源一般都有内阻,在电路分析模型中采用理想电流源和电阻元件的并联组合模型,如图 2-1-13(a)所示,R_s 称为电流源内阻。由于内阻上的分流电流会随着输出电流的增大而升高,所以电流源输出端的电流 i 不再恒定,而是与电流源的端电压有关,如图 2-1-13(b)所示。

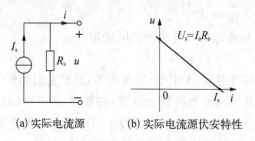

(a) 实际电流源　　(b) 实际电流源伏安特性

图 2-1-13　考虑电流源内阻的模型

3. 实际电源的等效变换

在对电路的分析和计算中,有时要将电源进行等效变换,而电压源与电流源进行等效变换的条件是它们具有相同的外特性。

由图 2-1-11 可知

$$u = U_s - IR_s$$

经整理,得

$$\frac{U_{\text{s}}}{R_{\text{s}}} = \frac{u}{R_{\text{s}}} + i \qquad\qquad (2-14)$$

由图 2-1-13 可知

$$I_{\text{S}} = \frac{u}{R_{\text{s}}} + i \qquad\qquad (2-15)$$

比较式(2-14)和式(2-15)，令 $\dfrac{U_{\text{S}}}{R_{\text{S}}} = I_{\text{S}}$ 或 $U_{\text{s}} = I_{\text{s}}R_{\text{s}}$，可以得到实际电源等效变换的电路如图 2-1-14 所示。

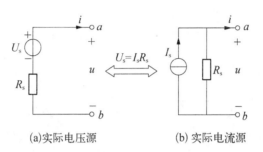

(a)实际电压源　　　　　　　(b) 实际电流源

图 2-1-14　实际电源等效电路

电源等效变换时应注意以下几点：

(1) 电压源与电流源等效变换关系只对外电路而言，内电路是不等效的。

(2) 电源变换时，两种电源的极性必须保持一致。

(3) 理想电压源与理想电流源间不能互换。

4. 受控电源

一条支路的电压或电流受电路中其他部分的电压或电流控制的电压源或电流源，称为受控源。受控源是用来表征在电子器件中所发生的物理现象的一种模型，是分析电子电路非常重要的元件模型。因为受控源的电压或电流并不是给定的时间函数，而是受电路中其他部分的电流或电压控制的，所以受控源是非独立电源。本书只讨论线性受控源，即被控制量与控制量成正比关系。

根据控制量是电压还是电流，受控电源是电压源还是电流源，受控电源可分成如下四种。

(1) 电流控制型电流源(CCCS)，简称流控电流源。如图 2-1-15(a)所示，从 2-2′端看进去是一个电流源，输出电流值 i_2 受 1-1′支路的电流 i_1 控制，它们的关系表达式是

$$i_2 = \beta i_1$$

式中的 β 是常数，没有单位。

(2) 电流控制型电压源(CCVS)，简称流控电压源。如图 2-1-15(b)所示，从 2-2′端看进去是一个电压源，输出电压值 u_2 受 1-1′支路的电流 i_1 控制，它们的关系表达式是

$$u_2 = ri_1$$

式中的 r 是常数，单位是欧姆。

(3) 电压控制型电流源(VCCS)，简称压控电流源。如图 2-1-15(c)所示，从 2-2′端

看进去是一个电流源,输出电流值 i_2 受 $1-1'$ 端间的电压 u_1 控制,它们的关系表达式是

$$i_2 = gu_1$$

式中的 g 是常数,单位是西门子(电导的单位)。

(4) 电压控制型电压源(VCVS),简称压控电压源。如图 $2-1-15$(d)所示,从 $2-2'$ 端看进去是一个电压源,输出电压值 u_2 受 $1-1'$ 端间的电压 u_1 控制,它们的关系表达式是

$$u_2 = \mu u_1$$

式中的 μ 是常数,没有单位。

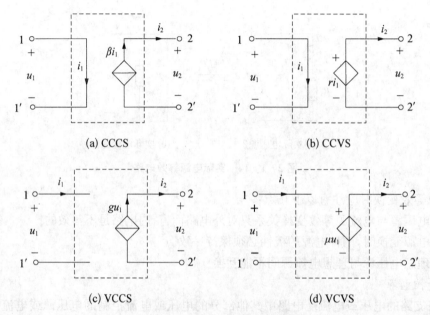

(a) CCCS   (b) CCVS

(c) VCCS   (d) VCVS

图 $2-1-15$　四种受控源

受控源采用菱形符号,以便与独立电源区别(独立电源采用圆形符号),参考方向的表示与独立电源相同。

受控源与独立电源有所不同,独立电源在电路中起"激励"的作用,电路中有了它才能产生电压和电流。而受控源则不同,它的电压或电流反而受电路中其他支路的电压或电流的控制,当控制的电压或电流等于零或消失时,受控电压源的电压值和受控电流源的电流值也等于零,因此它本身不起"激励"作用。

2.2　基尔霍夫定律

欧姆定律是电路中最基本的定律之一,用来确定电阻两端电压和电流之间的关系。对于简单电路,通过欧姆定律就可以列出电流与电压的关系式。含有 2 个以上节点,且不能用串、并联求等效电阻的电路称为复杂电路,基尔霍夫定律是求解复杂电路的基本定律。

基尔霍夫定律(Kirchhoff laws)是电路中电压和电流所遵循的基本规律,是分析和计算较为复杂电路的基础,1845 年由德国物理学家 G.R.基尔霍夫(Gustav Robert Kirchhoff,

1824～1887)提出。基尔霍夫(电路)定律包括基尔霍夫电流定律(KCL)和基尔霍夫电压定律(KVL)。基尔霍夫定律既可以用于直流电路的分析,也可以用于交流电路的分析,还可以用于含有电子元件的非线性电路的分析。

2.2.1 基本概念

电路中的电压变量和电流变量受到两种约束:一种是电路连接方式,即电路结构的约束。另一种是组成电路元件本身伏安特性的约束。这两种约束关系分别为拓扑约束和元件约束。

拓扑约束是由连接方式决定的,与元件特性无关。拓扑约束关系具体表现为基尔霍夫电流定律(KCL)和电压定值(KVL)。它是德国物理学家基尔霍夫在 23 岁时提出的著名电流定律和电压定律,这成为集总电路分析最基本的依据。它反映了电路中所有支路电压和电流所遵循的基本规律。基尔霍夫定律包括电流定律和电压定律,在具体讲述基尔霍夫定律之前,先介绍电路模型图中的一些术语。

(1) 支路:电路中通过同一电流的每个分支称为支路,每个分支至少包含一个元件。如图 2-2-1 所示有 5 条支路:$a-e-d$ 支路中有 u_s 和 R_1 元件、$a-f-d$ 支路中有 R_2 和 R_3 元件、$a-b$ 支路中有 R_4 元件、$b-g-c$ 支路中有 i_s 和 R_5 元件、$b-c$ 支路中有 R_6 元件,$d-c$ 不是支路,因为电路中没有元件。$a-e-d$ 支路、$b-g-c$ 支路中含有电源,是有源支路,其他 3 条是无源支路。

(2) 节点:三条或三条以上支路的连接点称为节点。图 2-2-1 所示有 3 个节点 a、b、c(或 d),其中 e、f、g 不是节点,c、d 是同一节点。

(3) 回路:从某一节点出发,连续地经过一些支路和节点(只能各经过一次),到达另节点,就构成路径,如果路径的最后到达点就是出发点,这样的闭合路径称为回路,图 2-2-1 中共有 6 个回路:$a-f-d-e-a$ 回路、$a-b-g-c-d-e-a$ 回路、$a-b-c-d-e-a$ 回路、$a-b-g-d-f-a$ 回路、$a-b-c-d-f-a$ 回路、$b-c-g-b$ 回路。

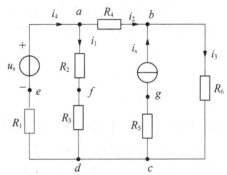

图 2-2-1 支路、节点、回路

(4) 网孔:在平面电路中若某个回路中不再含有支路的回路叫网孔。图 2-2-1 中的 6 个回路中有 3 个网孔:$a-f-d-e-a$ 网孔、$a-b-g-c-d-f-a$ 网孔和 $b-c-g-b$ 网孔。

2.2.2 基尔霍夫电流定律

基尔霍夫电流定律(简称 KCL),也称为节点电流定律,用来确定电路中连接在同一节点上各支路电流间关系的定律,它指出:在任一时刻,流入电路中任一节点的所有支路电流的代数和为零,即

$$\sum_{k=1}^{n} i_k = 0 \qquad (2-16)$$

式(2-16)中,i_k 为流入节点的第 k 条支路的支路电流;n 为节点处的支路数。

如图 2-2-1 所示的电路中,各支路的电流参考方向已经设定,并规定流进节点的电流取正,流出节点的电流取负,对节点 a 应用 KCL,满足方程

$$i_4 - i_1 - i_2 = 0 \qquad\qquad (2-17)$$

也可以将基尔霍夫电流定律理解为任一时刻,流入电路中任一节点的电流等于流出该节点的电流,对节点 a 应用 KCL,满足方程

$$i_4 = i_1 + i_2 \qquad\qquad (2-18)$$

同理,对节点 b 应用 KCL,满足方程

$$i_2 + i_s - i_3 = 0 \qquad\qquad (2-19)$$

对节点 c 应用 KCL,满足方程

$$i_3 - i_s + i_1 - i_4 = 0 \qquad\qquad (2-20)$$

式(2-18)代入式(2-20)得出来的结果与式(2-19)相同,这个方程是无效方程。可以证明,若电路中有 n 个节点,只有 $(n-1)$ 个节点电流方程是独立的。基尔霍夫电流定律是电流连续性或电荷守恒的体现。

2.2.3 基尔霍夫电压定律

基尔霍夫电压定律(简称 KVL),又称回路电压定律,是用来确定回路中各部分电压关系的定律。其内容是对于电路中的任一回路,在任一时刻,构成该回路的所有支路电压降的代数和为零,即

$$\sum_{k=1}^{m} u_k = 0 \qquad\qquad (2-21)$$

式(2-21)中,u_k 为回路中第 k 条支路的支路电压;m 为回路中的支路数。

在写基尔霍夫电压定律前,先要在回路中指定一个绕行方向,并规定电压的参考方向若与回路的绕行方向一致时为正,反之电压为负。支路中电阻上的电压可以用欧姆定律计算,即用支路电流与电阻的乘积来表示,如图 2-2-1 所示的电路中,$a-f-d-e-a$ 回路的电压方程为

$$i_1 R_2 + i_1 R_3 + i_4 R_1 - u_s = 0 \qquad\qquad (2-22)$$

式(2-22)与下列表达式是一致的

$$u_{ad} + i_4 R_1 - u_s = 0 \qquad\qquad (2-23)$$

式(2-22)也可整理为

$$i_1 R_2 + i_1 R_3 + i_4 R_1 = u_s \qquad\qquad (2-24)$$

式(2-24)表明任一回路中,电压降的代数和等于电压升的代数和。

KCL 规定了电路中各支路电流必须服从的约束关系,KVL 规定了电路中各支路中电压必须服从的约束关系。两者仅与元件的相互连接有关,与元件的性质无关,这种约束关系称为拓扑约束。

【**例 2 - 2 - 1**】 电路如图 2 - 2 - 2 所示,已知 $i_4 = 1$ A,试求 u_s 的值。

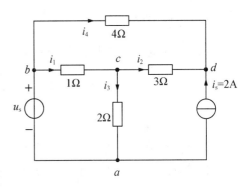

图 2 - 2 - 2 例 2 - 2 - 1

解:先确定电路的参考方向,图中采用电流电压关联参考方向,确定了各支路的电流方向,分析所要求解的器件的参数关系,再应用欧姆定律、KCL 和 KVL 写出节点电流方程和回路电压方程,求解方程即可得到答案。

本例要解 u_s 电压源的电压,也就是 ba 间的电压 u_{ba},可以看作是 1 Ω 电阻和 2 Ω 电阻上的电压之和,参考方向如图 2 - 2 - 2 中所示,得到节点方程如下:

$$\begin{cases} i_1 - i_2 - i_3 = 0 (c \text{ 节点}) \\ i_2 + i_4 + i_S = 0 (d \text{ 节点}) \end{cases} \qquad (2 - 25)$$

得到的回路电压方程如下:

$$\begin{cases} u_s = i_1 + 2i_3 \quad (b - c - a - b \text{ 回路}) \\ 4i_4 = i_1 + 3i_2 \quad (b - d - c - b \text{ 回路}) \end{cases} \qquad (2 - 26)$$

将 $i_4 = 1$ 和 $i_s = 2$ 代入(2 - 25)、(2 - 26)表达式,得

$$i_2 = -3 \text{ A}, i_1 = 13 \text{ A}, i_3 = 16 \text{ A}, u_s = 45 \text{ V}$$

即可得到答案电源电压为 45 V。

2.3 电路的基本分析方法

2.3.1 电阻的串联和并联

为了满足电路对不同电阻值的需求,电阻间经常进行串联、并联,或串、并联共存。

1. 电阻的串联

电路中 2 个或 2 个以上的元件顺序相连,且各个结点没有分支的连接方式称为串联。串联电路具有以下特点:流过电路中各电阻的电流为同一电流,电路的总电阻为串联电路中各电阻之和,电路两端的总电压为各个电阻上的电压之和,如图 2 - 3 - 1 所示。

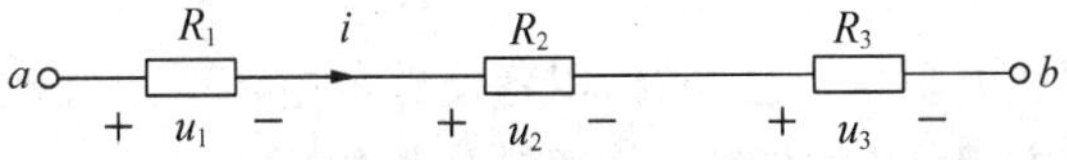

图 2 - 3 - 1 电阻的串联

(1)串联电路电压之间的关系:$u_{ab} = u_1 + u_2 + u_3$

(2)串联电路两端的总电阻:$R_{总} = R_1 + R_2 + R_3$

（3）串联电路中的电流：$i = \dfrac{u_{ab}}{R_\text{总}}$

（4）串联电路各电阻上的电压（分压关系，也称分压公式）：

$$u_1 = \frac{R_1}{R_\text{总}} u_{ab}, u_2 = \frac{R_2}{R_\text{总}} u_{ab}, u_3 = \frac{R_3}{R_\text{总}} u_{ab}$$

2. 电阻的并联

并联是指将 2 个或 2 个以上元件的一端连接在电路的同一点上，另一端连接在另一点上的连接方式称为并联。并联电路中电阻元件上的电压相同，电路中总电流为各个电阻上的电流之和，如图 2-3-2 所示，

（1）并联电路中并联电阻元件的电压相等：$u_1 = u_2 = u$

（2）并联电路的总电阻：$R_{ab} = \dfrac{R_1 R_2}{R_1 + R_2}$

（3）并联电路中总电流为各电阻元件上的电流之和：$i = i_1 + i_2$

（4）并联电路各电阻上的电流（分流关系，也称分流公式）：

$$i_1 = \frac{R_2}{R_1 + R_2} i, i_2 = \frac{R_1}{R_1 + R_2} i$$

从以上分析得出，串联电阻电路可以起分压作用，并联电阻电路可以起分流作用。必须指出，电阻的连接除了串联、并联外还有混联，如图 2-3-3 所示。图 2-3-3(a)中的电阻不仅有串联，还有并联连接方式，图 2-3-3(b)中 3 个电阻的连接既不是并联也不是串联。

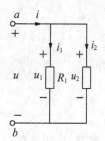
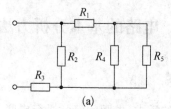
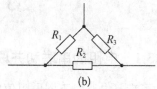

图 2-3-2　电阻的并联　　　　　图 2-3-3　电阻的混联

2.3.2　支路电流法

支路电流法是以电路中支路的电流为变量，直接应用基尔霍夫定律列出方程计算复杂电路的一个基本方法。

当电路中所有电源和电阻均为已知时，以各支路的电流为未知数，根据基尔霍夫电流定律和电压定律列出所需方程，联立求解。其解题步骤如下：

（1）确定电路有 n 个节点，b 条支路，并设定各支路电流的参考方向及所需回路的绕行方向。

（2）根据基尔霍夫电流定律列出 $(n-1)$ 个独立节点电流方程。

（3）根据基尔霍夫电压定律列出 $b-(n-1)$ 个回路（通常选择网孔）电压方程。

(4) 联立求解方程组,得出各支路电流,然后根据元件伏安特性关系求出各段电压。

【例 2 - 3 - 1】 用支路电流法求出电路图 2 - 3 - 4 中的各支路电流 i_1、i_2 和 i_3。已知 $R_1 = 2 \ \Omega, R_2 = 2 \ \Omega, R_3 = 3 \ \Omega, u_{s1} = 6 \ \text{V}, u_{s2} = 8 \ \text{V}$。

解:图 2 - 3 - 4 中有 $b = 3$ 条支路,$n = 2$ 个节点,2 个网孔。首先确定每条支路的电流 i_1、i_2、i_3 及它们的参考方向,确定回流的绕行方向,写出 $n - 1$ 个(1 个)节点方程:

$$i_1 = i_2 + i_3 \tag{2-27}$$

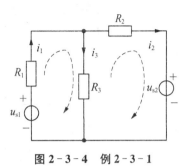

图 2 - 3 - 4 例 2 - 3 - 1

根据 KVL 写出 $b - (n - 1)$ 个(2 个)回路方程(取网孔):

$$\begin{cases} R_3 i_3 - u_{s1} + R_1 i_1 = 0 \\ R_2 i_2 + u_{s2} - R_3 i_3 = 0 \end{cases} \tag{2-28}$$

将已知数代入式(2 - 27)、(2 - 28)方程,得

$$\begin{cases} i_1 = i_2 + i_3 \\ 3i_3 - 6 + 2i_1 = 0 \\ 2i_2 + 8 - 3i_3 = 0 \end{cases} \tag{2-29}$$

解式(2 - 29),可得

$$\begin{cases} i_1 = \dfrac{3}{8} \text{A} \\[2mm] i_2 = -\dfrac{11}{8} \text{A} \\[2mm] i_3 = \dfrac{7}{4} \text{A} \end{cases}$$

支路电流法以支路电流为变量,根据 KCL 和 KVL 列写方程,方便、直观,但方程数较多,求解麻烦,适合在支路数不多的情况下使用。

2.3.3 叠加定理

在线性电路中经常应用一些定理来分析表述电路的性质,掌握这些定理有助于深入理解电路的一般规律,也为深化电路的分析计算提供理论依据。叠加定理和戴维南定理是其中的两个重要定理。

叠加定理:在多个电源共存的线性电路中,任一支路电流(或电压)等于各独立电源单独作用时在该支路上产生的电流(或电压)的代数和。

电源单独作用,是指一个电源作用时,其他电源不起作用。所谓电源不起作用,即电压源短路、电流源开路状态。如图 2 - 3 - 5(a)所示是 2 个电源共同作用的电路,图 2 - 3 - 5(b)为电压源 u_s 单独作用时的电路(此时电流源视为开路),图 2 - 3 - 5(c)为电流源 i_s 单独作用时的电路(此时电压源视为短路)。

应用叠加定理分析图 2 - 3 - 5(a)中的电压 u_1、u_2 和电流 i_1、i_2 时,首先应画出每个独立电源单独作用情况下的电路图,如图 2-3-5(b)、(c)所示,并标注新的电流、电压符号(方向不变),则 $u_1=u_1'+u_1'',u_2=u_2'+u_2'',i_1=i_1'+i_1'',i_2=i_2'+i_2''$。

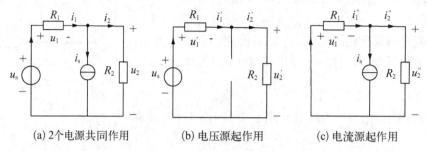

(a) 2个电源共同作用   (b) 电压源起作用   (c) 电流源起作用

图 2-3-5　叠加定理电路分解

应用叠加定理分解电路时,必须注意:

(1) 只适用于线性电路。

(2) 电源单独作用时,应保持电路结构不变。

(3) 电源单独作用是指一个电源起作用,其他电源不起作用。

(4) 电源不起作用是指电压源短路、电流源开路。

(5) 不能计算功率叠加!

【例 2-3-2】 应用叠加原理求解图 2-3-5(a)所示电路中的电流 i_1、i_2。已知 $u_s=5\ \text{V},i_s=1\ \text{A},R_1=2\ \Omega、R_2=4\ \Omega$。

解: 应用叠加原理分析电路时首先画出 2 个独立电源单独作用情况下的电路图,如图 2-3-5(b)、(c)所示。

从图 2-3-5(b)得 $i_1'=i_2'=\dfrac{u_s}{R_1+R_2}=\dfrac{5}{2+4}=\dfrac{5}{6}\ \text{A}$

从图 2-4-2(c)得 $i_1''=\dfrac{i_s}{R_1+R_2}\times R_2=\dfrac{1}{2+4}\times 4=\dfrac{2}{3}\ \text{A}$

$$i_2''=-\dfrac{i_s}{R_1+R_2}\times R_1=-\dfrac{1}{2+4}\times 2=-\dfrac{1}{3}\ \text{A}$$

所以 $i_1=i_1'+i_1''=\dfrac{5}{6}+\dfrac{2}{3}=\dfrac{3}{2}\ \text{A}$

$$i_2=i_2'+i_2''=\dfrac{5}{6}-\dfrac{1}{3}=\dfrac{1}{2}\ \text{A}$$

2.3.4　戴维南定理

在分析计算电路时,有时只需计算某一支路的电流或电压,为简化计算通常使用戴维南定理来分析。

1. 有源二端网络的概念

为讨论电路的普遍规律,通常把电路称为网络。任何具有二个输出端的电路称二端网络,具体来讲,二端网络就是具有两个与外部电路连接的端子,二个端子(也称为一对端子)构成一个端口。端口的约束条件:流入一个端子的电流恒等于另一端子流出的电流,如图

2-3-6(a)所示,从 a 端口流入电流 i 一定等于 b 端流出的电流。内部含有电源的二端网络称为有源二端网络。

2. 戴维南定理的内容

戴维南定理又称有源二端网络定理。戴维南定理指出:任何一个有源线性二端网络,对外部电路而言,都可以用一个等效的实际电压源(u_s、R_s)来代替。其中,电压源的电压 u_s 等于有源二端网络的开路电压;电压源的内电阻 R_s 等于有源二端网络中所有电源不起作用后,二端网络的等效电阻,如图 2-3-6(b)所示。虚线框中的部分为有源二端网络的戴维南等效电路。

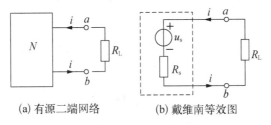

(a) 有源二端网络　　　(b) 戴维南等效图

图 2-3-6　戴维南定理

用戴维南等效电路替换有源二端网络,对外部电路没有任何影响。应用戴维南定理的具体步骤:

(1)将电路分成有源二端网络和外电路两部分,并断开外电路,独立形成二端网络电路;

(2)应用电路分析理论求解二端网络的端口电压;

(3)去除二端网络中的独立电源(电压源短路,电流源开路),求解无源二端网络的端口等效电阻;

(4)将有源二端网络等效为带内阻的电压源,与外电路连接,求解外电路中的电流和其他相关参数。

【例 2-3-3】　应用戴维南定理解图 2-3-7(a)所示电路中的电流 i。已知 $u_{s1}=18\ \text{V}$、$u_{s2}=10\ \text{V}$、$R_1=3\ \Omega$、$R_2=6\ \Omega$、$R_3=8\ \Omega$。

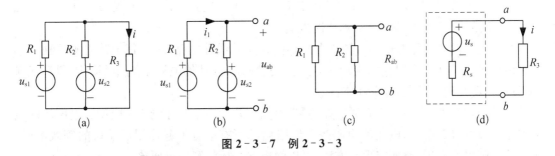

(a)　　　　(b)　　　　(c)　　　　(d)

图 2-3-7　例 2-3-3

解:图 2-3-7(a)中要求解的是 R_3 支路中的电流,把 R_3 看作外部电路,左边部分构成二端网络,如图 2-3-7(b)所示。

(1)图 2-3-2(b)为单回路,应用 KVL 可以求出 a、b 端的开路电压 u_{ab} 为

$$\begin{cases} u_{ab} = i_1 R_2 + u_{s2} \\ u_{ab} - u_{s1} + i_1 R_1 = 0 \end{cases}$$

将已知参数代入方程,解方程得到 a、b 端的电压: $u_{ab} = 12$ V

(2) 求解等效电阻 R_{ab} 时,需将有源二端网络中的电压源短路、电流源开路后变成无源二端网络,如图 2-3-7(c)所示,然后求从 a、b 两端的等效电阻:

$$R_{ab} = R_1 / R_2 = 3/6 = 2 \ \Omega$$

(3) 将 $u_s = u_{ab}$、$R_s = R_{ab}$ 组合成实际电压源与外电路连接,如图 2-3-7(d)所示,图中的 i 即为原电路要求解的 i 值。

$$i = \frac{u_s}{R_s + R_3} = \frac{12}{2 + 8} = 1.2 \ \text{A}$$

扫一扫
见本章实验

小 结

电路是若干电气器件为了完成某一功能而按一定方式相互连接起来组成的总体,通常由电压源或电流源、导线和负载三部分组成。电路分析时一般用理想元件构成理想元件电路模型,求解的目标是电路中的物理量:电流、电压、电位、功率等。线性电路中的理想线性元件模型有电阻、电容、电感、电压源、电流源。

电流、电压和电位是既有大小,又有方向的物理量。在实际问题中,这些物理量的实际方向很难通过观察确定,在电路分析中必须应用参考方向的概念进行预设假定,最后根据参考方向与物理量的代数符号确定其实际方向。

电路分析的基础是欧姆定律和基尔霍夫定律,是电路分析最基本的依据。基尔霍夫定律有基尔霍夫电流定律 KCL 和基尔霍夫电压定律 KVL。KCL 反映节点处电流遵循的基本规,任何时刻流入任一节点的所有电流的代数和为零。KVL 反映回路上电压遵循的基本规律,任何时刻,任一回路所有元件上的电压代数和为零。

电路分析的基本方法有支路电流法、叠加定理、戴维南定理等。支路电流法是以支路电流为求解对象,对于有 n 个节点的电路可以建立 $n-1$ 个独立的 KCL 方程,$b-(n-1)$ 个独立的 KVL 方程,求出电路中所有的支路电流。

叠加定理的理论是对于多个独立电源共同作用的线性电路,等于每个独立源单独作用时的响应的代数和。应用叠加定理时,电源单独作用时,其他电源不起作用。所谓不起作用,即电压源短路、电流源开路状态。

戴维南定理的内容:一个有源二端网络,可以等效为一个实际电压源模型。电压源的电压等于端口的开路电压,电压源电阻等于网络内部所有电源不起作用后端口的等效电阻。灵活应用戴维南定理、叠加定理等方法,可以使电路分析的解题更便捷。

习 题

1. 计算图 2-1 中 a、b、c、d 点的电位。

图 2-1 题 1 图

2. 在图 2-2 中,已知 $i_1 = -2$ A, $i_3 = 3$ A 各个元器件上的参考方向如图 2-2 所示。

(1) 请标出各个元件上实际电流和电压的方向。

(2) 4 个元件中哪些是电源,哪些是负载?

(3) 试用理想电压源、电阻画出电路模型。

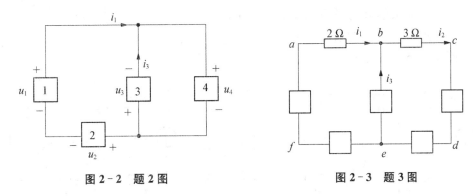

图 2-2 题 2 图   图 2-3 题 3 图

3. 在图 2-3 中,已知 $u_{bc} = 2$ V, $u_{cd} = 4$ V, $u_{de} = -9$ V, $u_{ef} = 6$ V, $u_{af} - 10$ V,求 u_{ab}、i_1、i_2、i_3。

4. 图 2-4 是由 5 个元件组成的电路。在图中的电压和电流参考方向下测得 $i_1 = -4$ A, $i_3 = 10$ A, $i_4 = 6$ A, $u_1 = 140$ V, $u_2 = 30$ V, $u_3 = 60$ V, $u_4 = -90$ V, $u_5 = -80$ V。

(1) 试标出各电压和电流的实际方向。

(2) 判断哪些元件是电源? 哪些元件是负载?

(3) 计算各元件的功率,并验证功率的平衡关系。

(4) 试用电路、电阻画出电路模型。

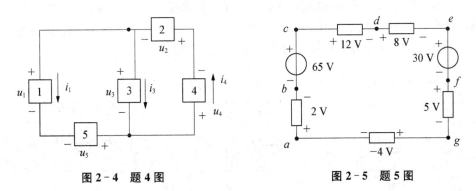

图 2-4 题 4 图   图 2-5 题 5 图

5. 图 2-5 中各元件上的电压均为已知。(1) 取 $u_f = 0$,求各点电位及电压 u_{af}、u_{ce}、u_{be} 和 u_{bf}。(2) 改为 $u_d = 0$,重解此题。

6. 电路如图 2-6 所示，$u_1=8$ V，$u_2=12$ V 试求两个电压源的功率分别是多少？

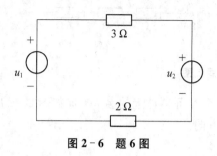

图 2-6　题 6 图　　　　　图 2-7　题 7 图

7. 电路如图 2-7 所示，试求：

(1) 3 Ω 电阻上的电流、电压和消耗的功率。

(2) 电路中电压源中的电流 i 的大小。

8. 求图 2-8 中的电流 i。

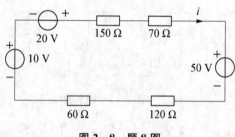
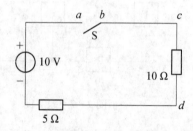

图 2-8　题 8 图　　　　　图 2-9　题 9 图

9. 试计算图 2-9 所示电路在开关 S 闭合与断开两种情况下的电压 u_{ab} 和 u_{cd}。

10. 额定值为 1.5 W，120 Ω 的碳膜电阻，在使用时电压和电流不得超过多大数值？

11. 一个电热器从 220 V 的电源取用的功率为 800 W，如将它接到 110 V 的电源上，则取用的功率为多少？

12. 电路如图 2-10 所示，电路中含有多个电压源和电阻混联，请分析图中 u_{ab}、u_{cd} 的值。

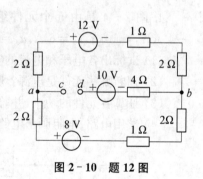

图 2-10　题 12 图

13. 将图 2-11 所示各电路简化为实际电压源的模型。

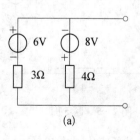
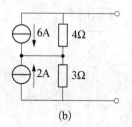
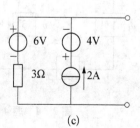

(a)　　　　　　　(b)　　　　　　　(c)

图 2-11　题 13 图

14. 电路如图 2-12 所示。

(1) 负载电阻 R_L 中的电流 i 及其两端的电压 u 各为多少?

(2) 若将图 2-12(a) 中的理想电流源断开, 将图 2-12(b) 中的理想电压源短接, 对计算结果有无影响?

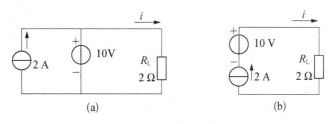

图 2-12 题 14 图

15. 求图 2-13 所示电路中 a 点和 b 点的电位。若将 a、b 两点直接连接或接一电阻, 对电路工作有无影响?

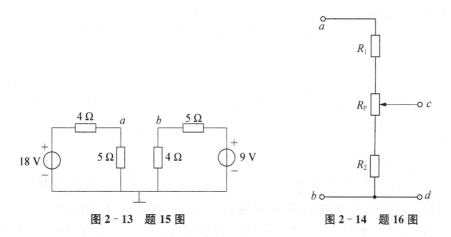

图 2-13 题 15 图

图 2-14 题 16 图

16. 图 2-14 所示电路是由电位器做成的分压电路, 电位器的电阻 $R_P = 270\ \Omega$, 两边串联电阻 $R_1 = 350\ \Omega, R_2 = 550\ \Omega$, 设求输出电压 U_{cd} 的可调范围 (与输入电压 U_{ab} 的关系)。

17. 计算图 2-15 所示电路中 a、b 间的等效电阻 R_{ab}。

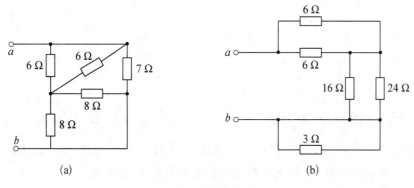

图 2-15 题 17 图

18. 按要求设计调压电路:用两个 6 V 直流电源,两个 1 kΩ 电阻和一个 10 kΩ 的电位器组成调压范围为−5～+5 V 的调压电路。

19. 电路如图 2−16 所示,电路中含有多个电源,请分析图中电压 u。

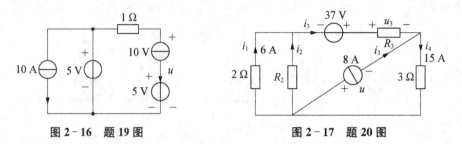

图 2−16 题 19 图   图 2−17 题 20 图

20. 电路如图 2−17 所示。

(1) 说明电路中有几个节点,几个回路,几个网孔。

(2) 用支路电流法写出求解图中标注的电流。

(3) 试求电流源的端电压 u 以及 R_3 上的电压 u_3。

21. 电路如图 2−18 所示,试用基尔霍夫电压定律求电路中的电流 i。

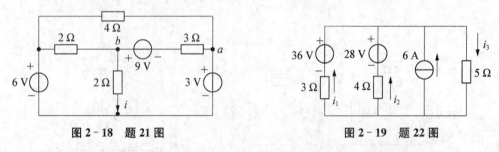

图 2−18 题 21 图   图 2−19 题 22 图

22. 试用支路电流法和节点电压法求图 2−19 所示电路中各支路的电流。

23. 试用叠加定理求图 2−20 电路中各支路的电流、各元件两端的电压,并说明功率平衡关系。

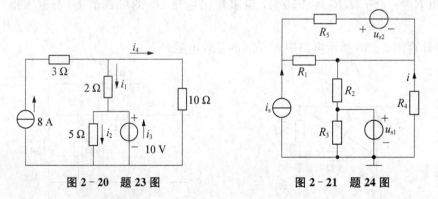

图 2−20 题 23 图   图 2−21 题 24 图

24. 电路如图 2−21 所示,已知 $R_1 = 2\ \Omega$,$R_2 = 1\ \Omega$,$R_3 = 5\ \Omega$,$R_4 = 4\ \Omega$,$R_5 = 4\ \Omega$,$i_S = 10\ A$,$u_{s1} = 10\ V$,$u_{s2} = 8\ V$,用戴维南定理求出电阻 R_4 中的电流。

25. 电路如图 2−22 所示,若要 u_{ab} 为零,图中的 u_s 应为什么值?

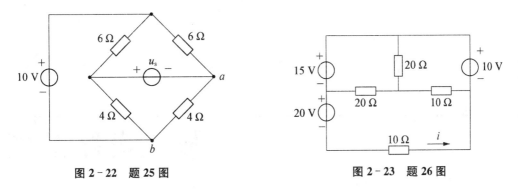

图 2 - 22 　题 25 图　　　　　　图 2 - 23 　题 26 图

26. 试分别用叠加定理和戴维南定理求图 2 - 23 电路中的电流 i。

扫一扫见本章
习题参考答案

第3章

放大电路基础

 本章要点

　　本章首先简要地介绍半导体的基础知识,半导体二极管的结构、伏安特性曲线、开关特性与主要参数;介绍半导体三极管的基本结构、电流放大作用、输入输出特性曲线及其主要参数。然后介绍基本共发射极放大电路的组成及工作原理,采用微变等效电路法分析共发射极放大电路的静态工作点和动态参数;指出基本共发射极放大电路存在的问题,提出稳定工作点的具体措施及电路的改进方法,并对放大电路的主要性能指标(电压放大倍数、输入电阻、输出电阻)进行详细分析与计算。最后介绍集成运算放大器的基本概念及理想化指标,分别从运算放大器工作的线性区和非线性区的特点出发,详细分析实现加法、减法、微分、积分、比较电路的工作原理。

3.1　半导体的基本知识

　　半导体器件是构成电子电路、集成电路的基本元件,它们所用的材料都是经过特殊加工的半导体材料。半导体材料的主要特点是导电性能介于导体和绝缘体之间,常用的材料主要有硅(Si)和锗(Ge)及砷化镓等。半导体的导电性能主要决定于其材料的原子结构。

3.1.1　基本概念

1. 本征半导体

　　纯净的、不含其他杂质的以晶体结构存在的半导体称为本征半导体。在硅(或锗)的晶体中,原子的空间排列成规则的晶格。每个原子最外层的价电子,不仅受到自身原子核的束缚,同时还受到相邻原子核的吸引,即组成所谓的共价键结构,如图 3 - 1 - 1(a)所示。由于晶体中共价键结合力很强,在热力学温度零度(即 $T=0$ K,相当于$-273℃$时),价电子的能量不足以挣脱共价键的束缚。因此,晶体中没有自由电子,所以在 $T=0$ K 时半导体不能导电,如同绝缘体一样。在常温下,本征半导体中有一部分价电子受热激发而成为自由电子,

在原来的共价键中留下一个空位,这空位称之为空穴,如图 3-1-1(b)所示。

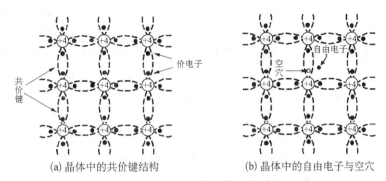

(a) 晶体中的共价键结构   (b) 晶体中的自由电子与空穴

图 3-1-1 本征半导体晶体结构

由于电子带负电,留下的空位缺少了电子,带上了正电,电子、空穴是成对产生的,又分别承载两种电荷,简称两种载流子,受热激发而生成的自由电子,可以在晶格间运动。一旦运动到接近空穴的位置,它可能被空穴俘获,使两个原来带电荷的载流子中和,称其为两种载流子的复合。

由于物质的运动,本征半导体中的电子-空穴对不断产生,同时,电子与空穴相遇而复合使电子-空穴对消失,在一定温度下,电子-空穴对的产生与复合处于某种平衡中,而整个半导体仍呈现为中性。本征半导体中的载流子浓度,除了与半导体材料的性质有关外,还与温度有密切关系。温度升高,载流子浓度增加。

2. 杂质半导体

通过扩散工艺,在本征半导体中掺入少量特定的杂质,便成为杂质半导体。根据掺入元素不同,可形成两种杂质半导体:N 型半导体和 P 型半导体。

(1) N 型半导体

如果在 4 价硅或锗的晶体中掺入少量的 5 价杂质元素,如磷、锑、砷等,则原来晶格中的某些硅原子将被杂质原子代替。由于杂质原子的最外层有 5 个价电子,它与周围 4 个硅原子组成共价键时多余一个电子。这个电子不受共价键的束缚,而只受自身原子核的吸引。这种束缚力比较微弱,在室温下即可成为自由电子,如图 3-1-2(a)所示。在这种杂质半导体中,电子的浓度(n)将高于空穴的浓度(p),即 $n>p$。称为电子型半导体或 N 型半导体。电子为多数载流子(简称多子),而空穴称为少数载流子(简称少子)。这种能够提供多余电子的原子称为施主原子。

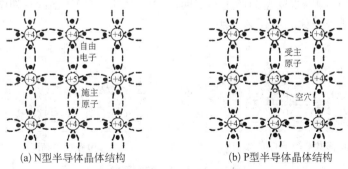

(a) N型半导体晶体结构   (b) P型半导体晶体结构

图 3-1-2 杂质半导体晶体结构

（2）P 型半导体

如在硅（或锗）的晶体中掺入少量的 3 价杂质元素，如硼、镓、铟等，此时杂质原子的最外层只有 3 个价电子，当它和周围的硅原子组成共价键时，由于缺少一个电子而形成空穴，如图 3-1-2(b)所示。所以，在这种杂质半导体中，空穴的浓度(p)比电子的浓度(n)高得多，即 $p > n$，称为空穴型半导体或 P 型半导体。这种 3 价的杂质原子能够产生多余的空穴，起着接受电子的作用，称为受主原子。在 P 型半导体中，多数载流子是空穴，而少数载流子是电子。

在杂质半导体中，多数载流子的浓度主要取决于掺入的杂质浓度；而少数载流子的浓度主要取决于温度。对于杂质半导体来说，无论是 N 型或 P 型半导体，从总体上看，仍然保持着电中性。为简单起见，通常只画出其中的正离子和等量的自由电子来表示 N 型半导体；同样地，只画出负离子和等量的空穴来表示 P 型半导体，分别如图 3-1-3(a)和(b)所示。

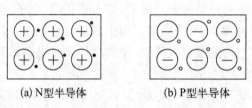

(a) N 型半导体　　　　　　(b) P 型半导体

图 3-1-3　杂质半导体的简化表示法

杂质半导体的应用非常广泛，实用的半导体器件都是由杂质半导体构成的。杂质半导体的导电能力比本征半导体的导电能力大大提高，它们的导电性能取决于掺杂质的浓度，如在 4 价硅中掺入百万分之一的杂质硼后，导电能力将提高几十万倍。当然提高导电能力不是最终目的，杂质半导体之所以有巨大的用途是因为掺入不同性质、不同浓度的杂质，并使 P 型半导体和 N 型半导体采用不同的方式组合，就可以制造出形形色色、品种繁多、用途各异的半导体器件。

3.1.2　PN 结

1. PN 结的形成

在一块完整的晶片上，通过掺杂工艺，使晶片的一边为 P 型半导体，另一边为 N 型半导体，则在这两种半导体的交界处便形成一个具有特殊物理性质的带电薄层，称为 PN 结。

由于交界处两侧载流子存在浓度差，导致 P 型区的空穴向 N 型区扩散、N 型区的电子向 P 型区扩散。这种因浓度差而产生的定向运动称为多子的扩散运动，如图 3-1-4(a)所示，该图采用杂质半导体的简化表示法。

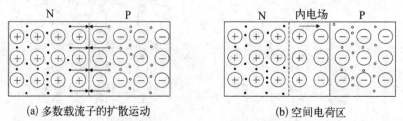

(a) 多数载流子的扩散运动　　　　　　(b) 空间电荷区

图 3-1-4　PN 结的形成

　　扩散运动的结果是在交界处 P 型区一侧失去空穴而留下不能自由运动的带负电的离子层,在交界处 N 型区的一侧失去电子而留下不能自由运动的带正电的离子层。这种带异性电荷的薄层,称为空间电荷区,或称为 PN 结,如图 3-1-4(b)所示。

　　空间电荷区存在一个内电场,其方向由 N 型区指向 P 型区。内电场阻止 P 型区的空穴向 N 型区扩散和 N 型区的电子向 P 型区扩散,即阻止多子的扩散运动。同时,内电场将推动 P 型区的自由电子流向 N 型区和 N 型区的空穴流向 P 型区。少数载流子在内电场作用下产生的这种运动称为少子的漂移运动。

　　当扩散运动减小而漂移运动增大到大小相等互相抵消时,这时称为 PN 结的动态平衡。空间电荷区宏观上没有电流,空间电荷区的宽度相对稳定。

　　2. PN 结的单向导电性

　　如果在 PN 结的两端外加电压,PN 结的动态平衡就要被打破,外加电压极性不同,PN 结的导电性能完全不同。

　　(1) PN 结正向偏置

　　在 P 区接外电源的正极,N 区接外电源的负极,这就叫在 PN 结上加正向电压,常称为正向偏置,如图 3-1-5(a)所示。这时外加电场与内电场方向相反,内电场被削弱,多子的扩散运动大于少子的漂移运动。由于多子的数量多,形成较大的从 P 区通过 PN 结流向 N 区的正向电流,PN 结对正向偏置呈现较小的正向电阻,PN 结处于导通状态。外加电压愈大,外电场愈强,正向电流愈大。为了防止出现过大的正向电流烧毁 PN 结,电路中必须串接限流电阻。

　　(2) PN 结反向偏置

　　在 P 区接外电源的负极,N 区接外电源正极,这就叫在 PN 结上加反向电压,常称为反向偏置,如图 3-1-5(b)所示。这时外电场与内电场方向相同,内电场被增强。少子的漂移运动大于多子的扩散运动。由于少子的数量少,形成微小的从 N 区通过 PN 结流向 P 区的反向电流。PN 结对反向偏置呈现较大的反向电阻,这时 PN 结处于反向截止状态。当温度一定时,少数载流子的数量基本不变。在一定的电压范围内,加大反向电压,反向电流变化不大。但温度升高时,少数载流子的数量增加,反向电流增大。

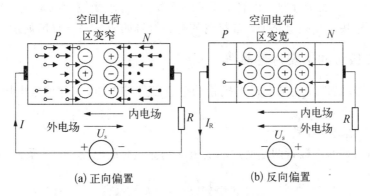

(a) 正向偏置　　　　　　　　　　　(b) 反向偏置

图 3-1-5　PN 结单向导电性

　　总之,PN 结外加正向电压,正向电阻减小,正向电流较大,处于导通状态;PN 结外加反向电压时,反向电阻很大,反向电流很小,处于截止状态。PN 结的这种特性称为单向导电性,它是 PN 结最重要的特性。

3. PN 结电容

PN 结还有电容效应。空间电荷区只有不能移动的正负离子,这相当于存储了电荷;空间电荷区内缺少导电的载流子,导电率很低,这相当于介质;当外加电压改变时,空间电荷区电荷量将随之改变。这些现象都和电容的作用类似,称之为结电容。结电容在外加反向电压时作用显著,而外加正向电压时作用不明显,可以忽略。无线电接收设备中的自动频率控制常用改变外加电压的方式来改变结电容以达到自动调谐的目的。

PN 结两边半导体中载流子数量会随着外加电压的变化而变化。例如 PN 结外加正向电压升高,多数载流子的扩散运动加强,P 型半导体区电子浓度和 N 型半导体区的空穴浓度增加;PN 结外加正向电压降低,多数载流子的扩散运动减弱,P 型半导体区的电子浓度和 N 型半导体区的空穴浓度降低。这和电容的充/放电作用类似,称为扩散电容。扩散电容和通过的电流成正比。因此,在 PN 结正向导通时它的数值较大,而 PN 结反向截止时它的数值较小,可以忽略。

3.2 半导体二极管

半导体二极管的实质就是一个 PN 结。将 PN 结用外壳封装起来,并加上电极引线就构成了半导体二极管,简称二极管。二极管的两根电极引线:由 P 区引出的电极为阳极,由 N 区引出的电极为阴极,常见的外形如图 3-2-1(a)所示。

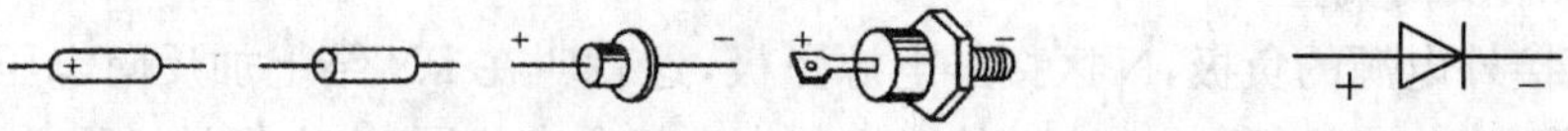

(a) 二极管外形示意图   (b) 二极管符号

图 3-2-1 二极管

二极管根据结构不同可分为点接触型和面接触型两类:点接触型二极管的 PN 结面积很小,所以极间电容很小,不能承受高的反向电压和大的电流,适于做高频检波和脉冲数字电路里的开关元件。面接触型二极管的 PN 结面积大,可承受较大的电流,极间电容也大,适用于整流,不适用于高频电路中。二极管的电路符号如图 3-2-1(b)所示。

3.2.1 二极管的伏安特性曲线

二极管的伏安特性曲线是流过二极管的电流随外加电压(又称偏置电压)变化的关系曲线。

1. 二极管的电流方程式

由理论分析可知,二极管两端所加端电压 u 与流过它的电流 i 的关系为

$$i = I_S \left(e^{\frac{qu}{kT}} - 1 \right)$$

式中,I_s 为反向饱和电流,它与半导体的温度和材料有关,如果半导体材料确定,它是一个仅与温度有关的值,温度升高,I_s 将增大;q 为电子的电荷量,k 为玻耳兹曼常数,T 为热力学温度。令 $U_T = kT/q$,则得

$$i = I_{S}\left(e^{\frac{u}{U_T}} - 1\right) \tag{3-1}$$

U_T 称为温度的电压当量,在常温($T = 300$ K)下,$U_T \approx 26$ mV。

2. 二极管的伏安特性曲线

二极管的伏安特性曲线体现了二极管(或 PN 结)的单向导电性,它可以根据式(3-1)画出,也可以通过实验测出。图 3-2-2 所示为 2AP9(锗二极管)、2CP12(硅二极管)二极管伏安特性曲线。

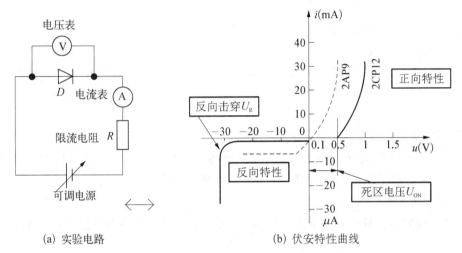

(a) 实验电路　　　　　　　　　　(b) 伏安特性曲线

图 3-2-2　二极管的伏安特性曲线

(1) 二极管正向特性

二极管(PN 结)外加正向电压时(电源正极接到 PN 结的 P 端,电源的负极接到 PN 结的 N 端),在正向电压 u 较小时,正向电流 i 很小,近似于零,它所对应的电压 U_{ON} 通常称为死区电压或导通电压,其值与材料及温度等因素有关。一般硅二极管的死区电压为 0.5 V左右,锗二极管为 0.1 V 左右。当外加正向电压大于死区电压后,二极管里流过较大的正向电流,二极管(或 PN 结)导通。PN 结导通时的电流较大,因而都应在它所在的回路中串联一个电阻 R,以限制正向电流过大而损坏二极管。一般认为二极管(PN 结)外加正向电压时处于导通状态。

(2) 二极管反向特性

PN 结外加反向电压时(电源的正极接到 PN 结的 N 端,且电源的负极接到 PN 结的 P端),反向电流 I_R 很小,硅管小于 0.1 μA,锗管小于几十微安;温度增加,I_R 将随之增加。一般认为二极管(PN 结)加反向电压时处于截止状态。

(3) 二极管反向击穿特性

当二极管的反向电压 U_R 超过一定数值后,反向电流将急剧增加,称之为反向击穿。普通二极管击穿后,若没有限流措施,流过二极管的电流将远大于二极管的正常工作电流,PN结将由于电流过大而发热烧毁,管子就损坏了。普通二极管一旦击穿,管子就损坏了。

由二极管的伏安特性曲线也可以看出二极管具有单向导电性,在二极管两端加正向电压(大于死区电压)时,正向电流很大,二极管正向导通,但此时二极管两端的正向压降变动很小,硅管约为 0.6~0.8 V,锗管约为 0.2~0.3 V。在二极管两端加反向电压时,反向电流很小,称二极管反向截止。

(4) 温度对二极管伏安特性的影响

在环境温度升高时,二极管的正向特性曲线将左移,反向特性曲线下移。在室温附近,温度每升高 1℃,正向压降减小 2~2.5 mV;温度每升高 10℃,反向电流约增大一倍。可见,二极管的特性对温度很敏感。

3.2.2　二极管的主要参数

为描述二极管的性能,常引用以下几个主要参数。

(1) 最大整流电流 I_F

二极管长期运行时允许通过的最大正向平均电流 I_F,其值与 PN 结面积及外部散热条件等有关。在规定散热条件下,二极管长期运行正向平均电流若超过此值,则将因 PN 结温升过高而烧坏。

(2) 最高反向工作电压 U_R

U_R 是二极管工作时允许外加的最大反向电压,超过此值时,二极管有可能因反向击穿而损坏。为保证系统可靠性,通常取 U_R 为击穿电压 U_{BR} 的一半。

(3) 反向电流 I_R

I_R 是二极管未击穿时的反向电流。I_R 愈小,二极管单向导电性愈好,它对温度非常敏感。

(4) 最高工作频率 f_M

f_M 是二极管工作的上限频率。超过此值时,由于结电容的作用,二极管将不能很好地体现单向导电性。

由于制造工艺所限,半导体器件参数具有分散性,同一型号管子的参数值也会有相当大的差距,手册上往往给出的是参数的上限值、下限值或范围。此外,使用时应特别注意手册上每个参数的测试条件,当使用条件与测试条件不同时,参数也会发生变化。在实际应用中,应根据二极管所用场合,按其承受的最高反向电压、最大正向平均电流、工作频率、环境温度等条件,选择满足要求的二极管。

3.2.3　二极管的开关特性及等效电路

二极管正向导通时,两端压降近似为常数(硅管约为 0.7 V,锗管约为 0.3 V);二极管反向截止时,电流近似为零,二极管相当于断开。二极管的开关特性,在数字电路中得到了广泛应用。一般情况下,可以将二极管看成是一个开关,其直流等效电路如图 3-2-3 所示。

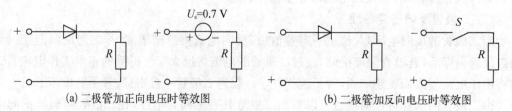

(a) 二极管加正向电压时等效图　　　　　　　(b) 二极管加反向电压时等效图

图 3-2-3　二极管的近似等效电路(以硅二极管为例)

【例 3 - 2 - 1】　如图 3 - 2 - 4 所示,已知 u_s 为一正弦交流电源,请画出 u_R 的波形(设二极管为理想二极管且为硅管,忽略导通压降)。

解:根据二极管的单向导电性,正弦波正半周导通,正弦波负半周截止。

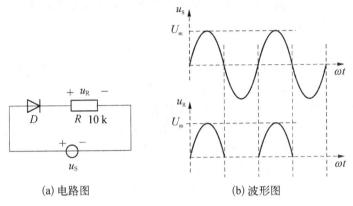

(a) 电路图　　　　　　　　　(b) 波形图

图 3 - 2 - 4　例 3 - 2 - 1 图

【例 3 - 2 - 2】　如图 3 - 2 - 5 所示,判断二极管是否导通。

解:实际上就是计算 A 和 B 点之间的电压 U_{AB},当 $U_{AB} >$ 0.7 V 时,二极管导通(设二极管导通压降为 0.7 V)。

根据电路,由欧姆定律可得

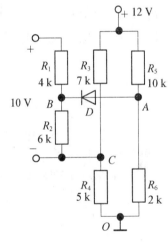

$$U_{AO} = \frac{12}{R_5 + R_6} \times R_6 = 2 \text{ V}$$

$$U_{BO} = U_{BC} + U_{CO}$$

$$U_{BC} = \frac{10}{R_1 + R_2} \times R_2 = 6 \text{ V}$$

$$U_{CO} = \frac{12}{R_3 + R_4} \times R_4 = 5 \text{ V}$$

$$U_{AB} = U_{AO} - U_{BO} = 2 - (6 + 5) = -9 \text{ V}$$

所以二极管不导通。

图 3 - 2 - 5　例 3 - 2 - 2 图

3.3　半导体三极管

三极管是最常用的半导体器件,又称为晶体管。它的种类很多,按照频率分,有高频管、低频管;按照功率分,有小、中、大功率管;按照半导体材料分,有硅管、锗管等。但是从它的外形来看,三极管都有 3 个电极,常见的外形如图 3 - 3 - 1 所示。

图 3 - 3 - 1　三极管的几种常见外形

3.3.1 三极管的结构及符号

三极管的结构是通过一定的工艺,将两个 PN 结结合在一起的器件。由于 PN 结之间的相互影响,使三极管表现出不同于单个 PN 结的特性而具有电流放大,从而使 PN 结的应用发生了质的飞跃。根据结构不同,三极管一般可分成两种类型:NPN 型和 PNP 型。

图 3-3-2(a)是 NPN 型三极管的示意图和图形符号图。它是由两个 PN 结的三层半导体制成的。中间是一块很薄的 P 型半导体(几微米到几十微米),两边各为一块 N 型半导体。从三块半导体上各自接出的一根引线就是三极管的三个电极,它们分别叫作发射极 E、基极 B 和集电极 C,对应的每块半导体称为发射区、基区和集电区。虽然发射区和集电区都是 N 型半导体,但是发射区比集电区掺的杂质多。在几何尺寸上,集电区的面积比发射区的大,因此它们并不是对称的,在放大电路中不能对调,必须严格区分。当两块不同类型的半导体结合在一起时,它们的交界处就会形成 PN 结,因此三极管有两个 PN 结:发射区与基区交界处的 PN 结为发射结,集电区与基区交界处的 PN 结称为集电结,两个 PN 结通过很薄的基区联系着。

同样,PNP 型三极管也是由两个 PN 结的三层半导体制成的,不过此时中间是 N 型半导体,两边是 P 型半导体,如图 3-3-2(b)所示。NPN 和 PNP 型三极管具有几乎等同的特性,只不过各电极接的电压极性和电流流向不同而已。

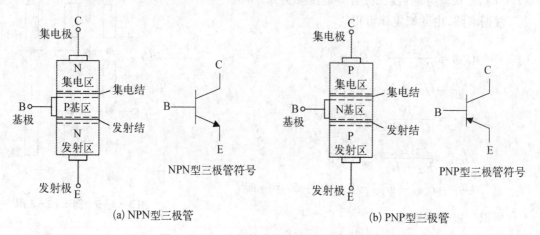

(a) NPN型三极管　　　　　　　　　　(b) PNP型三极管

图 3-3-2　三极管内部结构及符号示意图

三极管内部结构的三个特点:

(1) 基区很薄,一般只有几微米的宽度,而且杂质浓度很低。基区薄,杂质浓度低,减少复合。

(2) 发射区的杂质浓度远高于基区的杂质浓度,以便于有足够的载流子供"发射"。发射区载流子多,便于"发射"。

(3) 集电区的面积远大于发射区面积,以利于收集载流子。

3.3.2 三极管的电流放大作用

晶体管三极管的放大作用表现为一个"很小"的基极电流可以控制"很大"的集电极电

流。三极管能具有电流放大作用,必须具有三极管的内部结构(内部条件),同时满足一定的外部条件。

内部结构可归纳为:发射区掺杂质的浓度很高;基区很薄,掺杂质的浓度很低;集电区的面积很大。

外部条件:发射结外加正向电压,集电结外加反向电压,如图 3-3-3 所示(以 NPN 管为例)。一个 NPN 管应加基极电源 E_B 和集电极电源 E_C,且保证集电极电压 U_C 大于基极电压 U_B,基极电压 U_B 大于发射极电压 U_E(即 $E_C > E_B$),才能满足放大的外部条件。此时三极管的 3 个极的电流分别为基极电流 I_B、集电极电流 I_C 和发射极电流 I_E,从三极管的外部看,三极管的电流应该是平衡的,即满足三极管外部电流方程:$I_E = I_B + I_C$。其中 I_C 大于 I_B,在此基础上,只要 I_B 有一个微小的变化量,I_C 就会有一个大的变化量,体现出三极管的电流放大作用。

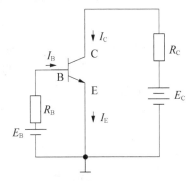

图 3-3-3　三极管放大电路

在图 3-3-3 所示电路中,通过改变基极回路电阻 R_B 改变基极回路的电流 I_B,同时记录基极电流 I_B、发射极电流 I_E 和集电极电流 I_C,结果见表 3-3-1。

表 3-3-1　三极管各极电流实验数据

基极电流 I_B/ mA	0	0.02	0.04	0.06	0.08
集电极电流 I_C/ mA	0	0.70	1.40	2.10	2.80
发射极电流 I_E/ mA	0	0.72	1.44	2.16	2.88

对实验数据进行分析,不难发现以下情况:

(1)三极管各极电流符合如下分配关系:发射极电流是基极电流与集电极电流之和。

$$I_E = I_B + I_C \tag{3-2}$$

(2)集电极电流 I_C 随基极电流 I_B 的增大而相应增大,I_C 与 I_B 的比值基本恒定。

$$\overline{\beta} = \frac{I_C}{I_B} \tag{3-3}$$

称 $\overline{\beta}$ 为三极管的共发射极直流电流放大系数。

(3)若基极电流 I_B 发生微小变化,集电极电流 I_C 将发生较大的变化。这两个电流的变化量 ΔI_C、ΔI_B 之比基本上也是一个常数:

$$\beta = \frac{\Delta I_C}{\Delta I_B} \tag{3-4}$$

称 β 为三极管的共发射极交流电流放大系数。由于在一般情况下两个电流放大系数很接近,故一般不作区别,统称为三极管的共发射极电流放大倍数。

三极管的电流放大作用实质上是较小的基极电流对较大的集电极电流的控制作用。三极管的电流放大系数一般是由三极管发射极和基极的掺杂浓度、基区宽度、半导体材料的性质等因素决定,三极管的工作电流对放大倍数也有一定的影响,但在三极管正常工作电流范围内,这种影响可以忽略。

若是 PNP 管,同样必须满足晶体管工作在放大状态的外部条件:发射结正向偏置且集电结反向偏置,所以在输入回路加的基极电源 E_B 和在输出回路加的集电极电源 E_C 的极性应相反,且集电极电压 U_C 小于基极电压 U_B,基极电压 U_B 小于发射极电压 U_E。

3.3.3 三极管伏安特性曲线

三极管的特性曲线是描述各电极之间电压、电流的关系曲线,用于对晶体管的性能、参数的分析估算,包括输入特性曲线和输出特性曲线。三极管最常用的接法是共发射极接法,以发射极作为输入、输出回路的公共端,输入信号接在基极-发射极回路,输出信号接在集电极-发射极回路,如图 3-3-4 所示。以下介绍共发射极接法下的特性曲线。

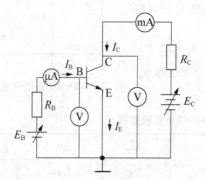
图 3-3-4　三极管的共发射极接法

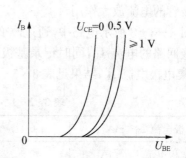
图 3-3-5　三极管的输入特性曲线

1. 输入特性曲线

输入特性曲线描述了在输出电压 U_{CE} 一定的情况下,基极电流 I_B 与发射结电压 U_{BE} 之间的函数关系,即

$$I_B = f(U_{BE})|_{U_{CE}=常数}$$

(1) 当 $U_{CE}=0$ 时,相当于集电极与发射极短路。此时,输入特性曲线与 PN 结的伏安特性曲线相似,呈指数关系,也有一段死区,硅管约为 0.5 V(锗管约为 0.1 V)。

(2) 当 $U_{CE}>0$ 时(如 0.5 V),随着 U_{CE} 的增大,曲线将右移,如图 3-3-5 所示。当 U_{CE} 增大到一定值(如 1 V)以后,曲线不再明显右移而基本重合。对于实际电路,U_{CE} 一般都大于零,可以近似用 $U_{CE}>1$ V 的曲线来代表输入特性曲线。

当温度变化 1℃ 时,U_{BE} 大约变化 2~2.5 mV,并具有负温度系数,即温度每升高 1℃,U_{BE} 大约下降 2~2.5 mV。

2. 输出特性曲线

输出特性曲线描述了基极电流 I_B 为一常量时,集电极电流 I_C 与管压降 U_{CE} 之间的函数关系,即

$$I_C = f(U_{CE})|_{I_B=常数}$$

对一个确定的 I_B,就有一条曲线,所以输出特性是一族曲线,如图 3-3-6 所示。对于某一条曲线,当 U_{CE} 从零逐渐增大时,I_C 也就逐渐增大。而当 U_{CE} 增大到一定数值时,表现为

曲线几乎平行于横轴,即 I_C 仅仅决定于 I_B。从输出特性曲线可以看出,晶体管有三个工作区域。

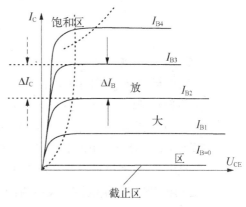

图 3 - 3 - 6　三极管的输出特性曲线

(1) 截止区

一般将 $I_B \leqslant 0$ 的区域称为截止区,图中 $I_B = 0$ 的一条曲线以下的部分,此时三极管无放大作用。实际上,I_C 并不等于零,而是有一个较小的电流叫穿透电流 I_{CEO}(一般小功率硅管小于 $1\,\mu A$,锗管约为几十到几百微安)。因此,可以近视认为截止时的 $I_B \approx 0$、$I_C \approx 0$,此时集电极与发射极之间相当于断路。

结论:三极管的发射结和集电结都处于反偏 $I_B \approx 0$(条件),集电极电流 $I_C \approx 0$(结果)。

(2) 放大区

其特征是发射结正向偏置且集电结反向偏置,即 $U_{CE} \geqslant U_{BE}$。此时 I_C 几乎仅仅决定于 I_B,I_C 与 I_B 之间具有线性关系,而与 U_{CE} 无关,在理想情况下,当 I_B 按等间隔变化时,输出特性是一簇与横轴平行的等距离直线。

结论:发射结正向偏置、集电结反向偏置(条件),集电极电流 $I_C = \beta I_B$(结果)。

(3) 饱和区

其特征是靠近纵坐标附近,I_C 近似直线上升(包括弯曲处)的区域,这时 U_{CE} 较小,集电极与发射极之间相当于短路。此时 I_C 明显随 U_{CE} 增大而增大,基本上不随 I_B 变化,三极管失去电流放大作用。当 $U_{CE} = U_{BE}$ 即 $U_{CB} = 0$ 时,三极管达到临界饱和。三极管饱和时的压降用 U_{CES} 表示(U_{CES} 一般小于 $0.1 \sim 0.3\,V$),此时集电极与发射极之间相当于短路。三极管工作在饱和区时,发射结和集电结都处于正偏。

结论:发射结正向偏置、集电结正向偏置(条件);I_B 增加时 I_C 不再增大,$U_{CES} \leqslant 0.3\,V$,$I_{CS} = (E_C - U_{CES})/R_C$(结果)。

在模拟电路中,一般三极管工作在放大状态;在数字电路中,三极管一般工作在饱和、截止状态,构成各种开关电路。

3.3.4　三极管的主要参数

1. 电流放大系数

(1) 共发射极直流电流放大系数 $\bar{\beta}$

共发射极接法时集电极直流电流与基极直流电流之比,即

$$\bar{\beta} = \frac{I_C}{I_B}$$

(2) 共发射极交流电流放大系数 β

共发射极接法且有交流信号输入时,集电极电流的变化量 ΔI_C 和基极电流的变化量 ΔI_B 之比,即

$$\beta = \frac{\Delta I_C}{\Delta I_B}$$

2. 极间反向电流

(1) 集电极-基极反向饱和电流 I_{CBO}

它是发射极开路时集电结的反向电流。它是少子的漂移形成的电流,受温度的影响大,温度每升高 $10^{\circ}C$,I_{CBO} 近似增加 1 倍。一般小功率锗管约为几微安到几十微安,硅管可达纳安数量级。由于硅管的 I_{CBO} 比锗管的小得多,所以从绝对值上看,硅管比锗管受温度的影响要小得多。

(2) 集电极-发射极反向饱和电流 I_{CEO}

它是基极开路时,集电极与发射极间的电流。它也是由少子漂移形成的电流,因为它是从集电极直接穿透晶体管而到达发射极的,所以也称它为穿透电流。它同样受温度的影响大。$I_{CEO} = (1+\beta)I_{CBO}$,$I_{CEO}$ 的数值比 I_{CBO} 大得多。

3. 极限参数

极限参数是指为使晶体管安全工作对它的电压、电流和功率损耗的限制参数。

(1) 最大集电极耗散功率 P_{CM}

P_{CM} 决定于晶体管的温升。当硅管的结温大于 $150^{\circ}C$ 时,锗管的结温大于 $70^{\circ}C$ 时,管子特性明显变坏,甚至烧坏。对于大功管的 P_{CM},应特别注意测试条件,如对散热片的规格要求,当散热条件不满足要求时,允许的最大功耗将小于 P_{CM}。

(2) 最大集电极电流 I_{CM}

在 I_C 的相当大的范围内,β 值基本不变,但当 I_C 的数值大到一定程度时,β 值将减小。使 β 值下降到额定值的 2/3 的 I_C 即为 I_{CM}。即当晶体管的 I_C 大于 I_{CM} 时,晶体管不一定损坏,但 β 明显下降。

(3) 极间反向击穿电压

晶体管的某一电极开路时,另外两个电极间所允许加的最高反向电压即为极间反向击穿电压,超过此值的管子会发生击穿现象。下面是各种击穿电压的定义。

$U_{(BR)CBO}$ 是发射极开路时集电极-基极间的反向击穿电压,这是集电结所允许加的最高反向电压。

$U_{(BR)CEO}$ 是基极开路时集电极-发射极间的反向击穿电压,此时集电结承受反向电压。

(4) 晶体管的频率特性参数

晶体管的电流放大系数 β 与频率有关,在一定的频率范围内,β 基本保持不变。当频率提高到一定数值时,β 将随频率的增高而减小;当频率很高时,晶体管甚至失去放大能力。β_0 称为低频共发射极电流放大系数。

f_β 称为晶体管的共发射极截止频率,简称截止频率,是共发射极电流放大系数 β 值下降到 β_0 值的 0.707 倍时的频率。f_T 称为晶体管的特征频率,是 β 值下降到 1 时的频率;当信号频率高于 f_T 时,晶体管失去电流放大能力。

(5) 三极管的开关时间 t_{ON}、t_{OFF}

三极管作为数字电路开关器件使用时,晶体管工作在饱和区与截止区,相当于一个电子开关。t_{OFF} 为三极管由饱和导通到截止所需的时间;t_{ON} 为三极管由截止到饱和导通所需的时间。

【例 3 - 3 - 1】　如图 3 - 3 - 3 所示,已知三极管 $\beta=100$、$E_B=+3$ V、$R_B=100$ kΩ、$R_C=3$ kΩ、$E_C=+12$ V,计算 I_B、I_C、U_{CE}(设三极管为硅管)。

解: 满足发射结正向偏置、集电结反向偏置(条件),集电极电流 $I_C=\beta I_B$(结果),三极管工作在放大状态。

$$I_B=\frac{E_B-U_{BE}}{R_B}=\frac{3-0.7}{100}=0.023 \text{ mA}$$

$$I_C=\beta I_B=100\times0.023=2.3 \text{ mA}$$

$$U_{CE}=E_C-I_C\times R_C=12-2.3\times3=5.1 \text{ V}$$

【例 3 - 3 - 2】　如图 3 - 3 - 3 所示,已知三极管 $\beta=100$、$E_B=+3$ V、$R_B=10$ kΩ、$R_C=3$ kΩ、$E_C=+12$ V,计算 I_B、I_C、U_{CE}(设三极管为硅管)。

解: 与上题比较,仅改变了 $R_B=10$ kΩ,假设三极管工作在放大状态,则

$$I_B=\frac{E_B-U_{BE}}{R_B}=\frac{3-0.7}{10}=0.23 \text{ mA}$$

$$I_C=\beta I_B=100\times0.23=23 \text{ mA}$$

$$U_{CE}=E_C-I_C\times R_C=12-23\times3=-57 \text{ V}$$

U_{CE} 为 -57 V 显然不符合实际情况,原因是 I_C 太大了。实际三极管的 I_C 不可能有这么大,当 I_C 达到一定值时,三极管进入饱和状态。三极管饱和时集电极电流为 I_{CS},满足临界饱和时的基极电流为 I_{BS}。

$$I_{CS}=\frac{E_C-U_{CES}}{R_C}=\frac{12-0.2}{3}=3.7 \text{ mA}$$

$$I_{BS}=\frac{I_{CS}}{\beta}=0.037 \text{ mA}$$

$$U_{CES}\leqslant0.3 \text{ V}(取 0.2 \text{ V})$$

说明:I_C 已经超过了正常范围,即 I_B 增加时,I_C 再增加就不正常了,这种情况就称为满足发射结正向偏置、集电结正向偏置(条件);I_B 增加时 I_C 不再增大,$U_{CES}\leqslant0.3$ V,$I_{CS}=(E_C-U_{CES})/R_C$(结果),三极管工作在饱和状态。所以本题的答案:$I_B=0.23$ mA、$I_C=3.7$ mA、$U_{CE}\approx0.2$ V。

【例 3 - 3 - 3】　测得某电路中晶体三极管 3 个极的直流电位如表 3 - 3 - 2 所示,设各晶体管为 NPN 型硅管,试分别说明各管子的工作状态。

表 3 - 3 - 2　晶体管三极管各电极直流电位

晶体管	T_1	T_2	T_3	T_4
基极直流电位 U_B(V)	0.7	1	-1	0
发射极直流电位 U_E(V)	0	0.3	-1.7	0
集电极直流电位 U_C(V)	5	0.5	0	15
工作状态				

解:在实际应用中,可以通过测试晶体管各极的直流电位来判断晶体管的工作状态。T_1处于放大状态,因为$U_{BE}=0.7$ V,$U_{CE}=5$ V,则发射结正向偏置、集电结反向偏置。T_2处于饱和状态,因为$U_{BE}=0.7$ V,$U_{CE}=0.2$ V,发射结和集电结都处于正向偏置。T_3处于放大状态,因为$U_{BE}=0.7$ V,$U_{CE}=1.7$ V,则发射结正向偏置、集电结反向偏置;T_4处于截止状态,因为$U_{BE}=0$ V,则发射结反向偏置。

3.4　基本放大电路的组成及原理

放大电路是电子电路中最基本的单元电路,掌握放大电路的基本工作原理,对分析模拟电路和数字逻辑电路具有非常重要的意义。三极管工作在放大状态时,具有电流放大作用。用三极管的电流放大作用,就可以构成放大电路,能将微弱信号放大到需要的数值。然而,三极管有三个极,有三种不同的接法:共发射极接法——共发射极放大电路,共集电极接法——共集电极放大电路,共基极接法——共基极放大电路,如图 3 - 4 - 1 所示。本章主要讲述共发射极放大电路的基本原理及分析方法。

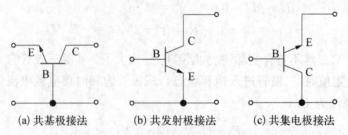

(a) 共基极接法　　　(b) 共发射极接法　　　(c) 共集电极接法

图 3 - 4 - 1　三极管有三种不同的接法

3.4.1　共发射极放大电路的组成

图 3 - 4 - 2(a)是一个以 NPN 型三极管为核心放大元件的基本共发射极放大电路,$a-b$ 为放大器的输入端,连接到等待放大的交流信号源,输入信号电压为 u_i;$c-d$ 为放大器的输出端,连接到负载上 R_L,输出信号电压为 u_o。

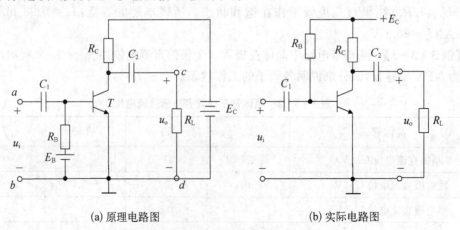

(a) 原理电路图　　　　　　　　(b) 实际电路图

图 3 - 4 - 2　共发射极基本放大电路

1. 电路中各元件的作用

（1）T 为晶体三极管，图中采用 NPN 型，满足一定的外部条件后，具有电流放大作用，是该放大电路的核心元件。

（2）E_B 为基极回路的直流偏置电源，E_c 为集电极回路的直流电源，二者的作用是为了满足 T 工作于放大区的偏置要求，即发射结正偏、集电结反偏（若 T 为 PNP 型，则 E_B 和 E_C 极性应与图中相反）。

（3）R_B 为基极偏置电阻，它和电源 E_B 一起给提供适当大小的静态基极电流 I_B 又称偏置电流。有了合适的偏置电流，三极管才会工作在线性区，输出电压才不会失真。

（4）R_C 为集电极负载电阻，将集电极电流 i_C 的变化转换为集-射极间电压 u_{CE} 的变化，这个变化的电压就是输出电压 u_o，实现电压放大。

（5）C_1、C_2 为耦合电容，起着隔断直流、传输交流信号的作用（隔直通交），使放大电路与信号源、放大电路与负载之间的直流通路是断开的，它们之间无直流电量的联系。交流信号可以无阻碍地通过电容传送。工程实际中，C_1、C_2 均选容量较大的电解电容。

总之，输入交流信号 u_i 通过电容 C_1 与晶体管 T 的基-射极组成输入回路；负载 R_L 通过电容 C_2 与晶体管 T 的集-射极组成输出回路；发射极是公共端，晶体管处于放大状态，发射结正偏、集电结反偏。

对于图 3-4-2(a)所示电路，在实际应用中，一般采用在一组电源供电，选择合适 R_B、R_C，保证发射结正偏，集电结反偏的要求，如图 3-4-2(b)所示。电路中符号"⊥"表示接"地"，这样，电路中各点的电位实际上就是该点与"地"之间的电压。

2. 电路中电流和电压的波形

放大电路工作时，在电路中既有直流又有交流信号。其中，直流偏置是基础，为放大提供条件；而交流输入是待放大信号，放大交流信号是目的。为了便于弄清概念，对电路中各电压、电流的符号做如下的规定：

（1）各电流、电压的直流量：用 I_B、I_C、I_E、U_{BE}、U_{CE} 表示，通常也用 I_{BQ}、I_{CQ}、I_{EQ}、U_{BEQ}、U_{CEQ} 表示，Q 为"quie"（静态）的意思。

（2）各电流、电压的交流量：用 i_b、i_c、i_e、u_{be}、u_{ce} 表示。

（3）各电流、电压的总量：用 i_B、i_C、i_E、u_{BE}、u_{CE} 表示。

（4）各电压、各电流的交流量的最大值，用 I_{bm}、I_{cm}、I_{em}、U_{bem}、U_{cem} 表示。

按上述约定的符号，可在图 3-4-2(b)电路中标出有直流、交流信号，见图 3-4-3 所示。

各直流、交流信号波形示意图，如图 3-4-4、3-4-5、3-4-6 所示。

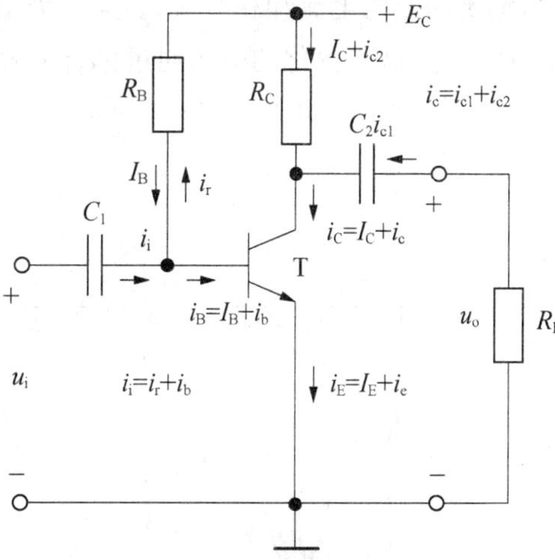

图 3-4-3 标注直流、交流信号后的共发射极放大电路

放大电路的基本工作原理可以概述如下：

当没有加上交流输入信号时，电路中电压电流均为直流，三极管工作于放大状态。当加上了等待放大的交流小信号 u_i 时，各点电压电流均在直流基础上叠加了一个交流，三极管仍工

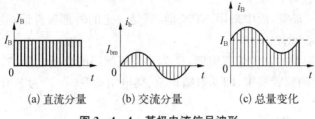

(a) 直流分量   (b) 交流分量   (c) 总量变化

图 3-4-4　基极电流信号波形

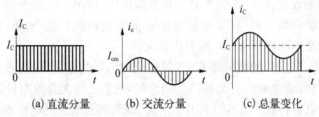

(a) 直流分量   (b) 交流分量   (c) 总量变化

图 3-4-5　集电极电流信号波形

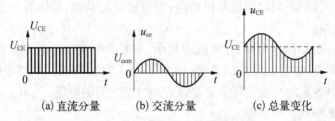

(a) 直流分量   (b) 交流分量   (c) 总量变化

图 3-4-6　集-射极电压信号波形

作于放大状态。尽管输入回路叠加上去的交流电压电流很小,但由于三极管的电流放大作用,输出回路的电流却相对较大,集电极电流的变化将引起电阻 R_C 上的电压变化,从而引起 u_{CE} 的变化,这个变化的电压通过耦合电容输出到负载上,即为放大了的输出电压 u_o。相关信号波形示意图,如图 3-4-7 所示。

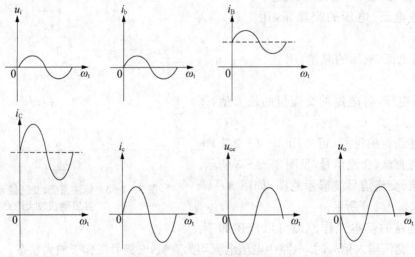

图 3-4-7　信号波形示意图

3. 电路中的直流通路和交流通路

放大电路中既包含有直流信号又有交流信号。为了方便分析,可以将图 3-4-3 分解为只考虑直流信号的等效图(直流通路)和只考虑交流信号的等效图(交流通路)。

(1) 直流通路

所谓直流通路,就是指放大电路中直流信号通过的路径。由于耦合电容具有隔离直流的作用,所以在画直流通路时,电容 C_1、C_2 相当于开路,于是图 3-4-3 放大电路的直流通路就如图 3-4-8(a)所示。在分析放大电路的直流信号工作情况时,依据直流通路来分析计算。

(2) 交流通路

交流通路则是指放大电路中交流信号通过的路径。在画交流通路时,考虑到耦合电容的容量足够大,耦合电容可看成对交流信号是短路的;再考虑到直流电源 $+E_C$ 的内阻很小,其交流压降可以忽略不计,故对交流信号而言,直流电源亦可以看成是短路,这样,图 3-4-3 放大电路的交流通路如图 3-4-8(b)所示。在分析放大电路的交流信号工作情况时,依据交流通路来分析计算。

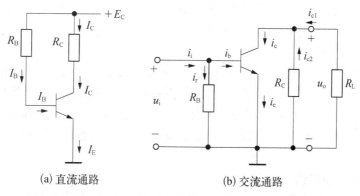

(a) 直流通路　　　　　　　　　　(b) 交流通路

图 3-4-8　图 3-4-3 放大电路的交、直流通路

3.4.2　放大电路的分析方法

以上仅定性分析了放大电路的工作原理,以及交流、直流信号的波形及基本概念。放大电路的主要性能指标有电压放大倍数、输入电阻、输出电阻等,如何从定量的角度来分析放大电路?常用的分析方法有两种:图解分析法、计算法。

所谓图解分析法,就是利用晶体三极管的输入、输出特性曲线和外电路方程用作图的方法分析放大电路的工作情况。由于三极管是一种非线性器件,图解法是一种常用的分析方法。尤其是当输入信号较大时,动态工作不能再看作是在静态工作点附近的小范围变动时,图解法就成了唯一的分析方法。在给定电路参数和输入信号的情况下,能用图解法求出放大电路中各电压、电流的波形,并从中估算出电路的电压放大倍数,最大不失真输出电压幅度 U_{om} 等。这种分析方法的最主要优点是直观,能了解加入信号前后各点的电压和电流是如何变化的,对理解放大电路的工作原理是很有帮助的。但是,图解法依赖于三极管的特性曲线,作图麻烦且不准确,故只适用于一些简单的电路,且图解法只能用来求电压放大倍数、最大不失真幅度 U_{om} 以及分析非线性失真,对电路其他的一些指标如输入电阻、输出电阻等都无法求解,因而图解法有较大的局限性,主要用于分析放大器的大信号工作状态。

本文主要针对小信号放大,下面介绍一种工程估算法,也即放大电路的微变等效电路分析法,也称计算法。

1. 静态工作点的估算

所谓静态工作点就是指放大电路中的 I_{BQ}、I_{EQ}、I_{CQ}、U_{CEQ}(也可表示为 I_B、I_E、I_C、U_{CE})等参数,静态值可以直接从电路的直流通路图 3 - 4 - 8(a) 中求得。对于硅管 U_{BE} 取 0.7 V(锗管 0.3 V)。基极电流 I_{BQ},依据下式:

$$I_{BQ} = (E_C - U_{BE})/R_B$$
$$I_{CQ} = \beta I_{BQ}$$
$$U_{CEQ} = E_C - I_{CQ}R_C$$

当 $+E_C \gg U_{BE}$ 时,U_{BE} 可略去不计。

【例 3 - 4 - 1】 用工程估算法求图 3 - 4 - 3 所示放大电路的静态工作点。设 $E_C = 12$ V,$R_B = 240$ kΩ,$R_C = 3$ kΩ,$\beta = 40$(设三极管为硅管)。

解:根据直流通路,有 $I_{BQ} = (E_C - U_{BE})/R_B \approx E_C/R_B = 12/240 = 50\ \mu A$

那么,$I_{CQ} = \beta I_{BQ} = 40 \times 50 = 2\,000\ \mu A = 2$ mA

$U_{CEQ} = E_C - I_{CQ}R_C = 12 - 2 \times 3 = 6$ V

2. 三极管的微变等效模型

在工程实际中,需要放大的信号往往都是非常小的微弱信号(如 mV 或 μV 级的信号)。加入这样一个信号后,在输入特性曲线上,工作点将在 Q 点附近做很小范围的变动,在输出特性上也将沿着负载线在相对较小的范围内运动。也就是说,当输入交流信号较小时,可把三极管输入的非线性曲线用一直线段来近似估算,在这一直线段内,晶体管各电量之间近似呈线性关系。

(1) 三极管输入回路等效电路

三极管在交流小信号作用下,u_{be} 与 i_b 的关系为近似直线,二者的比值为电阻,记做 r_{be}。即对交流而言,从三极管输入端(B 到 E)看,相当于一个电阻 r_{be},i_b 的方向为从 B 流向 E,如图 3 - 4 - 9(b)所示,即

$$u_{be} = r_{be} i_b$$
$$r_{be} = 300 + (1 + \beta)\frac{26}{I_{EQ}}$$

式中,I_{EQ} 是发射极的静态工作电流,单位为 mA。

(2) 三极管输出回路等效电路

三极管在输入信号电流 i_b 作用下,相应有输出信号电流 i_c,并且 $i_c = \beta i_b$。换句话说,从输出端 C、E 看,三极管是一个受控的电流源。由于三极管的输出电阻 r_{ce} 极大(输出恒流特性),所以忽略 r_{ce},将受控源看作理想电流源,如图 3 - 4 - 9 所示。

综上所述,在输入小信号的情况下,三极管

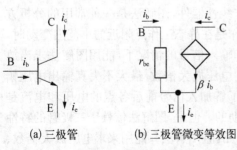

(a) 三极管 　　 (b) 三极管微变等效图

图 3 - 4 - 9　简化的三极管的微变等效电路

的简化微变等效电路如图3-4-9(b)所示。

　　3.基本放大电路的动态性能指标的估算

　　放大器的性能指标,主要是指电压放大倍数、输入电阻和输出电阻。这些都是交流电量,可以通过交流通路和简化的微变等效电路来估算。基本共射放大电路和它对应的交流通路以及微变等效电路如图3-4-10所示。

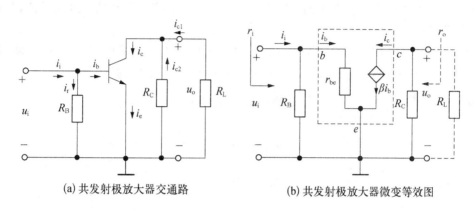

(a) 共发射极放大器交通路　　　　　(b) 共发射极放大器微变等效图

图3-4-10　基本共射放大电路的微变等效电路

　　(1) 电压放大倍数 A_u

　　放大器输入正弦信号波形,在输出基本不失真的前提下,输出电压与输入电压的有效值的比值定义为 A_u,它是衡量放大电路电压放大能力的指标,即

$$A_u = \frac{u_o}{u_i} \tag{3-5}$$

由图3-4-10(b)可知:R_C 与 R_L 并联,记做 $R_L' = R_C \parallel R_L$,输出电压 u_o 是由电流 βI_b 流经 R_L' 产生的,电流自下而上流过 R_L',故 $u_o = -\beta i_b R_L'$,而 $u_i = i_b r_{be}$,代入(3-5)式可得

$$A_u = \frac{u_o}{u_i} = -\frac{\beta R_L'}{r_{be}} \tag{3-6}$$

其中的负号表示输出电压与输入电压的相位相反。当不接负载 R_L 时,电压放大倍数幅度将增大。

　　(2) 放大器的输入电阻 r_i

　　所谓放大器的输入电阻 r_i 是从放大器的输入端向右看进去的等效电阻,如图3-4-10(b)所示。

$$r_i = \frac{u_i}{i_i} = R_B \parallel r_{be} = \frac{R_B \times r_{be}}{R_B + r_{be}} \tag{3-7}$$

r_i 愈大表示放大器输入回路所取用的信号电流 i_i 愈小。对电压信号源来说,r_i 是与信号源内阻 R_s 串联的,r_i 大意味着 R_s 上的电压降小,使放大器的输入端能比较准确地反映信号源的电压 u_s。因此,通常情况下,希望放大器的输入电阻愈大愈好,尤其当信号源的内阻较高时更应如此。例如,测量仪器用的前置放大器,输入电阻愈高,其测量精度愈高。通常$R_B \gg r_{be}$,因此,$r_i \approx r_{be}$,可见,共射基本放大电路的输入电阻r_i不大。

(3) 放大器的输出电阻r_o。

所谓放大器的输入电阻r_o,是从放大器的输出端往左看(负载不算)的等效电阻,如图3-4-10(b)所示。此时的电路为一个受控电流源与R_C并联,电流源的内阻为∞,$r_o = R_C$。所以基本共射放大器的输出电阻并不小($r_o = R_C$有几千欧姆),这就是说,共射放大器的带负载能力不强。

【例3-4-2】 用工程估算法求图3-4-3所示放大电路的A_u、r_i、r_o。设$E_C = +20 \text{ V}$,$R_B = 500 \text{ k}\Omega$,$R_C = 6.8 \text{ k}\Omega$,$R_L = 6.8 \text{ k}\Omega$,$\beta = 45$(设三极管为硅管)。

解: $I_{BQ} = \dfrac{E_C - U_{BE}}{R_B} \approx \dfrac{E_C}{R_B} = \dfrac{20}{500} = 0.04 \text{ mA} = 40 \ \mu A, \quad I_{EQ} = (1+\beta)I_{BQ}$

$$r_{be} = 300 + (1+\beta)\frac{26}{I_{EQ}} = 300 + \frac{26}{I_{BQ}} = 300 + \frac{26}{0.04} = 950 \ \Omega \approx 1 \text{ k}\Omega$$

$$A_u = -\frac{\beta R'}{r_{be}} = -\frac{45 \times 3.4}{1} = -153$$

$$r_i = \frac{R_B \times r_{be}}{R_B + r_{be}} \approx 1 \text{ k}\Omega$$

$$r_o = R_C = 6.8 \text{ k}\Omega$$

3.4.3 共发射极放大电路的稳定性分析

1. 存在的问题

在放大电路中,合理设置静态工作点I_B、I_C、I_E、U_{CE}(简称Q点,通常用I_{BQ}、I_{CQ}、I_{EQ}、U_{CEQ}表示)很重要。Q点不合理会引起输出信号的非线性失真,如图3-4-11所示;还会影响放大电路的动态性能指标(电压增益A_u、输入电阻r_i等)。所以设置一个合适的、稳定的Q点,对放大电路的性能影响很大。

影响Q点稳定的主要因素是什么? 在实际应用中,由于环境温度的变化、电源电压的波动、元件参数的离散性及元件的老化等原因,都会引起Q点的变化。

由于三极管的β、I_{CEO}会随温度的升高而增大,而发射结导通压降会随温度的升高而减小。这些作用的结果,会使放大电路I_{CQ}增大,从而使Q点随温度发生变化。所以,温度的变化是影响Q点稳定性的主要因素。

解决的方法:当温度变化使Q点发生变化时,通过改进电路实现自动控制,使Q点稳定。

2. 改进电路之一:发射极加反馈电阻

在基本共发射极放大电路的发射极上增加了电阻R_E元件,如图3-4-12(a)所示。当温度T升高使放大电路I_C增大时,I_E也随着增大,在R_E上产生的电压降增大,使发射极电位U_E升高。假设U_B电位不变,则加在B-E两端的电压U_{BE}下降,导致I_B下降,从而引起I_C下降。其控制流程可以用图3-4-13表示,是一个负反馈控制过程。简而言之,这种稳定I_C的办法实质上是使I_B随温度的升高而减小,从而抵消I_C的增加。

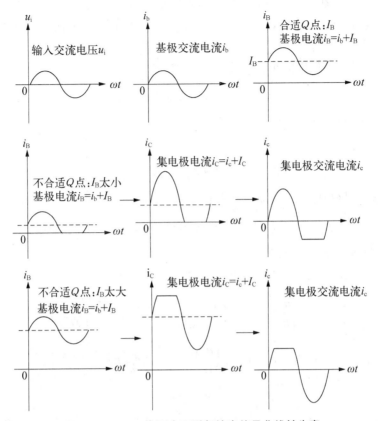

图 3 - 4 - 11　Q 点不合理引起输出信号非线性失真

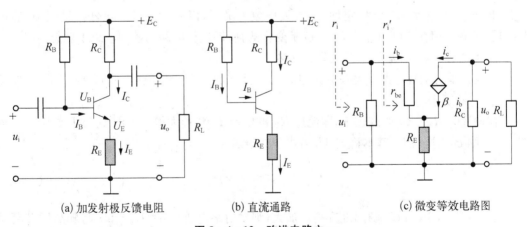

(a) 加发射极反馈电阻　　　　(b) 直流通路　　　　(c) 微变等效电路图

图 3 - 4 - 12　改进电路之一

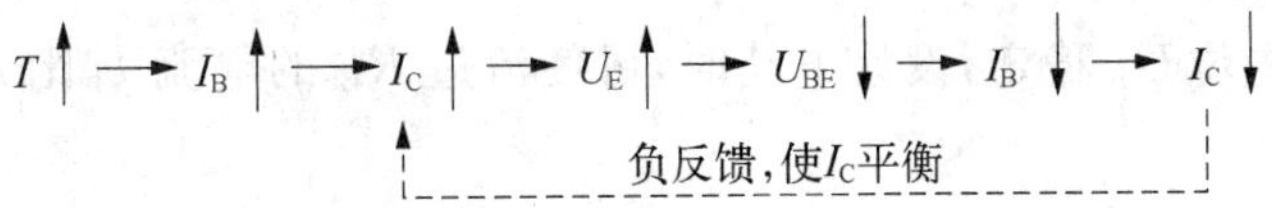

$$T\uparrow \rightarrow I_B\uparrow \rightarrow I_C\uparrow \rightarrow U_E\uparrow \rightarrow U_{BE}\downarrow \rightarrow I_B\downarrow \rightarrow I_C\downarrow$$

负反馈,使 I_C 平衡

图 3 - 4 - 13　负反馈控制过程

改进电路之一的直流通路及微变等效电路图如图 3-4-12 所示,从图 3-4-12(b)可以求出放大电路的静态工作点,从图 3-4-12(c)可以计算放大电路的动态参数 A_u、r_i、r_o。

(1) 静态工作点计算

由图 3-4-12(b)列出电压方程:

$$E_C = I_B \times R_B + U_{BE} + I_E \times R_E$$

将 $I_E = (1+\beta)I_B$ 代入上式,得

$$I_B = \frac{E_C - U_{BE}}{R_B + (1+\beta)R_E}$$

有了 I_B 就可以得到 I_E、I_C、U_{CE},其中 U_{CE} 为

$$U_{CE} = E_C - I_C R_C - I_E R_E = E_C - \beta I_B R_C - (1+\beta)I_B R_E$$

(2) 动态参数计算

由图 3-4-12(c),设 $R_L' = R_C \parallel R_L$,得

$$A_u = \frac{u_o}{u_i} = -\frac{\beta I_B R_L'}{I_B r_{be} + I_E R_E} = -\frac{\beta R_L'}{r_{be} + (1+\beta)R_E} \tag{3-8}$$

$$r_i = R_B \parallel r_i' = R_B \parallel \left(\frac{u_i}{i_b}\right) = R_B \parallel [r_{be} + (1+\beta)R_E] \tag{3-9}$$

$$r_o = R_C \tag{3-10}$$

结论:比较式(3-6)与式(3-8),发射极加反馈电阻后 A_u 变小了,这是我们不希望的。比较式(3-7)与式(3-9),r_i 增大了,这对放大电路有好处,而 r_o 没有变化。发射极加反馈电阻 R_E 提高了放大电路的稳定性,但放大倍数下降了,以此为代价。在分析过程中"假设 U_B 电位不变",但在实际电路中 U_B 电位是变化的,所以这种电路的控制效果不理想。

3. 改进电路之二:基极分压式偏置电路

基极分压式偏置电路就是在放大电路的基极增加一个分压电路,使 U_B 电位不变,如图 3-4-14(a)所示。

在设计时 R_{B1}、R_{B2} 取值较小,即流过 R_{B1} 的电流 I_1 比 I_B 大得多。即 I_B 与 I_1 相比可以忽略不计,则 B 点电位 U_B 基本稳定,U_B 可由下式表示:

$$U_B \approx \frac{E_C}{R_{B1} + R_{B2}} \times R_{B2} \tag{3-11}$$

由于 U_B 不变,而 U_E 随温度升高而加大,则发射结电压 $U_{BE} = U_B - U_E$ 将随温度升高而减小。U_{BE} 减小,导致 I_B 减小,I_B 减小又使 I_C 回落。这一稳定工作点的过程可用箭头过程式表示如图 3-4-13 所示。

为了使 B 点电位 U_B 稳定,设计电路时,可使流过 R_{B1} 的电流 I_1 比 I_B 大许多倍。通常选择:

$$I_1 = (5 \sim 10)I_B(硅管) \quad U_B = (3 \sim 5)V(硅管)$$
$$I_1 = (10 \sim 20)I_B(锗管) \quad U_B = (1 \sim 3)V(锗管)$$

改进电路之二的直流通路及微变等效电路图如图 3 - 4 - 14 所示,从图 3 - 4 - 14(b)可以求出放大电路的静态工作点,从图 3 - 4 - 14(c)可以计算放大电路的动态参数 A_u、r_i、r_o。

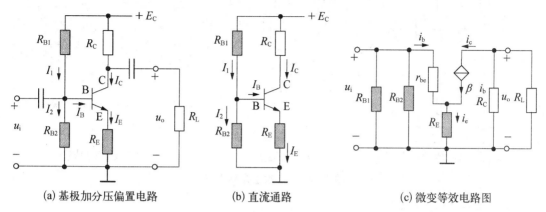

(a) 基极加分压偏置电路   (b) 直流通路   (c) 微变等效电路图

图 3 - 4 - 14 改进电路之二

(1) 静态工作点计算

由图 3 - 4 - 14(b)中的 R_{B1}、R_{B2} 分压电路,通过式(3 - 11)计算出 U_B 电压。

$$U_B \approx \frac{E_C}{R_{B1} + R_{B2}} \times R_{B2}$$

由 U_B 电压得到 U_E,再求出 I_E,最后获得 I_B。

$$U_E = U_B - U_{BE}, \quad I_E = \frac{U_E}{R_E}, \quad I_B = \frac{I_E}{(1+\beta)}, \quad I_C = \beta I_B$$

$$U_{CE} = E_C - I_C R_C - I_E R_E$$

(2) 动态参数计算

由图 3 - 4 - 14(c)可以计算动态参数,设 $R_B = R_{B1} // R_{B2}$、$R_L' = R_C \| R_L$,则:

$$A_u = \frac{u_o}{u_i} = -\frac{\beta I_B R_L'}{I_B r_{be} + I_E R_E} = -\frac{\beta R_L'}{r_{be} + (1+\beta)R_E} \tag{3 - 12}$$

$$r_i = R_B \| [r_{be} + (1+\beta)R_E]$$

$$r_o = R_C$$

结论:"改进电路之二"采用基极分压式偏置电路,稳定了基极电压 U_B,克服了"改进电路之一"中 U_B 电压变化的不足,提高了负反馈控制的效果,稳定了放大电路的 Q 点。但是,比较式(3 - 8)与式(3 - 12),放大倍数 A_u 下降了,没有得到改善即仍然以降低电压增益为代价稳定工作点。那么,有没有办法使增益不下降?

4. 改进电路之三:发射极加旁路电容

在发射极电阻 R_E 两旁加上电容 C_E,由于电容有"隔直通交"作用,即对交流信号是导通的,对直流信号是阻断的。所以流经发射极直流信号 I_E 只能从 R_E 经过,交流信号从电容 C_E 经过直接到地,该电容称为旁路电路。发射极加旁路电容后的改进电路如图 3 - 4 - 15 所示。

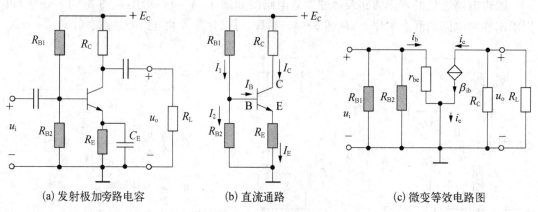

(a) 发射极加旁路电容　　　　　(b) 直流通路　　　　　(c) 微变等效电路图

图 3-4-15　改进电路之三

(1) 静态工作点计算

由图 3-4-15(b)可以计算静态工作点,方法同"改进电路之二"。

(2) 动态参数计算

由图 3-4-15(c)可以计算动态参数,设 $R_B=R_{B1}/\!/R_{B2}$、$R_L'=R_L/\!/R_C$,则:

$$A_u=\frac{u_o}{u_i}=-\frac{\beta R_L'}{r_{be}}$$

$$r_i=R_B\parallel r_{be}$$

$$r_o=R_C$$

结论:"改进电路三"的动态参数与基本共射放大电路的动态参数式(3-6)、式(3-7)、式(3-8)比较,完全一样。即该电路稳定了放大电路的 Q 点,但放大倍数 A_u、输入电阻 r_i、输出电阻 r_o 没有变化。

【例 3-4-3】 用工程估算法求图 3-4-15(a)所示放大电路的静态工作点及动态参数 A_u、r_i、r_o。设 $E_C=+12$ V,$R_{B1}=9$ kΩ,$R_{B2}=3$ kΩ,$R_E=1$ kΩ,$R_C=2.4$ kΩ,$R_L=2.4$ kΩ,$\beta=70$(设三极管为硅管)。

解: 由图 3-4-15(b)计算静态工作点:

$$U_B=\frac{E_C}{R_{B1}+R_{B2}}\times R_{B2}=3\text{ V}$$

$$I_E=\frac{U_B-U_{BE}}{R_E}=2.25\text{ mA}$$

$$I_B=\frac{I_E}{1+\beta}=\frac{2.25}{1+70}=32\text{ mA}$$

$$I_C=\beta I_B=70\times0.032=2.22\text{ mA}$$

$$U_{CE}=E_C-I_CR_C-I_ER_E=12-2.22\times2.4-2.25\times1=4.42\text{ V}$$

$$r_{be}=300+(1+\beta)\times\frac{26}{I_E}=1\,120\text{ Ω}$$

由图 3-4-15(c)计算动态参数,设 $R_B=R_{B1}/\!/R_{B2}=2.25$ kΩ、$R_L'=R_L/\!/R_C=$

1.2 kΩ,则:

$$A_{u1} = -\frac{\beta R_L'}{r_{be}} = -\frac{70 \times 1.2}{1.12} \approx -75$$

$$r_i = R_B \parallel r_{be} = 748 \ \Omega$$

$$r_o = R_C = 2.4 \ k\Omega$$

发射极不加旁路电容时的电压增益:

$$A_{u2} = -\frac{\beta R_L'}{r_{be} + (1+\beta)R_E} = -\frac{70 \times 1.2}{1.12 + 71 \times 1} \approx -1.16$$

从上式可知,若发射极不加旁路电容,电压增益将大大减小。

3.4.4 共集电极放大电路

共集电极放大电路从交流通路来看,集电极为输入回路与输出回路的公共端,故称共集电极放大电路,如图3-4-16所示。由于信号由基极输入、发射极输出,故又称射极输出器。共集电极放大电路的直流通路和微变等效电路如图3-4-17所示。

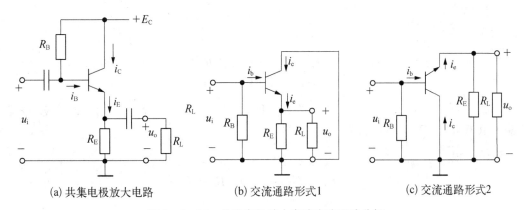

(a) 共集电极放大电路　　　　(b) 交流通路形式1　　　　(c) 交流通路形式2

图3-4-16　共集电极放大电路交流通路分解

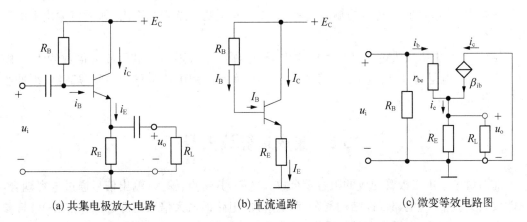

(a) 共集电极放大电路　　　　(b) 直流通路　　　　(c) 微变等效电路图

图3-4-17　共集电极放大电路直流通路、微变等效电路

82 计算机硬件技术基础

body（1）静态分析

根据图 3-4-17(b)静态时输入回路的直流方程如下：

$$I_B R_B + U_{BE} + (1+\beta) I_B R_E = E_C$$
$$I_B = (E_C - U_{BE})/[R_B + (1+\beta) R_E]$$
$$I_C = \beta I_B$$
$$U_{CE} \approx E_C - I_C R_E$$

（2）动态分析

共集电极放大电路的微变等效电路如图 3-4-17(c)所示，$i_e = i_b + i_c = (1+\beta) i_b$，输出电压 $u_o = (1+\beta) i_b R_L'$，其中 $R_L' = R_E \parallel R_L$。而输入电压为 $u_i = i_b r_{be} + u_o = i_b r_{be} + (1+\beta) i_b R_L'$，则：

$$A_u = \frac{u_o}{u_i} = \frac{(1+\beta) R_L'}{r_{be} + (1+\beta) R_L'} \approx 1 \tag{3-13}$$

一般有 $(1+\beta) R_L' \gg r_{be}$，故电压放大倍数 A_u 小于 1 但近似等于 1。A_u 为正值，表示输出电压 u_o 与输入电压 u_i 相位相同，大小也基本相等，好像是输出跟随输入，故射极输出器又称为"射极跟随器"。

输入电阻为

$$r_i = \frac{R_B \times [r_{be} + (1+\beta) R_L']}{R_B + [r_{be} + (1+\beta) R_L']} \tag{3-14}$$

一般 R_B 约为 $100 \sim 200$ kΩ，R_L' 约为几千欧，乘上 $(1+\beta)$ 以后就很大了，故射极跟随器的输入电阻很大，可达 100 kΩ 以上。

输出电阻为

$$r_o \approx \frac{r_{be} + (R_S \times R_B)/(R_S + R_B)}{\beta} \tag{3-15}$$

一般信号源内阻 R_S 很小，即 $R_S' = (R_S \times R_B)/(R_S + R_B)$ 很小，r_{be} 约为 $1 \sim 2$ kΩ，若 $\beta = 100$，则根据上式可知，射随器的输出电阻 r_o 在十几至几十欧姆范围内，即射极输出器的输出电阻很小。

结论：共集电极放大电路又称射极输出器，也称射极跟随器。电压放大倍数约为 1（略小于 1），输入电阻高，输出电阻低。射极输出器在实际应用中通常作为中间隔离级、缓冲级或阻抗匹配电路使用。

3.5 集成运算放大器

前面讨论了由三极管构成的阻容耦合放大电路，其特点：输入、输出信号通过电容耦合，只能放大交流信号；电路设计结构复杂，调试麻烦；电路的放大倍数与静态工作点、三极管参数等有关。那么，有没有一种放大电路，既能放大交流信号，又能放大直流信号，电路设计结构简单，调试又方便。这就是本节要讨论的集成运算放大电路。

运算放大器最早应用于模拟计算机中,它可以完成诸如加法、减法、微分、积分等各种数学运算。随着集成电路技术的不断发展,运算放大器的应用日益广泛,可以实现信号的产生、信号的变换、信号的处理等各种各样的功能,已经成为构成模拟系统最基本的集成电路。本节将从运算放大器的外部特性出发,基于运算放大器的理想化指标,推出运算放大器的基本应用电路,旨在让读者对运算放大器有一个基本了解。

3.5.1　集成电路的概述

集成电路是 20 世纪 60 年代初在分立元件基础上发展起来的一种新型器件,它是利用半导体制造工艺,把二极管、三极管、电阻、电容等制作在同一块硅片上,并把它们连接成能够完成特定功能的电路。集成电路的种类很多,按其集成度的大小(一个半导体芯片能集成元件的个数)可分小规模(几十个元件)、中规模(几百个元件)、大规模(几千个元件)、超大规模(几万个元件以上)。随着科学技术的不断发展,集成电路产业日新月异,目前华为麒麟 970 芯片,在面积 100 平方毫米上,集成了 55 亿颗晶体管。

按其功能可分数字集成电路和模拟集成电路。数字集成电路用于产生、处理数字信号的电路;模拟集成电路用于产生、处理、变换模拟信号的电路。集成运算放大器属于模拟集成电路,它是模拟集成电路中最基础的功能单元电路,得到广泛应用。

集成运算放大器(简称集成运放)是由多级基本放大电路直接耦合而组成的高增益放大器,通常由高阻输入级、中间级、低阻输出级和偏置电路组成,其内部结构框图如图 3-5-1 所示。

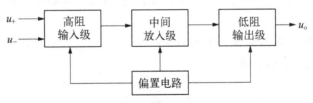

图 3-5-1　集成运算放大器的内部结构框图

1. 集成运算放大器的模型

当集成运算放大器与外部电路连接组成各种功能电路时,从系统角度看,无须关心其复杂的内部电路,而是着重研究其外特性。具体地讲,就是人们利用厂商提供的参数构成表征外特性的简化运算模型。

(1) 理想运算放大器模型

理想运算放大器模型如图 3-5-2 所示,理想运算放大器具有以下特性:

① 开环电压增益 $A_{od} = \infty$;

② 差模输入电阻 $r_i = \infty$;

③ 输出电阻 $r_o = 0$;

④ 上限截止频率 $f_H = \infty$;

⑤ 共模抑制比 $CMRR = \infty$;

⑥ 失调电压、失调电流和内部噪声均为 0。

实际运算放大器的主要参数一般在器件的数据手册中给出,运算放大器的主要参数如表 3-5-1 所示。

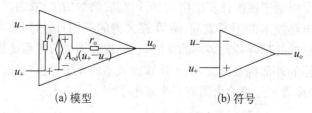

(a) 模型   (b) 符号

图 3-5-2　理想集成运算放大器模型

表 3-5-1　实际运算放大器的主要参数

指标内容	理想化指标	实际指标	例:F741
开环电压增益 A_{ou}	∞	$100\sim140$ dB	106 dB
共模抑制比 CMRR	∞	$80\sim100$ dB	80 dB
输入电阻 r_i	∞	$>10^3$ MΩ	104 MΩ
输出电阻 r_o	0	<50 Ω	45 Ω
上限截止频率 f_H	∞	$>10^3$ Hz	

　　将实际运算放大器的主要参数与理想化指标相比,虽然有些误差,但是在工程计算时,往往用理想运算放大器模型来代替实际运算放大器来进行分析计算,所带来的误差在工程上是允许的。本节内容在以后的分析中,均采用理想运算放大器模型来分析。

　　(2) 运算放大器符号

　　运算放大器有两个输入端和一个输出端,如图 3-5-3 所示。反相输入端用"一"表示,同相输入端用"+"表示,输出端 u_o。

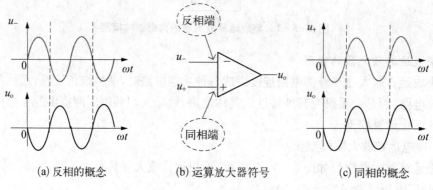

(a) 反相的概念　　　(b) 运算放大器符号　　　(c) 同相的概念

图 3-5-3　运算放大器

　　所谓反相是指若从反相端加输入信号 u_-,那么输出信号 u_o 与输入信号 u_- 反相,如图 3-5-3(a)所示。

　　所谓同相是指若从同相端加输入信号 u_+,那么输出信号 u_o 与输入信号 u_+ 同相,如图 3-5-3(c)所示。

　　2. 集成运算放大器的工作状态

　　对于如 3-5-3 所示的运算放大器,其输出电压与两个输入电压之间关系为

$$u_o = A_{od} \times \Delta u_i = A_{od} \times (u_+ - u_-)$$

式中，A_{od} 为差模电压放大增益（也称电压放大倍数），$\Delta u_i = (u_+ - u_-)$ 为差模输入电压。输出 u_o 与输入 Δu_i 满足线性关系，它们的电压传输特性曲线如图 3-5-4 所示。输入 Δu_i 在图中 A、B 范围内时与输出 u_o 呈线性关系，当输入电压比较大时（如 $\Delta u_i > u_A$，$\Delta u_i < u_B$），运算放大器因本身半导体器件的非线性达到了饱和状态，u_o 最大输出电压为 $\pm U_m$，以后不再线性增加，限制了输出幅度的进一步增大。

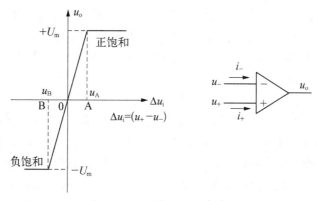

图 3-5-4　电压传输特性

（1）运算放大器工作在线性区的特点

当运算放大器工作在线性区时，由于理想运算放大器 $A_{od} = \infty$，则

$$\Delta u_i = u_+ - u_- = \frac{u_o}{A_{od}} = 0$$

即
$$u_+ = u_-$$

① 关于"虚短" $u_+ = u_-$

上式说明：只要运算放大器工作在线性区，$A_{od} = \infty$，就会得到运算放大器同相输入端电压 u_+ 与反相输入端电压 u_- 相等，即 $u_+ = u_-$。如同这两个端点"短路"一样，但它们没有真正短路，只是等效于短路，因此称为"虚短"。

② 关于"虚断" $i_+ = i_- = 0$

由于理想运算放大器的差模输入电阻 $r_i = \infty$，从图 3-5-2(a) 可以知道，同相端与反相端之间就没有电流流过。所以，流入同相端的电流和流入反相端电流为 0，即 $i_+ = i_- = 0$。就好像同相端及反相端与运放输入端断开了一样，但实际上它们没有真正断开，这种现象称为"虚断"。

"虚短"和"虚断"是理想运算放大器工作在线性区的两个重要结论，在分析运算放大器应用电路时很有用。

（2）运算放大器工作在非线性区的特点

从运算放大器的电压传输特性知道，当 $\Delta u_i > u_A$，$\Delta u_i < u_B$ 时，输出电压 $u_o = \pm U_m$，这时运算放大器进入非线性区。在非线性区时，同相端与反相端电压一般不相等，即 $u_+ \neq u_-$。

① 当 $u_+ > u_-$ 时，$u_o = + U_m$；

当 $u_+ < u_-$ 时，$u_o = -U_m$。

② 由于理想运算放大器的差模输入电阻 $r_i = \infty$，所以 $i_+ = i_- = 0$。

理想的运算放大器可工作在线性区与非线性区，工作在不同的区，具有不同的特点，掌握这些特点，是分析运算放大器应用电路的关键。在以后的分析中都会用到这些特点，对实际工程分析带来方便，而且极为有用，必须牢记。

3. 运算放大器应用电路的三种结构

在一个实际的应用电路中，如何来判断运算放大器工作在线性区还是非线性区？这是分析问题的关键。如果知道运算放大器工作在线性区，那么在分析运算放大器的时候，就可以运用运算放大器工作在线性区的两个特点，即"虚短"和"虚断"来分析问题。如果运算放大器工作在非线性区，那么在分析运算放大器的时候，就要运用运算放大器工作在非线性区的两个特点来分析问题。

在实际应用中，运算放大器的电路结构一般有三种类型：负反馈、正反馈、无反馈，如图 3-5-5 所示。图 3-5-5(a)中，R_f 为反馈回路，通过反馈回路将输出信号引入输入端，输出信号与反相端信号反相，所以反馈信号的引入，使得反相端信号输入的净输入量会减小，从而使运算放大器稳定工作在线性区。图 3-5-5(b)中，通过反馈回路将输出信号引入输入端，输出信号与同相端信号同相，所以反馈信号的引入，使得同相端信号输入的净输入量会增加，从而使运算放大器进入饱和状态，即非线性区。图 3-5-5(c)为无反馈回路，这时运算放大器工作在开环状态，由于运算放大器的开环电压增益 $A_{od} = \infty$，使运算放大器工作进入饱和状态，即非线性区。

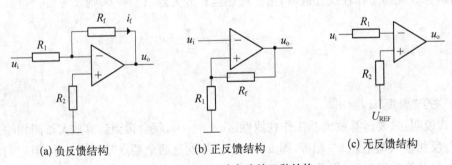

(a) 负反馈结构　　　　　(b) 正反馈结构　　　　　(c) 无反馈结构

图 3-5-5　运放电路的三种结构

根据反馈理论，具有深度负反馈结构的放大电路，可提高放大器的稳定性，使电路工作在线性状态；而正反馈或无反馈结构的运算放大器应用电路，工作在非线性状态。这里用到了反馈理论的基本概念，欲进一步了解反馈原理，请读者查阅相关资料。

3.5.2　集成运算放大器的线性应用

之所以要学习集成运算放大器，在于运算放大器能构成各种性能优异的应用电路，实现模拟信号的放大、运算、变换等功能。下面分别介绍基于运算放大器的比例运算放大电路、加法运算电路、减法运算电路、微分电路、积分电路。

要实现这些应用电路，集成运算放大器必须工作在线性区，虽然其外部电路与功能各不一样，但它们在电路结构上有一个共同的特点——负反馈闭环结构，请读者在学习时加以注意。

1. 比例放大电路

所谓比例放大,就是能实现输入、输出信号的线性放大,用算式表示为 $y = kx$(式中,x 为输入信号,y 为输出信号,k 为比例系数且是一个常量)。比例放大电路又分为两种,同相比例放大电路和反相比例放大电路,它们是集成运算放大器最基本的电路。

(1) 反相比例运算放大电路

图 3-5-6 为反相比例放大电路,该电路在输出端和反相端之间存在一个反馈回路,电阻 R_f 将输出信号反相传输到运算放大器的输入回路。根据反馈类型判断,这是一个负反馈电路。因此该电路工作在线性区,可根据运算放大器工作在线性区的两个特点"虚短"和"虚断"来分析。

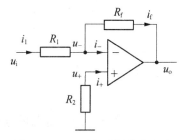

图 3-5-6　反相比例放大电路

根据"虚短"$u_+ = u_-$,"虚断"$i_+ = i_- = 0$ 特点,因为 R_2 上流过的电流为 0,而 R_2 的一端接地,所以 $u_+ = 0$,则:

$$u_+ = u_- = 0$$

上式表示,同相端接地,反相端也好像接地,这种现象称为"虚地"。

根据 $i_1 = i_f$,列出方程:

$$\frac{u_i - u_-}{R_1} = \frac{u_- - u_o}{R_f}$$

整理后得到:

$$u_o = -\frac{R_f}{R_1} u_i$$

所以图 3-5-6 电路的电压增益 A_{uf}

$$A_{uf} = -\frac{R_f}{R_1}$$

由上式可知:

① 电路的电压增益 A_{uf} 只与 R_f、R_1 有关,与其他无关。

② 电压增益 A_{uf}(比例系数 k)为一个负值,表示输入信号与输出信号反相。

③ R_2 为平衡电阻,其作用是使运算放大器的两个输入端对地电阻尽量对称,使内部电路平衡,一般取反相端所有电阻的并联值,$R_2 = R_1 /\!/ R_f$。

(2) 同相比例运算放大电路

图 3-5-7 为同相比例放大电路,该电路在输出端和反相端之间存在一个反馈回路,电阻 R_f 将输出信号反相传输到运算放大器的输入回路。根据反馈类型判断,这是一个负反馈电路。因此该电路工作在线性区,可根据运算放大器工作在线性区的两个特点"虚短"和"虚断"来分析。

根据"虚短"$u_+ = u_-$,"虚断"$i_+ = i_- = 0$ 特点,因为 R_2 上流过的电流为 0,而 R_2 的一端接输入信号 u_i,所以

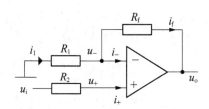

图 3-5-7　同相比例运算放大电路

$u_+ = u_i$,则：

$$u_+ = u_- = u_i$$

根据 $i_1 = i_f$,列出方程：

$$\frac{0-u_-}{R_1} = \frac{u_- - u_o}{R_f}$$

整理后得到：

$$u_o = \left(1 + \frac{R_f}{R_1}\right) u_i$$

所以图 3-5-7 电路的电压增益 A_{uf} 为：

$$A_{uf} = 1 + \frac{R_f}{R_1}$$

由上式可知：

① 电路的电压增益 A_{uf} 只与 R_f、R_1 有关,与其他无关。

② 电压增益 A_{uf}(比例系数 k)为一个大于 1 的正值,表示输入信号与输出信号同相;当 $R_f = 0$ 时,$A_{uf} = 1$ 称为电压跟随器。

③ R_2 为平衡电阻,$R_2 = R_1 /\!/ R_f$。

④ 存在的问题:若要实现 $u_o = 0.5u_i$,如何解决 $k \geqslant 1$ 的问题?

（3）分压式同相比例运算放大电路

图 3-5-8 为改进以后的同相比例放大电路,在同相输入端增加了一个分压电阻 R_3。

根据"虚短"$u_+ = u_-$,"虚断"$i_+ = i_- = 0$ 特点,得到 $u_+ = u_i$,$i_1 = i_f$,$i_2 = i_3$,则：

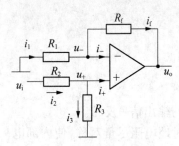

图 3-5-8　分压式同相放大电路

$$u_- = u_+ = \frac{R_3}{R_2 + R_3} \times u_i$$

$$u_o = \left(1 + \frac{R_f}{R_1}\right) u_+$$

整理后得到：

$$u_o = \left(\frac{R_3}{R_2 + R_3}\right)\left(1 + \frac{R_f}{R_1}\right) u_i$$

由上式可知：

① 电压增益 A_{uf}(比例系数 k)：

$$A_{uf} = \left(\frac{R_3}{R_2 + R_3}\right)\left(1 + \frac{R_f}{R_1}\right)$$

通过对输入电压的分压,实现了 $k < 1$ 的问题。

② 集成运算放大器两端平衡条件:$R_3 /\!/ R_2 = R_1 /\!/ R_f$

2.加法电路

所谓加法电路,就是能将多个输入信号按不同的比例相加,用算式表示为 $u_o = k_1 u_{i1} +$

$k_2 u_{i2} + \cdots + k_n u_{in}$(式中，$u_i$ 为输入信号，u_o 为输出信号，k 为比例系数且是一个常量)。

图 3-5-9 为加法电路，该电路在输出端和反相端之间存在一个反馈回路，电阻 R_f 将输出信号反相传输到运算放大器的输入回路，是一个负反馈电路。因此该电路工作在线性区，可根据运算放大器工作在线性区的两个特点"虚短"和"虚断"来分析。

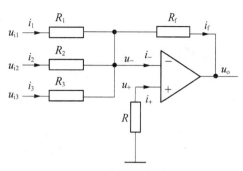

图 3-5-9 加法电路

根据"虚短"$u_+ = u_-$，"虚断"$i_+ = i_- = 0$ 特点，因为 R 上流过的电流为 0，而 R 的一端接地，所以 $u_+ = 0$，则：

$$\begin{cases} u_+ = u_- = 0 \\ i_1 + i_2 + i_3 = i_f \end{cases}$$

$$\frac{u_{i1} - u_-}{R_1} + \frac{u_{i2} - u_-}{R_2} + \frac{u_{i3} - u_-}{R_3} = \frac{u_- - u_O}{R_f}$$

整理后得到：

$$u_o = -\left(\frac{R_f}{R_1} u_{i1} + \frac{R_f}{R_2} u_{i2} + \frac{R_f}{R_3} u_{i3} \right)$$

由上式可知：

① 输出电压为各项输入电压按比例相加，每项比例系数只与输入电阻及反馈电阻有关。

② 运算结果为负数，说明输入信号与输出信号存在反相关系，是输入信号加在反相端引起的，因此图 3-5-9 也称为反相加法电路。若将三个输入信号加在同相端，可以实现同相加法电路，请读者考虑。

③ R 为平衡电阻，$R = R_1 // R_2 // R_3 // R_f$。

④ 图 3-5-9 也可以通过叠加定理来分析。

3. 减法电路

所谓减法电路，用算式表示为 $u_o = k_2 u_{i2} - k_1 u_{i1}$(式中，$u_i$ 为输入信号，u_o 为输出信号，k_1、k_2 为比例系数且为常量)。

图 3-5-10 为减法电路，该电路为一个负反馈电路，可根据运算放大器工作在线性区的两个特点"虚短"和"虚断"来分析。

根据"虚短"$u_+ = u_-$，"虚断"$i_+ = i_- = 0$ 特点，因为 R_2 上流过的电流为 0，而 R_2 的一端接 u_{i2}，所以 $u_+ = u_{i2}$，则：

$$u_+ = u_- = u_{i2}$$

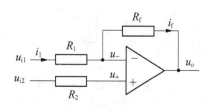

图 3-5-10 减法电路

根据 $i_1 = i_f$，列出方程：

$$\frac{u_{i1}-u_-}{R_1}=\frac{u_--u_o}{R_f}$$

整理后得到：

$$u_o=\left(1+\frac{R_f}{R_1}\right)u_{i2}-\frac{R_f}{R_1}u_{i1}$$

由上式可知：

① 表达式 $u_o=k_2u_{i2}-k_1u_{i1}$ 中，k_2 比例系数大于1。

② R_2 为平衡电阻 $R_2=R_1/\!/R_f$。

③ 图 $3-5-10$ 也可以通过叠加定理来分析。

④ 存在问题：如果要求实现 $u_o=0.5u_{i2}-0.4u_{i1}$，则电路需要进行改进，方法是在同相端增加一个分压电阻 R_3（参考图 $3-5-8$），使 k_2 比例系数小于1。

$$u_o=\frac{R_2}{R_2+R_3}\left(1+\frac{R_f}{R_1}\right)u_{i2}-\frac{R_f}{R_1}u_{i1}$$

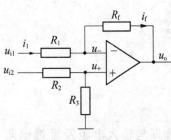

图 3-5-11 例 3-5-1

【例 $3-5-1$】 图 $3-5-11$ 所示的减法电路中，已知 $R_1=50\ \mathrm{k\Omega}$、$R_2=50\ \mathrm{k\Omega}$、$R_3=10\ \mathrm{k\Omega}$、$R_f=10\ \mathrm{k\Omega}$，求输出电压 u_o。

解：$u_-=u_+=\dfrac{R_3}{R_2+R_3}u_{i2}=\dfrac{10}{50+10}u_{i2}=\dfrac{1}{6}u_{i2}$

$$u_o=\left(1+\frac{R_f}{R_1}\right)u_+-\frac{R_f}{R_1}u_{i1}=\left(1+\frac{10}{50}\right)\times\frac{1}{6}u_{i2}-\frac{10}{50}u_{i1}$$

$$=\frac{6}{5}\times\frac{1}{6}u_{i2}-\frac{1}{5}u_{i1}=0.2u_{i2}-0.2u_{i1}$$

4. 积分电路

积分电路，用算式表示为 $u_o=\dfrac{1}{k}\displaystyle\int u_i\mathrm{d}t$（式中，$u_i$ 为输入电压，u_o 为输出电压，k 为时间常数，单位为秒），它是模拟计算机的基础单元电路，在信号处理领域应用广泛。图 $3-5-12$ 为积分电路，该电路为一个负反馈电路，集成运算放大器工作在线性区，可根据"虚短"和"虚断"来分析。

根据"虚短" $u_+=u_-$，"虚断" $i_+=i_-=0$ 特点，因为 R_2 上流过的电流为 0，而 R_2 的一端接地，所以 $u_+=0$，则：

$$u_+=u_-=0$$

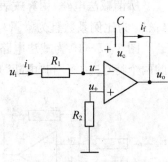

图 3-5-12 积分电路

根据 $i_1=i_f$，$u_C=u_--u_o=-u_o$，列出方程：

$$\begin{cases}i_1=\dfrac{u_{i1}-u_-}{R_1}\\[2mm]i_f=C\dfrac{\mathrm{d}u_C}{\mathrm{d}t}=-C\dfrac{\mathrm{d}u_o}{\mathrm{d}t}\end{cases}$$

整理后得到：

$$u_\mathrm{o}(t)=-\frac{1}{RC}\int_0^t u_\mathrm{i}\mathrm{d}t + u_o(0)$$

说明：

① 式中，RC 为时间常数，单位为秒（s），其中：R 单位为欧姆（Ω），C 单位为法拉（F）。

② $u_\mathrm{o}(0)$ 为 $t=0$ 时，输出电压的值，也称初始值。

【例 3 - 5 - 2】　图 3 - 5 - 12 所示的积分电路中，已知 $R_1=10\ \mathrm{k\Omega}$，$C=5\ \mathrm{nF}$，输入电压波形如图 3 - 5 - 13(a)，在 $t=0$ 时，电容 C 两端的初始电压为 $u_\mathrm{c}(0)=0\ \mathrm{V}$。试画出输出电压 $u_\mathrm{o}(t)$ 的波形。

解： 当 $t=0$ 时，$u_\mathrm{o}(0)=-u_\mathrm{c}(t)=0$

① 当 $0<t<40\ \mathrm{\mu s}$ 时，

$$
\begin{aligned}
u_\mathrm{o}(t)&=-\frac{1}{RC}\int_0^t u_\mathrm{i}\mathrm{d}t + u_o(0)\\
&=-\frac{-10}{10\times10^3\times5\times10^{-9}}t=2\times10^5 t\quad(\mathrm{V})
\end{aligned}
$$

② 当 $t=t_1=40\ \mathrm{\mu s}$ 时，

$$u_\mathrm{o}(t_1)=2\times10^5\times40\times10^{-6}=8(\mathrm{V})$$

③ 当 $40<t<120\ \mathrm{\mu s}$ 时，

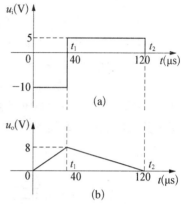

图 3 - 5 - 13　例 3 - 5 - 2

$$
\begin{aligned}
u_\mathrm{o}(t)&=-\frac{1}{RC}\int_{t_1}^t u_\mathrm{i}\mathrm{d}t + u_o(t_1)\\
&=-\frac{5}{10\times10^3\times5\times10^{-9}}(t-t_1)+8=12-10^5 t\quad(\mathrm{V})
\end{aligned}
$$

画出输出波形如图 3 - 5 - 13(b) 所示，可以看出在 $0\sim40\ \mathrm{\mu s}$ 内，电容上的电压增加，在 $40\sim120\ \mathrm{\mu s}$ 内电容上的电压减小。

5. 微分电路

微分电路，用算式表示为 $u_\mathrm{o}=k\dfrac{\mathrm{d}u_\mathrm{i}}{\mathrm{d}t}$（式中，$u_\mathrm{i}$ 为输入电压，u_o 为输出电压，k 为时间常数，单位为秒）。

图 3 - 5 - 14 为微分电路，根据"虚短" $u_+=u_-$，"虚断" $i_+=i_-=0$ 特点，因为 R_2 上流过的电流为 0，而 R_2 的一端接地，所以 $u_+=0$，则：

$$u_+=u_-=0$$

根据 $i_1=i_\mathrm{f}$，$u_\mathrm{c}=u_\mathrm{i}-u_-=u_\mathrm{i}$，列出方程：

$$
\begin{cases}
i_1=C\dfrac{\mathrm{d}u_\mathrm{c}}{\mathrm{d}t}=C\dfrac{\mathrm{d}u_\mathrm{i}}{\mathrm{d}t}\\[2ex]
i_\mathrm{f}=\dfrac{u_- - u_\mathrm{o}}{R_\mathrm{f}}
\end{cases}
$$

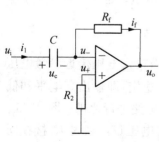

图 3 - 5 - 14　微分电路

整理后得到：

$$u_o(t) = -RC \frac{\mathrm{d}u_i}{\mathrm{d}t}$$

说明：

① 式中，RC 为时间常数，单位为秒(s)，其中：R 单位为欧姆(Ω)，C 单位为法拉(F)。

② 若输入 $u_i = U_m \sin \omega t$，则输出为 $u_i = -U_m RC \cos \omega t$，即输出与输入同为正弦波电压，但相位差了 90°，所以微分电路也可以实现移相。

3.5.3　集成运算放大器的非线性应用

当运算放大器工作在非线性区时，输出电压饱和($u_o = \pm U_m$)。即当 $u_+ > u_-$ 时，$u_o = +U_m$；当 $u_+ < u_-$ 时，$u_o = -U_m$。此时，运算放大器构成了一个电压比较器。

1. 简单的比较电路

图 3-5-15(a)给出了一个简单比较电路，输入电压 u_i 接在反相端，同相端参考电压 U_{REF}(也称基准电压)。集成运算放大器处于开环状态，输入与输出之间没有反馈回路，所以运算放大器工作在非线性区。

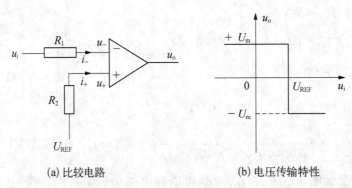

(a) 比较电路　　　　　　(b) 电压传输特性

图 3-5-15　简单的比较电路

根据 $u_+ > u_-$ 时，$u_o = +U_m$；$u_+ < u_-$ 时，$u_o = -U_m$，以及"虚断"$i_+ = i_- = 0$ 特点，则：

$$u_- = u_i, \quad u_+ = U_{REF}$$

① 当 $u_i > U_{REF}$ 时，$u_o = -U_m$

② 当 $u_i < U_{REF}$ 时，$u_o = +U_m$

从上面分析知道，输入信号与参考电压进行比较，分别输出两个不同的状态(高电平和低电平)，其输入电压与输出电压传输特性曲线如图 3-5-15(b)所示。这种电路应用于电平检测、信号比较。当参考电压 $U_{REF} = 0$ 时，称为过零比较。

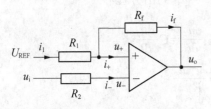

图 3-5-16　滞回比较电路

2. 滞回比较电路

图 3-5-15 比较电路，当输入电压接近参考电压 U_{REF} 临界点时，输出电压会不稳定，即输出高电平和低电平来回跳变。所以，必须对电路进行改进。图 3-5-16 为一种滞回比较电路，参考电压 U_{REF} 通过 R_1 接在同相端，被比较电压 u_i 通过电阻 R_2 引入到反相端。输出

电压通过 R_f 与同相端连接,构成一个正反馈电路,使运算放大器工作在非线性区。

根据 $u_+ > u_-$ 时,$u_o = +U_m$;$u_+ < u_-$ 时,$u_o = -U_m$,以及"虚断"$i_+ = i_- = 0$ 特点,则:

$$u_- = u_i, u_+ \neq U_{REF}$$

① 当输出 $u_o = +U_m$ 时,

$$u_+ = \frac{R_f}{R_1 + R_f}U_{REF} + \frac{R_1}{R_1 + R_f}U_m$$

此时的 u_+ 称为上限阈值电压,用 U_{TH} 表示。

② 当输出 $u_o = -U_m$ 时,

$$u_+ = \frac{R_f}{R_1 + R_f}U_{REF} - \frac{R_1}{R_1 + R_f}U_m$$

此时的 u_+ 称为下限阈值电压,用 U_{TL} 表示。

所以当反相输入端的电压 u_- 与同相端电压 u_+ 进行比较时,必须观察此时输出端的电压 u_o 究竟是 $+U_m$ 还是 $-U_m$?由于比较的阈值电压发生了变化,所以结果也不同。为了让大家有一个更清楚的认识,下面举例说明。

【例 3-5-3】 图 3-5-16 所示的滞回比较电路中,已知 $R_1 = 10$ kΩ、$R_2 = 10$ kΩ、$R_f = 20$ kΩ,$U_{REF} = 5$ V,设运算放大器采用双电源供电 $+3$ V、-5 V 电源,通过分析画出电压传输特性曲线。

解: 比较电路输出电压与电源有关,$+U_m = 3$ V,$-U_m = -5$ V

① 当输出 $u_o = +U_m = 3$ V 时,求上限阈值电压 U_{TH}

$$U_{T+} = \frac{R_f}{R_1 + R_f}U_{REF} + \frac{R_1}{R_1 + R_f}U_m \approx 4.3 \text{ V}$$

② 当输出 $u_o = -U_m = -5$ 时,求下限阈值电压 U_{TL}

$$U_{T-} = \frac{R_f}{R_1 + R_f}U_{REF} - \frac{R_1}{R_1 + R_f}U_m \approx 1.7 \text{ V}$$

电压传输特性曲线如图 3-5-17 所示,信号线的箭头代表输入电压变化的趋势,当输入电压从较高电压逐步变小时,其比较的参考电压为 U_{TL}(下限阈值电压);当输入电压从小逐步变增大时,其比较的参考电压为 U_{TH}(上限阈值电压)。$\Delta U_T = (U_{TH} - U_{TL})$ 称滞回比较电路的回差,改变电路中的参数可以改变回差。显然,一旦输出状态发生跳变,即使输入电压有波动,只要不超出 ΔU_T 范围,输出就不会发生来回跳变,这种比较电路称为滞回比较电路。

上例中假设输出电压 $+U_m$、$-U_m$ 为电源电压。在实际应用中为了稳定 $+U_m$、$-U_m$ 的电压值,一般在运算放大器的输出端加一个双

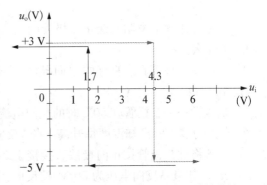

图 3-5-17 滞回比较电路电压传输曲线

向稳压二极管进行限幅处理,使电路的输出电压$+U_m$、$-U_m$稳定在某一值,一般小于电源电压值。

扫一扫见
本章实验

小 结

　　纯净的、不含杂质的、以晶体结构存在的半导体称为本征半导体,本征半导体中电子-空穴对的产生与复合处于平衡中,整个半导体呈现中性。在本征半导体中掺入少量特定的杂质,便成为杂质半导体。根据掺入元素的不同,可形成两种杂质半导体:N型半导体和P型半导体。对于杂质半导体,无论是N型或P型半导体,仍然保持着电中性。

　　将P型半导体和N型半导体,按一定的方式结合在一起,在交界处形成一个具有特殊物理性质的带电薄层,称为PN结。PN结具有单向导电性。

　　半导体二极管的实质就是一个PN结,将PN结用外壳封装起来,并加上电极引线就构成了半导体二极管。二极管具有开关特性,即二极管正向导通时,两端压降近似为常数(硅管约为0.7 V,锗管约为0.3 V);二极管反向截止时,电流近似为零,二极管相当于断开。

　　三极管是最常用的半导体器件,又称为晶体管。三极管分成两种类型:NPN型和PNP型。三极管具有电流放大作用,改变三极管的外部条件可以使三极管工作在放大状态、饱和状态或截止状态。

　　三极管可以构成共发射极、共集电极、共基极放大电路结构。共发射极放大电路,能将微弱信号进行放大;当输入交流小信号时,可以用微变等效电路法分析放大器的静态特性和动态特性;温度变化对放大电路的稳定性有较大影响,为了提高放大电路的稳定性,可采用发射极反馈电阻、基极分压式偏置电路、旁路电容等措施来稳定静态工作点,改善信号的非线性失真。共集电极放大电路又称射极输出器也称射极跟随器,电压放大倍数约为1,输入电阻高,输出电阻低。

　　集成运算放大器简称集成运放,是由多级基本放大电路直接耦合而组成的高增益放大器;采用集成运算放大器可以很方便地构成加法、减法、微分、积分等应用电路,既能完成各种数学运算,又能放大交流信号或直流信号,电路设计结构简单,调试方便。在信号的产生、信号的变换、信号的处理等领域得到广泛应用。

习 题

　　1. 用万用表的电阻挡测量二极管的正向电阻值时,用不同的量程测出的电阻值是否相同?为什么?

　　2. 欲使二极管具有良好的单向导电性,管子的正向电阻和反向电阻分别为大一些好,还是小一些好?

　　3. 假设一个二极管在50℃时的反向电流为10 μA,试问它在20℃和80℃时的反向电流大约分别为多大?已知温度每升高10℃,反向电流大致增加1倍。

　　4. 若将硅二极管按正向接法直接接于2 V的直流电源两端,将会出现什么问题?若将硅二极管(其最高反向电压为50 V)按反向接法直接接于100 V的直流电源两端,将会出现什么问题?

5. 图 3-1 所示是二极管限幅电路，R 为限幅电阻。已知输入 u_i 是幅值为 4 V 的正弦波信号，二极管 D 的正向导通电压为 0.7 V，请画出输出 u_{o1}、u_{o2} 的波形。

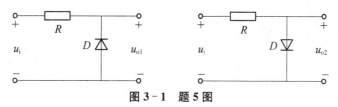

图 3-1 题 5 图

6. 晶体三极管是由两个背靠背的 PN 结构成的。若用两个二极管背靠背连接，是否就能合成一个三极管？说明理由。

7. 三极管的集电极和发射极是否可以对换使用？为什么？

8. 晶体管的共射极输出特性曲线可分成哪三个区？晶体管工作在这三个区的外部条件分别是什么？

9. 有两个三极管：$\beta_1 = 200, I_{CEO} = 200\ \mu A$；$\beta_2 = 50, I_{CEO} = 20\ \mu A$；其余参数大致相同，在实际应用中应选用哪一个三极管比较好？

10. 分别测得两个放大电路中三极管的各极电位如图 3-2 所示，试识别它们的管脚，分别标上 E、B、C，并判断这两个三极管是 NPN 型还是 PNP 型？是硅管还是锗管？

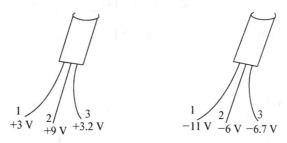

图 3-2 题 10 图

11. 判断下列三极管的工作状态：

(1) 锗 PNP 管，$U_B = 2$ V，$U_E = 1.7$ V，$U_C = -3$ V；

(2) 硅 PNP 管，$U_B = -1.7$ V，$U_E = -1$ V，$U_C = -6$ V；

(3) 硅 NPN 管，$U_B = 1.2$ V，$U_E = 0.6$ V，$U_C = 1$ V。

12. 在放大电路中，正常工作的三极管，测得各极的电压见表 3-1，将判断结果填入表中。

表 3-1 题 3-12 表

管子代号	A			B			C		
引脚	1	2	3	1	2	3	1	2	3
对公共端电压(V)	−6	−2.2	−2	1	4	1.7	8	7.3	3
E、B、C									
硅、锗									
NPN、PNP									

13. 试判断图 3-3 所示的四个电路能否放大交流信号，为什么？

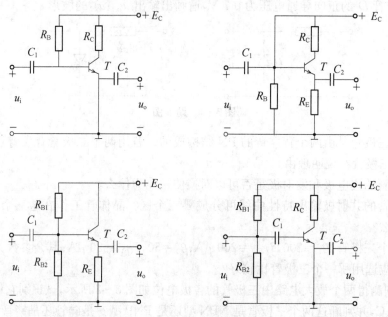

图 3-3　题 13 图

14. 晶体三极管放大电路如图 3-5 所示，已知 $E_C=12$ V，$R_C=3$ kΩ，$R_B=240$ kΩ，$R_L=3$ kΩ 晶体管的 $b=40$。

(1) 试用直流通路估算各静态值 I_B、I_C、U_{CE}；

(2) 用工程估算法计算 A_u、r_i、r_o。

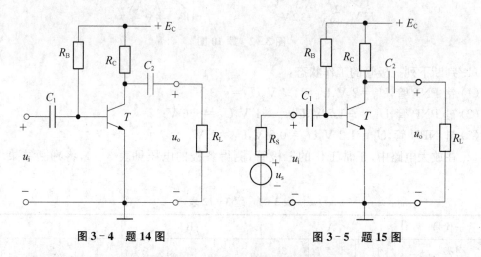

图 3-4　题 14 图　　　　　　图 3-5　题 15 图

15. 利用微变等效电路法计算图 3-5 所示的放大电路的电压放大倍数 A_{uo}、A_u 及 A_{us}，已知 $E_C=12$ V，$R_C=3$ kΩ，$R_B=240$ kΩ，$R_S=1$ kΩ，$R_L=3$ kΩ。A_{uo} 为 R_L 开路时的电压放大倍数，A_{us} 为源电路放大倍数 $A_{us}=u_0/u_s$。

16. 判断下列说法是否正确？正确的在括号中画√，错误的画×。

(1) 利用微变等效电路，可以很方便地分析计算小信号输入时的静态工作点。　　　（　　）

（2）三极管的输入电阻 r_{be} 是一个动态电阻，故与静态工作点无关。（　　）

（3）在基本共发射极放大电路中，若晶体管的 β 增大一倍，则电压放大倍数也将相应增大一倍。（　　）

（4）电压放大器的输出电阻越小，意味着放大器带负载的能力就越强。（　　）

17. 在图 3-6 中，已知 $E_C=12$ V，$R_C=2$ kΩ，$R_E=2$ kΩ，$R_{B1}=20$ kΩ，$R_{B2}=10$ kΩ，$R_L=6$ kΩ，三极管的 $\beta=37.5$。（1）试用估算法求静态值；（2）画出微变等效电路，计算 A_u、r_i、r_o；（3）若将 C_E 去掉，计算 A_u、r_i、r_o。

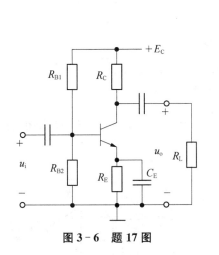

图 3-6　题 17 图

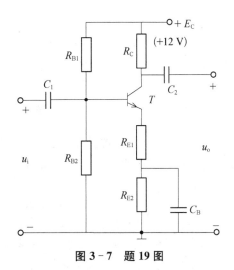

图 3-7　题 19 图

18. 测得某交流放大电路的输出端开路电压的有效值 $U_o=1.5$ V，带上负载电阻 $R_L=5.1$ kΩ 时，输出电压下降为 $U_o=1$ V，试求该交流放大器的输出电阻 r_o。

19. 放大电路如图 3-7 所示，三极管 $U_{BE}=0.7$ V，$\beta=100$，电阻 $R_{B1}=15$ kΩ，$R_{B2}=5.1$ kΩ，$R_C=1$ kΩ，$R_{E1}=100$Ω，$R_{E2}=500$Ω。

（1）画出微变等效电路；

（2）估算 A_u、r_i、r_o。

20. 在图 3-8 所示放大电路中，各电容均足够大。

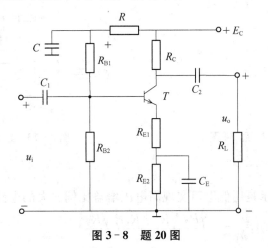

图 3-8　题 20 图

(1) 写出计算静态工作点 I_{CQ}、U_{CEQ} 的表达式;

(2) 画出微变等效电路;

(3) 写出电压放大倍数 A_u 的表达式。

21. 图 3-9 所示电路为由两个运算放大器组成的单端输入-差动输出的运算电路,试写出输出电压 u_o 与输入电压 u_1 的关系式。

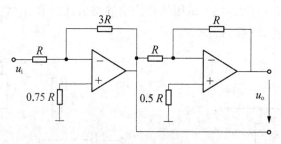

图 3-9　题 20 图

22. 在图 3-10 所示的电路中,已知 $R_1 = R_2 = 10\ \text{k}\Omega$,$R_3 = R_4 = 51\ \text{k}\Omega$,试求输出信号与输入信号之间的运算关系。

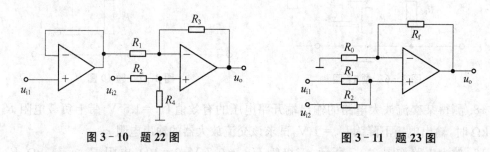

图 3-10　题 22 图　　　　　　　　　　**图 3-11　题 23 图**

23. 同相输入加法电路如图 3-11 所示,当 $R_1 = R_2 = R_3 = R_f$ 时,求输出电压 u_o。

24. 如图 3-12 所示放大器的增益由开关 S 控制,设集成运放满足理想化条件,试分别求开关 S 闭合和断开时的电路的电压增益。

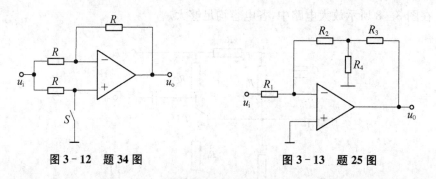

图 3-12　题 34 图　　　　　　　　　　**图 3-13　题 25 图**

25. 如图 3-13 所示是用低电阻实现高电压增益比例放大的电路,通常用 T 形网络以代替反馈电阻 R_f,试证明:$\dfrac{u_o}{u_i} = -\left(\dfrac{R_2 + R_3 + R_2 R_3 / R_4}{R_1} \right)$。

26. 如图 3 - 14 所示的电路中运算放大器为理想的运算放大器,电容的初始电压 $u_c(0)=0$。

(1) 写出 u_o 与 u_{i1}、u_{i2}、u_{i3} 之间的关系式;

(2) 当电路中电阻 $R_1=R_2=R_3=R_4=R_5=R_6=R_7$ 时,写出输出电压 u_o 的表达式。

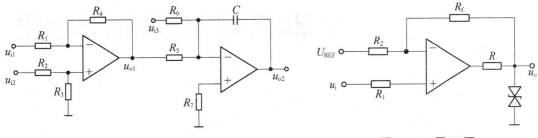

图 3 - 14　题 26 图　　　　　　　　图 3 - 15　题 27 图

27. 在图 3 - 15 所示的滞回比较电路中,已知 $R_1=68$ kΩ,$R_2=100$ kΩ,$R_f=200$ kΩ,$R=2$ kΩ,稳压管的 $U_Z=\pm6$ V,参考电压 $U_{REF}=8$ V,试估算其两个门限电平 U_{TH} 和 U_{TL},以及门限宽度 ΔU_T(回差)的值,并画出滞回比较器的电压传输特性曲线。

扫一扫见本章
习题参考答案

第4章

逻辑代数与逻辑门电路

 **本章要点**

逻辑代数是描述客观事物逻辑关系的数学方法,是研究数字系统逻辑设计的基础理论,逻辑代数中的基本运算有逻辑与、或、非,实现逻辑与、或、非功能的基本逻辑电路称为逻辑门电路。本章首先介绍了逻辑代数的基本概念、公式和定理,在此基础上着重讲解逻辑函数常用的四种表示方式(真值表、逻辑表达式、卡诺图、逻辑图)和两种化简方法(公式法和卡诺图法);然后讨论了用晶体二极管和晶体三极管构成的基本逻辑门电路和集成逻辑门电路的性能和特点。

4.1 逻辑代数中的逻辑运算

逻辑代数又叫布尔代数,它是 19 世纪英国数学家乔治·布尔(George Boole)在 1849 年首先提出的。1938 年,克劳德·香农(Claude E.Shannon)在开关电路中找到了它的应用,并很快成为开关电路分析与设计的重要工具,所以逻辑代数也称开关代数。

在逻辑代数中,有不少公式和定理与普通代数形式上相似,然而,逻辑代数中与普通代数有不同的运算规律,本质与含义可能完全不同,读者在学习和运用逻辑代数的过程中,应注意加以区别。逻辑代数是一种数学工具,是分析和设计逻辑电路的理论基础。

数字系统中的逻辑电路虽然品种繁多,功能各异,但它们的逻辑关系均可用三种基本逻辑运算综合而成,这三种基本逻辑运算:与逻辑、或逻辑和非逻辑。

4.1.1 逻辑变量与逻辑函数

数字电路是研究输入和输出变量之间的逻辑关系,为了对输入和输出的逻辑关系进行数学表达和演算,因此提出了逻辑变量和逻辑函数的概念。与普通代数一样,逻辑代数中的逻辑变量也用英文字母 A、B、C、D 等来表示。在二值逻辑中,逻辑变量只能为 0 或 1,没有中间值,这里的 0 和 1 并不表示数值的大小,而是代表两种不同的逻辑状态,如"是"和"非",

"开"和"关","高"和"低","有"和"无","真"和"假"等。

按照逻辑学中的因果关系,某事件的发生(结果)必然要具备其发生的条件(原因),这里可以约定 1 表示条件具备或事件发生,0 表示条件不具备或事件不发生;相反,也可以约定 1 表示条件不具备或事件不发生,0 表示条件具备或事件发生。

图 4-1-1 表示有二个输入信号、一个输出信号的逻辑电路框图,输入 A、B 称为逻辑自变量,输出 F 称为逻辑因变量。当 A、B 值确定之后,输出 F 的值被唯一确定,F 称为 A、B 输入变量的函数,并写成 $F=f(A,B)$。输入变量 A、B 取值只能为逻辑值 0 或 1,输出变量 F 也只能是 0 或 1。

图 4-1-1　逻辑电路框图

4.1.2　常用的逻辑运算

在逻辑代数中,常用的逻辑运算包括基本逻辑运算和复合逻辑运算。基本逻辑运算有三种:与逻辑、或逻辑和非逻辑,而实际逻辑系统中遇到的逻辑关系问题比较复杂,往往要通过与、或、非的不同组合来实现一些复合运算。常用的复合逻辑运算:与非逻辑、或非逻辑、同或逻辑和异或逻辑。

1. 与逻辑运算

只有当决定某一事件发生的所有条件都具备时,结果才会发生,这种因果关系称为与逻辑。如图 4-1-2 所示的开关控制电路中,只有当两个开关 A 和 B 均闭合时,灯 F 才会亮。因此,灯 F 和开关 A、B 之间的关系是与逻辑关系。在逻辑代数中,与逻辑关系用与运算描述,其运算符号用"·"表示。与逻辑关系可表示为

$$F=A \cdot B$$

读作"F 等于 A 与 B"。有时也称 F 是 A、B 的逻辑乘,意思是若 A、B 均为 1,则 F 为 1;否则,F 为 0。这里,灯 F 与开关 A、B 的关系见表 4-1-1(假定开关断开用 0 表示,开关闭合用 1 表示;灯灭用 0 表示,灯亮用 1 表示)。

表 4-1-1　与逻辑真值表

A	B	F
0	0	0
0	1	0
1	0	0
1	1	1

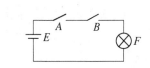

图 4-1-2　与逻辑开关控制电路

与运算的运算法则:

$$0 \cdot 0=0 \quad\quad 1 \cdot 0=0$$
$$0 \cdot 1=0 \quad\quad 1 \cdot 1=1$$

从而可以推出与运算的一般形式:

$$A \cdot 0=0 \quad A \cdot 1=1 \quad A \cdot A=A$$

数字系统中,实现与运算的电路称为与门,其与门逻辑符号如图 4-1-3 所示。

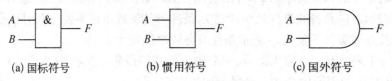

(a) 国标符号　　　　　(b) 惯用符号　　　　　(c) 国外符号

图 4-1-3　与逻辑符号

2. 或逻辑运算

决定某一事件发生的所有条件中,只要有一个或一个以上的条件具备,结果就会发生,这种因果关系称为或逻辑。如图 4-1-4 所示开关控制电路中,开关 A 和 B 并联控制灯 F。当开关 A、B 中有一个闭合或两个均闭合时,灯 F 即亮。因此,灯 F 和开关 A、B 之间的关系是或逻辑关系。逻辑代数中,或逻辑关系用或运算描述,其运算符号用"+"表示。或逻辑关系可以表示为

$$F = A + B$$

读作"F 等于 A 或 B"。有时也称 F 是 A、B 的逻辑加。这里,A、B 是逻辑变量,F 表示运算结果。意思是 A、B 中只要有一个为 1,则 F 为 1;仅当 A、B 均为 0 时,F 才为 0。灯 F 与开关 A、B 的关系见表 4-1-2,该表称为真值表(假定开关断开用 0 表示,开关闭合用 1 表示;灯灭用 0 表示,灯亮用 1 表示)。

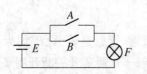

图 4-1-4　或逻辑开关控制电路

表 4-1-2　或逻辑真值表

A	B	F
0	0	0
0	1	1
1	0	1
1	1	1

或运算的运算法则:

$$0+0=0 \quad\quad 1+0=1$$
$$0+1=1 \quad\quad 1+1=1$$

从而可以推出或运算的一般形式:

$$A+0=A \quad\quad A+1=1 \quad\quad A+A=A$$

数字系统中,实现或运算的电路称为或门,其或门逻辑符号如图 4-1-5 所示。

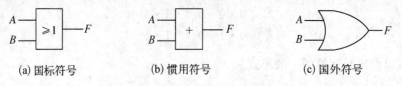

(a) 国标符号　　　　　(b) 惯用符号　　　　　(c) 国外符号

图 4-1-5　或逻辑符号

3. 非逻辑运算

非逻辑的输出总是输入的取反,即决定某一事件发生的条件具备了,结果却不发生;而此条件不具备时,结果一定发生。如图 4-1-6 所示的电路中,开关 A 闭合,灯 F 不亮;A 断开时,灯 F 才亮。因此,灯 F 与开关 A 之间的关系是非逻辑关系。逻辑代数中,非逻辑关系用非运算描述,其运算符号用"—"表示。非逻辑关系可表示为

$$F = \overline{A}$$

读作"F 等于 A 非"。意思是若 A 为 0,则 F 为 1;反之,若 A 为 1,则 F 为 0。此时灯 F 与开关 A 的关系见表 4-1-3(假定开关断开用 0 表示,开关闭合用 1 表示;灯灭用 0 表示,灯亮用 1 表示)。

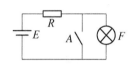

图 4-1-6　非逻辑开关控制电路

表 4-1-3　非逻辑真值表

A	F
0	1
1	0

非运算的运算法则:

$$\overline{0} = 1 \quad \overline{1} = 0$$

从而可以推出非运算的一般形式:

$$\overline{\overline{A}} = A \qquad \overline{A} \cdot A = 0 \qquad \overline{A} + A = 1$$

数字系统中,实现非运算的电路称为非门,又叫反相器,其非门逻辑符号如图 4-1-7 所示。

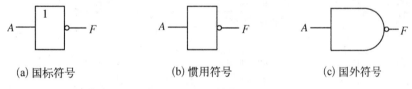

　　(a) 国标符号　　　　　　　　(b) 惯用符号　　　　　　　　(c) 国外符号

图 4-1-7　非逻辑符号

4. 复合逻辑运算

上面介绍的与、或、非三种逻辑运算是逻辑代数中最基本的逻辑运算,由这些基本运算可以组成各种复杂的逻辑关系。常见的复合逻辑运算有与非、或非、与或非、异或、同或运算等,实现复合运算的逻辑门电路分别称为与非门、或非门、与或非门、异或门、同或门等,这些复合逻辑运算的逻辑表达式及逻辑功能如表 4-1-4 所示。

表 4-1-4　复合逻辑运算表达式及功能说明

运算类型	逻辑关系表达式	逻辑功能说明
与非	$F = \overline{A \cdot B}$	有 0 为 1,全 1 为 0
或非	$F = \overline{A + B}$	有 1 为 0,全 0 为 1

运算类型	逻辑关系表达式	逻辑功能说明
与或非	$F=\overline{A \cdot B + C \cdot D}$	一组全 1 为 0,每组有 0 为 1
异或	$F=\overline{A} \cdot B + A \cdot \overline{B} = A \oplus B$	不同为 1,相同为 0
同或	$F=\overline{A} \cdot \overline{B} + A \cdot B = \overline{A \oplus B} = A \odot B$	相同为 1,不同为 0

复合逻辑门符号如图 4-1-8 所示,其中第一列为相应逻辑运算的国标符号,第二列为相应逻辑运算的惯用符号,第三列为相应逻辑运算的国外常用逻辑符号。

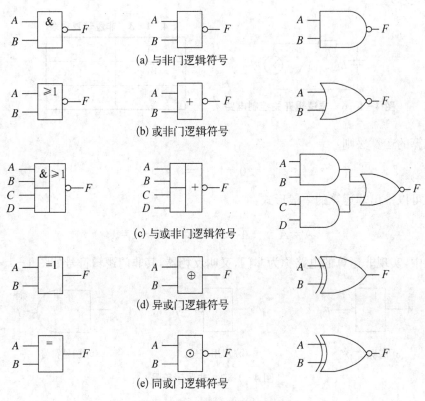

(a) 与非门逻辑符号

(b) 或非门逻辑符号

(c) 与或非门逻辑符号

(d) 异或门逻辑符号

(e) 同或门逻辑符号

图 4-1-8 复合逻辑门符号

4.1.3 逻辑函数的表示方法

逻辑函数的表示方法有四种,分别为逻辑真值表、逻辑函数表达式、逻辑图和卡诺图。

1. 逻辑真值表

逻辑真值表是逻辑函数最基本的表示方法,是逻辑函数输入逻辑变量所有可能取值组合和输出函数之间的对应关系列成表格的形式。

由于一个逻辑变量只有 0 和 1 两种可能的取值,故 n 个输入逻辑变量一共有 2^n 种不同的取值组合,将输入变量的全部取值组合和相应的函数值一一列举出来,即可得到真值表。

【例 4-1-1】 有一个三人表决电路,根据多数同意表决通过原则,列出改表决电路的真值表。

解：设一输入变量 A、B、C 分别代表三个人，F 代表表决结果，两个人以上同意表决通过，否则不通过。A、B、C 同意为 1，不同意为 0；F 通过为 1，不通过为 0。3 位输入变量 A、B、C 有 $8(2^3)$ 种可能的取值组合，变量的取值按二进制数由小到大的顺序排列。根据题意可列出真值表，见表 4-1-5。

表 4-1-5　表决电路真值表

A	B	C	F
0	0	0	0
0	0	1	0
0	1	0	0
0	1	1	1
1	0	0	0
1	0	1	1
1	1	0	1
1	1	1	1

真值表由两部分组成：左边一栏列出变量的所有取值组合，为避免遗漏，通常各变量取值组合按二进制数据顺序给出；右边一栏为逻辑函数值。

真值表的特点：

（1）直观明了。输入变量取值一旦确定之后，即可在真值表中查出相应的函数值。所以在许多数字集成电路手册中，常常都以真值表的形式给出该器件的逻辑功能。

（2）把一个实际逻辑问题抽象成为数学问题时，使用真值表是最方便的。所以，在数字电路的逻辑设计过程中，首先分析要求，然后列出真值表。

（3）主要缺点：当变量比较多时显得过于烦琐，而且也无法利用逻辑代数中的公式和定理进行运算。

2. 逻辑函数表达式

用与、或、非等基本逻辑运算符来表示逻辑函数中输入与输出之间逻辑关系的代数表达式，叫作逻辑函数表达式。

根据真值表可以直接写出逻辑函数表达式，步骤如下：

（1）在真值表中找出所有使逻辑函数输出值为 1 的输入变量组合。

（2）在输入变量组合中，变量值为 1 的写成原变量形式，变量值为 0 的写成反变量形式，这个变量组合就可以写成一个与逻辑乘积项。

（3）把所有逻辑函数输出值为 1 的与逻辑乘积项进行逻辑相加，便得到一个逻辑原函数的标准与或表达式。

也可把所有逻辑函数输出值为 0 所对应与逻辑乘积项相加，则可得到一个逻辑函数反函数的标准与或表达式。

依据上述步骤，就可以很容易写出表 4-1-5 的逻辑原函数表达式及反函数表达式。

表决电路原函数表达式：$F=\overline{A}\cdot B\cdot C+A\cdot\overline{B}\cdot C+A\cdot B\cdot\overline{C}+A\cdot B\cdot C$

表决电路反函数表达式：$\overline{F}=\overline{A}\cdot\overline{B}\cdot\overline{C}+\overline{A}\cdot\overline{B}\cdot C+\overline{A}\cdot B\cdot\overline{C}+A\cdot\overline{B}\cdot C$

在逻辑函数表达式中，通常可将与运算符"·"省略，如 $A\cdot B$ 可写成 AB。

逻辑函数表达式特点：

(1) 简洁方便。能高度抽象而且概括地表示各个变量之间的逻辑关系。

(2) 便于利用逻辑代数的公式和定理进行逻辑运算和各种变换。

(3) 便于利用逻辑门电路来实现逻辑函数。

(4) 主要缺点：难以直接从逻辑变量取值看出逻辑函数的值，不如真值表直观。

3. 逻辑图

用基本逻辑门和复合逻辑门组成的能完成某一逻辑功能的电路图，称为逻辑图。逻辑函数表达式是画逻辑图的重要依据，将逻辑函数表达式中各逻辑运算用相应的逻辑门符号来代替，即可画出逻辑图。逻辑图只反映电路的逻辑功能，而不反映电器的性能。

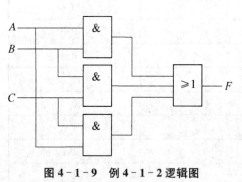

图 4-1-9 例 4-1-2 逻辑图

【**例 4-1-2**】 将逻辑函数表达式 $F=A\cdot B+B\cdot C+A\cdot C$ 用逻辑图表达。

解：逻辑图如图 4-1-9 所示。

4. 卡诺图

卡诺图(Karnaugh Map)是 20 世纪 50 年代美国工程师卡诺(M. Karnaugh)提出的，它是逻辑函数的一种图形表示方法，直观形象。卡诺图和真值表相似，可以表示逻辑函数和输入逻辑变量之间的逻辑关系，实际上是真值表的另一种表示形式。卡诺图是由表示逻辑变量的所有可能组合的小方格构成的平面图，一般画成正方形或矩形，这种方法在逻辑函数的化简中十分有用，将在本章 4.3 节中做详细介绍。

4.2 逻辑代数基本定律与规则

逻辑代数作为一个完整的代数体系，具有一系列的用于运算的定律、定理与规则。有些定律在形式上与普通代数完全一致，但含义却有本质的区别。熟悉逻辑代数的定律与规则，可以为逻辑函数化简带来方便。

4.2.1 逻辑代数的基本定律

逻辑变量取值只有 0 和 1，根据三种基本逻辑运算的定义，不难推出下列基本定律：

(1) 0-1 律

$$A\cdot 0=0 \qquad\qquad A+1=1$$

(2) 自等律

$$A\cdot 1=A \qquad\qquad A+0=A$$

(3) 交换律

$$A+B=B+A \qquad\qquad A \cdot B=B \cdot A$$
$$A \oplus B=B \oplus A \qquad\qquad A \odot B=B \odot A$$

(4) 结合律

$$(A+B)+C=A+(B+C) \qquad (A \cdot B) \cdot C=A \cdot (B \cdot C)$$
$$(A \oplus B) \oplus C=A \oplus (B \oplus C) \qquad (A \odot B) \odot C=A \odot (B \odot C)$$

(5) 分配律

$$A+(B \cdot C)=(A+B) \cdot (A+C) \qquad A \cdot (B+C)=A \cdot B+A \cdot C$$
$$A \cdot (B \oplus C)=A \cdot B \oplus A \cdot C \qquad A+(B \odot C)=(A+B) \odot (A+C)$$

(6) 吸收律

$$A \cdot B+A \cdot \bar{B}=A \qquad\qquad (A+B) \cdot (A+\bar{B})=A$$
$$A+A \cdot B=A \qquad\qquad A \cdot (A+B)=A$$
$$A+\bar{A} \cdot B=A+B \qquad\qquad A \cdot (\bar{A}+B)=A \cdot B$$

(7) 互补律

$$A+\bar{A}=1 \qquad\qquad A \cdot \bar{A}=0$$

(8) 重叠律

$$A+A=A \qquad\qquad A \cdot A=A$$
$$A \oplus A=0 \qquad\qquad A \odot A=1$$

重叠律又称重叠定理。它指出:一个变量多次自加或多次自乘的结果仍为自身不变。

(9) 反演律(摩根定理)

$$\overline{A+B}=\bar{A} \cdot \bar{B} \qquad\qquad \overline{A \cdot B}=\bar{A}+\bar{B}$$
$$\overline{A \oplus B}=A \odot B=\bar{A} \odot \bar{B} \qquad \overline{A \odot B}=A \oplus B=\bar{A} \oplus \bar{B}$$

反演律又称摩根定理(De Morgan 定理)。在逻辑代数中,摩根定理是一条十分重要的定理,它解决了函数求反问题和逻辑变换问题。

(10) 多余项定律

$$A \cdot B+\bar{A} \cdot C+B \cdot C=A \cdot B+\bar{A} \cdot C$$
$$(A+B) \cdot (\bar{A}+C) \cdot (B+C)=(A+B) \cdot (\bar{A}+C)$$

(11) 还原律

$$\bar{\bar{A}}=A$$

还原律又称对合定理,它指出:连续两次"非"运算相当于没有进行任何运算,它表征了"否定之否定等于肯定"这一规律。

以上定律反映了逻辑代数的基本规律,其正确性可以证明,也可以通过真值表加以验证。

【例 4-2-1】 试证明多余项定理 $A \cdot B+\bar{A} \cdot C+B \cdot C=A \cdot B+\bar{A} \cdot C$。

证明：$A \cdot B + \overline{A} \cdot C + B \cdot C = A \cdot B + \overline{A} \cdot C + B \cdot C(A + \overline{A})$ 互补律

$= A \cdot B + \overline{A} \cdot C + B \cdot C \cdot A + B \cdot C \cdot \overline{A}$ 分配律

$= A \cdot B + A \cdot B \cdot C + \overline{A} \cdot C + \overline{A} \cdot C \cdot B$ 交换律

$= A \cdot B(1 + C) + \overline{A} \cdot C(1 + B)$ 分配律

$= A \cdot B + \overline{A} \cdot C$ 0-1律

多余项定理指出：当逻辑表达式中的某变量（如 A）分别以原变量和反变量的形式出现在两项中时，这两项的其余部分组成的第三项（如 BC）必为多余项，又称冗余项，可以从式中去掉。若第三项中除了前二项的剩余部分外，还含有其他部分，它仍然是多余项。因此，多余项定理可推广到更一般形式：

$$A \cdot B + \overline{A} \cdot C + B \cdot C \cdot f(A, B, \cdots) = A \cdot B + \overline{A} \cdot C$$

【例 4-2-2】 试证明 $A \cdot \overline{B} + \overline{A} \cdot B = \overline{\overline{A} \cdot \overline{B} + A \cdot B}$。

证明：$A \cdot \overline{B} + \overline{A} \cdot B = \overline{\overline{A \cdot \overline{B}} \cdot \overline{\overline{A} \cdot B}}$ 反演律（摩根定理）

$= \overline{(\overline{A} + B)(A + \overline{B})}$

$= \overline{A \cdot \overline{A} + \overline{A} \cdot \overline{B} + A \cdot B + B \cdot \overline{B}}$

$= \overline{\overline{A} \cdot \overline{B} + A \cdot B}$

$A \cdot \overline{B} + \overline{A} \cdot B$ 称 A 异或 B，表示成 $A \oplus B = A \cdot \overline{B} + \overline{A} \cdot B$

$\overline{A} \cdot \overline{B} + A \cdot B$ 称 A 同或 B，表示成 $A \odot B = \overline{A} \cdot \overline{B} + A \cdot B$

说明："同或"逻辑和"异或"逻辑是互补的。

4.2.2 逻辑代数的基本规则

逻辑代数有三条重要规则，即代入规则、反演规则和对偶规则，这些规则在逻辑运算中十分有用。

1. 代入规则

代入规则：任何一个含有变量 A 的等式，如果将所有出现 A 的地方都代之以同一个逻辑函数 F，则等式仍然成立。

代入规则在推导公式中有重要意义。利用这条规则可以将逻辑代数的定理中的变量用任意函数代替，从而可推广到更一般的形式。

【例 4-2-3】 已知 $\overline{A + B} = \overline{A} \cdot \overline{B}$，函数 $F = A + C$。

解：等式 $\overline{A + B} = \overline{A} \cdot \overline{B}$ 中的 A 用函数 F 取代后可得

$$\overline{(A + C) + B} = \overline{A + C} \cdot \overline{B} = \overline{A} \cdot \overline{C} \cdot \overline{B}$$

即 $\overline{A + B + C} = \overline{A} \cdot \overline{B} \cdot \overline{C}$

2. 反演规则

反演规则：对任意一个逻辑函数表达式 F，如果将 F 中所有的"·"变成"+"，"+"变成"·"，0 变成 1，1 变成 0，原变量变成反变量，反变量变成原变量，那么所得到的逻辑函数表达式就是逻辑函数 F 的反函数。

【例 4-2-4】 若 $F = \overline{A} \cdot B + C \cdot D + 0$，求 F 的反函数 $\overline{F}$。

解：$\overline{F}=(A+\overline{B})\cdot(\overline{C}+\overline{D})\cdot 1=(A+\overline{B})(\overline{C}+\overline{D})$

【例 4 - 2 - 5】　若 $F=\overline{\overline{A}+\overline{B+C}\cdot D}$，求 F 的反函数 $\overline{F}$。

解：$\overline{F}=A\cdot\overline{\overline{B}\cdot\overline{C}+\overline{D}}$

【例 4 - 2 - 6】　若 $F=\overline{A}+\overline{B}\cdot(C+\overline{D}\cdot E)$，求 F 的反函数 $\overline{F}$。

解：$\overline{F}=A\cdot[B+\overline{C}\cdot(D+\overline{E})]$

在运用反演规则时应注意以下三点原则：

(1) 变换时应保持原函数运算顺序不变。

(2) 变换时应遵循的优先顺序：先括号"( )"，然后算逻辑乘"•"，最后算逻辑加"＋"。

(3) 不属于单个变量上的长非号，在利用反演规则时应保持不变，而非长非号(单变量上的非号)下的变量以及运算符号"•"和"＋"仍按反演规则处理。

3. 对偶规则

对偶规则：对于任何一个逻辑函数表达式 F，如果把 F 中的"•"变成"＋"，"＋"变成"•"，0 变成 1，1 变成 0，而逻辑变量保持不变，则所得到的新的逻辑表达式称为函数 F 的对偶式 F'。

【例 4 - 2 - 7】　若 $F=A\cdot(B+C)$，求 F 的对偶函数 F'。

解：$F'=A+B\cdot C$

【例 4 - 2 - 8】　若 $F=\overline{\overline{A}+\overline{B}+\overline{C}}$，求 F 的对偶函数 F'。

解：$F'=\overline{\overline{A}\cdot\overline{B}\cdot\overline{C}}$

由上面的例子可以看出：如果 F 的对偶式是 F'，那么 F' 的对偶式就是 F，即 F 和 F' 是互为对偶式的。

在运用对偶规则时应注意以下几点：

(1) 对任何一个逻辑函数 F，一般情况下，$F\neq F'$，个别特殊情况下，也有 $F=F'$。若两个逻辑函数 F 和 G 相等，则其对偶式 F' 和 G' 也相等——对偶规则。

仔细分析一下前面给出的逻辑代数基本定律中，每一组中的第二个公式都是第一个公式的对偶式。已经证明第一个公式成立，根据对偶规则，它们的对偶式也必然相等。对偶规则常用在逻辑函数的化简和等式证明中。

(2) 运用对偶规则时，变量上的长非号、短非号均保持不变。

(3) 变换时应遵循的优先顺序：先括号"( )"，然后算逻辑乘"•"，最后算逻辑加"＋"。

4.3　逻辑函数的化简

在实际应用中，通常需要根据逻辑函数表达式画出逻辑电路图。但是，对于一个逻辑函数来说，如果其逻辑表达式比较简单，那么实现这个逻辑表达式所需的逻辑门就比较少，逻辑电路的成本低、可靠性高。所以，在逻辑电路的设计中，如何化简逻辑函数表达式是十分重要的。另外，用与、或、非等逻辑运算符来表示逻辑函数中各个变量之间逻辑关系的代数表达式，也可以有多种形式。

【例 4 - 3 - 1】　写出逻辑函数 $F=A\cdot B+\overline{A}\cdot C$ 的多种表达形式。

解：$F = A \cdot B + \overline{A} \cdot C$ "与-或"表达式

$\qquad = (A+C)(\overline{A}+B)$ "或-与"表达式

$\qquad = \overline{\overline{A \cdot B} \cdot \overline{\overline{A} \cdot C}}$ "与非-与非"表达式

$\qquad = \overline{\overline{A+C} + \overline{\overline{A}+B}}$ "或非-或非"表达式

$\qquad = \overline{A \cdot \overline{B} + \overline{A} \cdot \overline{C}}$ "与-或-非"表达式

在上述多种表示形式中，"与-或"表达式和"或-与"表达式是逻辑函数的两种最基本表达形式。

"与-或"表达式是指一个函数表达式由若干个"与"项相或构成，每个"与"项是一个或多个原变量或反变量的与。

"或-与"表达式是指一个函数表达式由若干个"或"项相与构成，每个"或"项是一个或者多个原变量或反变量的或。

利用逻辑代数的定律、公式和规则，可以将任何一种形式的函数简化成"与-或"表达式和"或-与"表达式这两种基本的形式。

4.3.1 逻辑函数表达式的标准形式

逻辑函数表达式有二种标准的表达形式：最小项表达式（"标准与-或"表达式）和最大项表达式（"标准或-与"表达式）。下面介绍逻辑函数表达式的标准形式，这种表示形式是唯一的。

1. 最小项

（1）最小项的定义

在具有 n 个变量的逻辑函数中，如果一个"与项"（乘积项）包含了该逻辑函数的全部变量，且每个变量以它的原变量或反变量的形式在乘积项中仅出现一次，则该"与项"被称为最小项。

每一个逻辑变量都有两种状态，即原变量和反变量，所以对于 n 个变量的逻辑函数共有 2^n 个最小项。如一个三变量的逻辑函数 $F(A,B,C)$，它可以有 8 个最小项（乘积项），分别是 $\overline{A}\,\overline{B}\,\overline{C}$、$\overline{A}\,\overline{B}\,C$、$\overline{A}\,B\,\overline{C}$、$\overline{A}\,B\,C$、$A\,\overline{B}\,\overline{C}$、$A\,\overline{B}\,C$、$A\,B\,\overline{C}$、$ABC$。

（2）最小项的编号

为了使用方便，通常赋予每个最小项一个编号，叫最小项编号，用 m_i 表示。编号的方法（确定下标 i 的规则）："与项"（乘积项）变量按序$(A,B,C,\cdots)$排列后，令"与项"项中的原变量用 1 表示，反变量用 0 表示，由此得到一个 1、0 序列组成的二进制数，该二进制数对应的十进制数即为下标 i 的值。

【例 4-3-2】 $F(A,B,C)$三变量有 8 个最小项编号。

解：$\overline{A}\overline{B}\overline{C}$ $\overline{A}\overline{B}C$ $\overline{A}B\overline{C}$ $\overline{A}BC$ $A\overline{B}\overline{C}$ $A\overline{B}C$ $AB\overline{C}$ ABC

     000   001   010   011   100   101   110   111

     m_0 m_1 m_2 m_3 m_4 m_5 m_6 m_7

（3）最小项的性质

① n 个变量的逻辑函数具有 2^n 个最小项：$m_0, m_1, m_2, \cdots, m_i (i = 2^n - 1)$。

② 对于变量的任何一组取值，只有对应的一个最小项的值为 1，其余均为 0。

③ 任意两个最小项之积恒为 0,即 $m_i \cdot m_j = 0$　$(i \neq j)$。

④ n 个变量的全部最小项之和恒为 1,记为

$$\sum_{i=0}^{2^n-1} m_i = 1$$

⑤ n 个变量的最小项有 n 个相邻最小项。所谓相邻是指逻辑相邻,即当两个最小项中只有一个变量不同,且这个变量互为反变量时,这两个最小项称为相邻项——逻辑相邻。这一性质在卡诺图化简时将做进一步介绍。

⑥ 两个相邻最小项相或(相加)时,可以消去互为反变量的因子。

(4) 最小项表达式("标准与-或"表达式)

最小项是组成逻辑函数表达式的基本"乘积项",任何逻辑函数表达式都可以表示成最小项之和的形式,这种形式称为"标准与-或"表达式。这种形式是唯一的,也就是说,一个逻辑函数只有一个最小项表达式。

由最小项"或"构成的逻辑表达式称为最小项表达式,也称"标准与-或"表达式,又称"最小项之和"表达式。

【例 4 - 3 - 3】 写出逻辑函数 $F = A \cdot B + \overline{A} \cdot C$ 的最小项表达式。

解：$F = A \cdot B + \overline{A} \cdot C$

$\qquad = ABC + AB\overline{C} + \overline{A}BC + \overline{A}\,\overline{B}C$

$\qquad = m_7 + m_6 + m_3 + m_1$

$\qquad = \sum m(1,3,6,7)$

在"最小项之和"表达式的简略形式中,必须在函数后边的括号内按顺序标出函数全部变量,因为变量个数不同,m_i 的意义不同。

2. 最大项

(1) 最大项的定义

在有 n 个变量逻辑函数表达式中,如果一个"或项"(加法项)包含了该逻辑函数的全部 n 个变量,且每个变量都以原变量或反变量形式仅出现一次,则这个"或项"被称为最大项。

对于 n 个变量的逻辑函数共有 2^n 个最大项,以三变量的逻辑函数 $F(A,B,C)$ 为例,它可以有 8 个最大项"或项":$A+B+C$、$A+B+\overline{C}$、$A+\overline{B}+C$、$A+\overline{B}+\overline{C}$、$\overline{A}+B+C$、$\overline{A}+B+\overline{C}$、$\overline{A}+\overline{B}+C$、$\overline{A}+\overline{B}+\overline{C}$。

(2) 最大项的编号

最大项和最小项一样,也有编号,叫作最大项编号,用 M_i 表示。其编号方法(确定下标 i 的规则)正好与最小项相反,将最大项中的原变量当作 0,反变量当作 1,从而得到一组二进制数,其对应的十进制数即为最大项的下标 i。

【例 4 - 3 - 4】 写出 $F(A,B)$ 二变量的 4 个最大项编号。

解：$\quad A+B \qquad A+\overline{B} \qquad \overline{A}+B \qquad \overline{A}+\overline{B}$

$\qquad\ \ 0\ \ 0 \qquad\quad\ \ 0\ \ 1 \qquad\quad\ 1\ \ 0 \qquad\quad\ 1\ \ 1$

$\qquad\ \ M_0 \qquad\qquad\ \ M_1 \qquad\qquad\ \ M_2 \qquad\qquad\ \ M_3$

(3) 最大项的性质

① n 个变量的逻辑函数具有 2^n 个最大项:$M_0, M_1, M_2, \cdots, M_i (i = 2^n - 1)$。

② 对于变量的任何一组取值，只有对应的一个最大项的值是 0。

③ 不同的最大项，使其值为 0 的变量取值也不同。

④ 任意两个最大项的逻辑或（相加之和）恒为 1，即 $M_i + M_j = 1$（$i \neq j$）

⑤ n 个变量的全部最大项的逻辑与（相乘之积）恒为 0，记为：$\prod_{i=0}^{2^n-1} M_i = 0$。

⑥ n 个变量的最大项有 n 个相邻最大项。

（4）最大项表达式（"标准或-与"表达式）

最大项也是组成逻辑函数的基本单元，任何逻辑函数都可以表示成最大项之积的形式，这种形式称为"标准或-与"表达式。这种形式是唯一的，也就是说，一个逻辑函数只有一个最大项表达式。

由最大项相"与"构成的逻辑表达式称为最大项表达式，也称"标准或-与"表达式，又称"最大项之积"表达式。

（5）最大项与最小项的关系

在同一个逻辑问题中，下标相同的最大项和最小项之间存在互补关系，即最小项 m_i 和最大项 M_i 之间存在如下关系：$m_i = \overline{M_i}$ 或 $M_i = \overline{m_i}$。

【例 4-3-5】 写出 $F(A,B,C) = (A+B+C)(A+B+\overline{C})(\overline{A}+\overline{B}+C)$ 最大项表达式。

解：
$$F(A,B,C) = (A+B+C)(A+B+\overline{C})(\overline{A}+\overline{B}+C)$$
$$= M_0 \cdot M_1 \cdot M_6$$
$$= \prod M(0,1,6)$$

3. 逻辑函数表达式的转换

任何一个逻辑函数都可以表示成最小项之和或最大项之积的形式。不管什么形式的表达式，总可以将其转换成"标准与-或"表达式或"标准或-与"表达式。转换的方法有代数转换法、真值表转换法和卡诺图转换法。

（1）代数转换法

所谓代数转换法，就是利用逻辑代数的基本定律和常用公式进行转换。

① 求"标准与-或"表达式的步骤：第一步，将函数表达式化成与-或表达式；第二步：反复使用 $A = A(B+\overline{B})$，将表达式中所有不符合最小项的"与"项变换成最小项。

② 求"标准或-与"表达式的步骤：第一步，将函数表达式化成或-与表达式；第二步：反复利用 $A = (A+B)(A+\overline{B})$ 把表达式中所有不符合最大项的变换成最大项。

【例 4-3-6】 将逻辑表达式 $F(A,B,C) = A(B+C) + \overline{A}B + A\overline{B}$ 化成最小项之和的形式。

解： 第一步：先将函数表达式化成与-或表达式，即
$$F(A,B,C) = AB + AC + \overline{A}B + A\overline{B}$$

第二步：将上式中非最小项的"与"项变换成最小项。
$$F(A,B,C) = AB(C+\overline{C}) + AC(B+\overline{B}) + \overline{A}B(C+\overline{C}) + A\overline{B}(C+\overline{C})$$
$$= ABC + AB\overline{C} + A\overline{B}C + \overline{A}BC + \overline{A}B\overline{C} + A\overline{B}\overline{C}$$

$$=m_2+m_3+m_4+m_5+m_6+m_7$$
$$=\sum m(2,3,4,5,6,7)$$

【例 4-3-7】　将逻辑函数表达式 $F(A,B,C)=\overline{AB+\overline{A}C}+\overline{B}C$ 转换成"最大项之积"形式。

解：第一步：将函数表达式化成或-与表达式，即

$$F(A,B,C)=\overline{AB+\overline{A}C}+\overline{B}C$$
$$=\overline{AB}\cdot\overline{\overline{A}C}+\overline{B}C$$
$$=(\overline{A}+\overline{B})(A+\overline{C})+\overline{B}C$$
$$=[(\overline{A}+\overline{B})(A+\overline{C})+\overline{B}]\cdot[(\overline{A}+\overline{B})(A+\overline{C})+C]$$

第二步：将上式中非最大项的"或"项变换成最大项。

$$F(A,B,C)=[(\overline{A}+\overline{B})(A+\overline{C})+\overline{B}]\cdot[(\overline{A}+\overline{B})(A+\overline{C})+C]$$
$$=[\overline{A}\overline{C}+A\overline{B}+\overline{B}\overline{C}+\overline{B}]\cdot[\overline{A}\overline{C}+A\overline{B}+\overline{B}\overline{C}+C]$$
$$=(\overline{A}\overline{C}+\overline{B})(\overline{A}+A\overline{B}+C)$$
$$=(\overline{A}+\overline{B})(\overline{C}+\overline{B})(\overline{A}+\overline{B}+C)$$
$$=(\overline{A}+\overline{B}+C)(\overline{A}+\overline{B}+\overline{C})(A+\overline{B}+\overline{C})$$
$$=\prod M(3,6,7)$$

（2）真值表转换法

由真值表写出的逻辑函数表达式，正是逻辑函数的最小项表达式。事实上，当要写出某一逻辑函数的最小项表达式时，可以先列出该逻辑函数的真值表，然后再写出最小项表达式。

【例 4-3-8】　求逻辑函数 $F(A,B,C)=AB+BC+AC$ 的最小项表达式。

解：由 $F(A,B,C)$ 的表达式可以列出表 4-3-1 所示的真值表。

表 4-3-1　例 4-3-8 的真值表

A	B	C	F
0	0	0	0
0	0	1	0
0	1	0	0
0	1	1	1
1	0	0	0
1	0	1	1
1	1	0	1
1	1	1	1

从真值表中，挑出那些使函数值为1的变量组合，每个组合对应一个最小项，将这些最小项相加就得函数的标准与-或表达式，即

$$F = \overline{A}BC + A\overline{B}C + AB\overline{C} + ABC$$
$$= \sum m(3,5,6,7)$$

同样,可以写成最大项表达式。从真值表中挑出那些使函数值为 0 的变量组合,每个组合对应一个最大项,将这些最大项相"与"就得函数的标准或-与表达式,即

$$F = (A+B+C) \cdot (A+B+\overline{C}) \cdot (A+\overline{B}+C) \cdot (\overline{A}+B+\overline{C})$$
$$= \prod M(0,1,2,4)$$

从上面的例题知道,一个函数有了最小项表达式就可直接写出该函数的最大项表达式,利用最小项与最大项之间存在互补的关系。

4.3.2 逻辑函数的化简

在逻辑函数各种不同的表示形式中,与-或表达式和或-与表达式是最基本的形式。通过这两种基本形式可以很方便地转换成任何其他形式。下面重点介绍这两种形式的函数的化简。

1. 逻辑函数的代数化简法(公式化简法)

逻辑函数的代数化简法就是利用逻辑代数的基本定律和公式,消去多余的与项和每个与项中的多余变量,以求得逻辑函数的最简与-或表达式或者或-与表达式。化简时,没有固定的步骤可遵循。

最简与-或表达式的条件:

① 表达式中的"与"项个数最少。

② 满足上述条件的前提下,每个"与"项中的变量个数最少。

最简或-与表达式的条件:

① 表达式中的"或"项个数最少。

② 满足上述条件的前提下,每个"或"项中的变量个数最少。

这样可以保证相应逻辑电路中所需的门的数量以及门的输入端个数为最少。

公式法化简的基本方法主要有以下几种,举例说明如下。

(1) 并项法:利用互补律 $A+\overline{A}=1$

【例 4-3-9】 化简 $F = ABC + A(\overline{B}+\overline{C})$

解:$F = ABC + A\overline{BC} = A(BC+\overline{BC}) = A$

(2) 吸收法:利用公式 $A+AB=A$ 及多余项定理 $AB+\overline{A}C+BC=AB+\overline{A}C$

【例 4-3-10】 化简 $F_1 = AB + AB\overline{C} + ABD$,$F_2 = AC + \overline{C}D + ADE + ADG$

解:$F_1 = AB + AB\overline{C} + ABD = AB + AB(\overline{C}+D) = AB$

$\quad F_2 = AC + \overline{C}D + ADE + ADG$

$\quad\quad = AC + \overline{C}D + AD(E+G)$

$\quad\quad = AC + \overline{C}D$

(3) 消去法:利用公式 $A+\overline{A}B=A+B$

【例 4-3-11】 化简 $F = AB + (\overline{A}+\overline{B})C$

解:$F = AB + (\overline{A}+\overline{B})C$

$\quad\quad = AB + \overline{AB} \cdot C = AB + C$

(4) 配项法:利用公式 $A \cdot 1 = A, A + \overline{A} = 1, A + A = A, \overline{A} \cdot A = 0$ 及多余项定理

【例 4-3-12】 化简 $F = \overline{A}BC + A\overline{B}C + AB\overline{C} + ABC$。

解: $F = \overline{A}BC + A\overline{B}C + AB\overline{C} + ABC$

$\quad = (\overline{A}BC + ABC) + (A\overline{B}C + ABC) + (AB\overline{C} + ABC)$

$\quad = BC + AC + AB$

显然,使用配项法试探着进行化简,需要有一定的技巧,不然将越配越繁琐。

【例 4-3-13】 化简 $F = A\overline{B} + B\overline{C} + \overline{B}C + \overline{A}B$。

解: $F = A\overline{B} + B\overline{C} + \overline{B}C + \overline{A}B$

$\quad = A\overline{B} + B\overline{C} + \overline{B}C + \overline{A}B + A\overline{C}$ 先增加冗余项 $A\overline{C}$

$\quad = A\overline{B} + B\overline{C} + \overline{A}B + A\overline{C}$ 然后可消去 1 个冗余项 $B\overline{C}$

$\quad = B\overline{C} + \overline{A}B + A\overline{C}$ 再消去 1 个冗余项 $A\overline{B}$

(5) 直接运用基本定律及常用公式中的或-与形式:

多余项定理 $(A+B) \cdot (\overline{A}+C) \cdot (B+C) = (A+B) \cdot (\overline{A}+C)$,吸收律 $(A+B) \cdot (A+\overline{B}) = A$

【例 4-3-14】 化简 $F = (A+B)(A+\overline{B})(B+C)(A+C)$。

解: $F = (A+B)[(A+\overline{B})(B+C)(A+C)]$

$\quad = (A+B)(A+\overline{B})(B+C)$ 利用多余项定理

$\quad = A(B+C)$ 利用吸收律

(6) 若对公式中的或-与形式不熟悉,加之或-与书写不方便,可以采用两次对偶的方法。第一步:先求 F 的对偶式 F',对 F' 进行化简(用前面的方法)。第二步:再对 F' 求对偶,即得原函数 F 的最简或-与表达式。

【例 4-3-15】 化简 $F = (A+B)(A+\overline{B})(B+C)(A+C+D)$

解: $F' = AB + A\overline{B} + BC + ACD$

$\quad = A(B+\overline{B}) + BC$

$\quad = A + BC$

$\quad F = (F')' = A(B+C)$

代数法的优点是不受变量数目的限制,但要求读者对公式比较熟习,需要一定的技巧性,否则很难判定化简结果是否最简。

2. 逻辑函数的卡诺图化简法

卡诺图是逻辑函数的最小项方块图表示法,它用几何位置上的相邻,形象地表示了组成逻辑函数的各个最小项之间在逻辑上的相邻性。卡诺图是化简逻辑函数的重要工具。

(1) 卡诺图的结构

卡诺图是逻辑函数的最小项方块图表示法,对于 n 个变量的逻辑函数,共有 2^n 个最小项,需要用 2^n 个相邻的小方格表示。

画卡诺图时,首先画一个正方形或矩形图,在这个正方形或矩形图分割出 2^n 个小方格,n 为变量数,每个最小项对于一个小方格。然后,将输入变量分成两组,将每组中变量的所有取值按格雷码规律排序,即相邻两个编码只有一位状态不同。最后在每个方格单元中填入对于的最小项或变量取值或最小项编号。最小项的相邻关系能在图形上清晰地反映出来。下面分别介绍二变量到五变量的卡诺图画法。

① 二变量卡诺图

两个变量 A、B 可组成 4 个最小项：$m_0=\overline{A}\,\overline{B}$、$m_1=\overline{A}B$、$m_2=A\overline{B}$、$m_3=AB$。将输入变量分为两组，$A$ 为一组，B 为另一组，分别表示卡诺图的行和列。根据相邻，就可以画出如图 4-3-1 所示的卡诺图。

A \ B	$\overline{B}$	B
$\overline{A}$	$\overline{A}\,\overline{B}$	$\overline{A}B$
A	$A\overline{B}$	AB

(a)

A \ B	0	1
0	00	01
1	10	11

(b)

A \ B	0	1
0	m_0	m_1
1	m_2	m_3

(c)

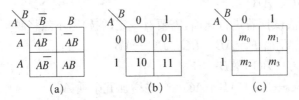

图 4-3-1　二变量卡诺图

从图 4-3-1 中看出，(a) 图中的方格内用最小项标识；(b) 图中的方格内用变量取值组合标识；(c) 图中的方格内用最小项编号标识。

② 三变量卡诺图

三变量 A、B、C 可组成 8 个最小项，所以卡诺图由 8 个方格构成。将输入变量分为两组，A 为一组，BC 为另一组，分别表示卡诺图的行和列，根据相邻，就可以画出如图 4-3-2 所示的卡诺图。

A \ BC	$\overline{B}\,\overline{C}$	$\overline{B}C$	BC	$B\overline{C}$
$\overline{A}$	$\overline{A}\,\overline{B}\,\overline{C}$	$\overline{A}\,\overline{B}C$	$\overline{A}BC$	$\overline{A}B\overline{C}$
A	$A\overline{B}\,\overline{C}$	$A\overline{B}C$	ABC	$AB\overline{C}$

A \ BC	00	01	11	10
0	000	001	011	010
1	100	101	111	110

A \ BC	00	01	11	10
0	m_0	m_1	m_3	m_2
1	m_4	m_5	m_7	m_6

图 4-3-2　三变量卡诺图

必须注意，图中变量组 BC 的 4 个取值，是按照格雷码的顺序排列(00、01、11、10)，这样才能保证卡诺图中每个小方块所代表的最小项在几何位置上的相邻性，而且同一行最左边方格和最右边方格的最小项也是相邻的。

③ 四变量卡诺图

四变量 A、B、C、D 可组成 16 个最小项，因此卡诺图由 16 个方格构成。将输入变量分为两组，AB 为一组，CD 为另一组，分别表示卡诺图的行和列，根据相邻性就可以画出如图 4-3-3 所示的卡诺图。

AB \ CD	00	01	11	10
00	0000 m_0	0001 m_1	0011 m_3	0010 m_2
01	0100 m_4	0101 m_5	0111 m_7	0110 m_6
11	1100 m_{12}	1101 m_{13}	1111 m_{15}	1110 m_{14}
10	1000 m_8	1001 m_9	1011 m_{11}	1010 m_{10}

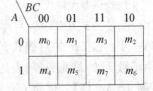

图 4-3-3　四变量卡诺图

必须注意，为保证相邻性，图中变量组 AB 的 4 个取值，按照格雷码的顺序排列(00、01、11、10)；同理，变量组 CD 的 4 个取值，也是按照格雷码的顺序排列(00、01、11、10)。这样才能保证卡诺图中每个小方块所代表的最小项在几何位置上的相邻性，每个最小项应有 4 个相邻最小项，如 m_4 的 4 个相邻最小项分别为 m_0、m_{12}、m_5、m_6。

这种相邻称为几何相邻，几何相邻包括三种情况：相接——紧接着；相对——任意一行或一列的两头；相重——将卡诺图对折起来位置重合，重合的最小项相邻，这种相邻称为重叠相邻。

④ 五变量卡诺图

当变量多于四个时,方格的数量变得很大,因此,卡诺图变得较复杂。五变量 A、B、C、D、E 卡诺图由 32 个方格组成,将输入变量分为两组,AB 为一组,CDE 为另一组,分别表示卡诺图的行和列,分别表示卡诺图的行和列,根据相邻性画出的卡诺图如图 4-3-4 所示。为了表示上的方便,图中的方格只标注最小项的下标,而省略了最小项的符号 m。

$AB \backslash CDE$	000	001	011	010	110	111	101	100
00	m_0	m_1	m_3	m_2	m_6	m_7	m_5	m_4
01	m_8	m_9	m_{11}	m_{10}	m_{14}	m_{15}	m_{13}	m_{12}
11	m_{24}	m_{25}	m_{27}	m_{26}	m_{30}	m_{31}	m_{29}	m_{28}
10	m_{16}	m_{17}	m_{19}	m_{18}	m_{22}	m_{23}	m_{21}	m_{20}

图 4-3-4　五变量卡诺图

必须注意,为保证相邻性,图中变量组 AB 的 4 个取值,按照格雷码的顺序排列(00、01、11、10);变量组 CDE 的 8 个取值,也要按照格雷码的顺序排列(000、001、011、010、110、111、101、100)。这样才能保证卡诺图中每个小方块所代表的最小项在几何位置上的相邻性。当变量个数增加到 6 个以上时,卡诺图结构很复杂,画起来很不方便。

(2)用卡诺图表示逻辑函数

① 从逻辑函数表达式到卡诺图。

首先将逻辑函数的表达式变换为最小项之和形式,然后在卡诺图上将最小项对应的小方格标以 1(简称 1 方格),把剩余的小方格标以 0(简称 0 方格)即可。有时 0 方格可不标出。

【例 4-3-16】　画出 $F(A,B,C)=AB+AC$ 的卡诺图。

解:将 $F(A,B,C)=AB+AC$ 变换成最小项表达式。

$$F(A,B,C)=AB+AC=AB(C+\bar{C})+AC(B+\bar{B})$$
$$=ABC+AB\bar{C}+A\bar{B}C=m_7+m_6+m_5=\sum m(5,6,7)$$

在实际操作过程中,也可以根据逻辑函数表达式,直接画出卡诺图。首先将逻辑函数转换成与-或表达式(不必换成最小项之和形式),然后在卡诺图中把每一个乘积项所包含的那些最小项(该乘积项就是这些最小项的公因子)处填 1,然后叠加起来,而剩下的填 0(可省略)。

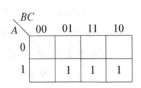

$A \backslash BC$	00	01	11	10
0				
1		1	1	1

图 4-3-5　例 4-3-16 的卡诺图

【例 4-3-17】　画出 $F(A,B,C)=\bar{A}C+AB+A\bar{B}C$ 的卡诺图。

解： $F(A,B,C) = \overline{A}C + AB + A\overline{B}\overline{C}$ 的卡诺图如图 4-3-6 所示。

② 从真值表到卡诺图。

已知逻辑函数真值表，首先根据逻辑函数的变量个数选择相应的卡诺图，然后根据真值表填写卡诺图中的每个小方块，即在对应于变量取值组合的每一个方块中，填入对应的函数值，函数值为 1 的填 1，为 0 的填 0（可省略），即得到逻辑函数的卡诺图。

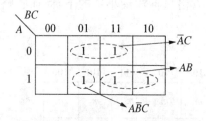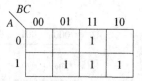

图 4-3-6　例 4-3-17 的卡诺图　　　图 4-3-7　例 4-3-18 的卡诺图

【例 4-3-18】　根据三人表决真值表（如表 4-1-5 所示），画出卡诺图。

解： 三人表决电路的卡诺图如图 4-3-7 所示。

（3）卡诺图上最小项的合并规律

从画卡诺图的规则可以知道，凡是两个相邻的小方格所表示的最小项之和都可以合并为一项，合并时能消去一个变量。下面分析最小项之和的规律。

① 两个小方格连在一起或处于某行（列）的两端时，可以合并。合并后可以消去一个变量。

图 4-3-8 中把能合并的小方格包围起来的圈，通常称为卡诺圈。合并时，保留相同的变量。图 4-3-8(a) 中 $m_4 + m_5 = A\overline{B}\overline{C} + A\overline{B}C = A\overline{B}$，图 4-3-8(b) 中 $m_3 + m_7 = \overline{A}BC + ABC = BC$，图 4-3-8(c) 中 $m_4 + m_6 = A\overline{B}\overline{C} + AB\overline{C} = A\overline{C}$。

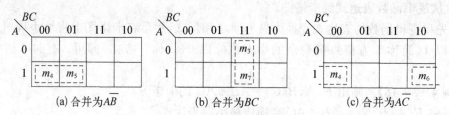

(a) 合并为 $A\overline{B}$　　　(b) 合并为 BC　　　(c) 合并为 $A\overline{C}$

图 4-3-8　两个相邻项合并

② 四个小方格组成一个大方格，或组成一行（列），或处于相邻两行（列）的两端，或处于4 个角，则可以合并，合并后可以消去两个变量，如图 4-3-9 所示。

一般地说，2^n 个最小项合并时可以消去 n 个变量，因为 2^n 个最小项（可以合并成一项时）相加，提出公因子后，剩下的 2^n 个乘积项，恰好是要被消去的 n 个变量的全部最小项，由最小项的性质知道，它们的和恒等于 1。

（4）用卡诺图化简逻辑函数

卡诺图最突出的优点是用几何位置的相邻表示了构成函数的各个最小项在逻辑上的相邻性，因此可以很容易地求出逻辑函数的最简与或式，使其在函数的化简和变换中得到广泛应用。利用卡诺图化简逻辑函数，一般可以按照以下步骤进行：

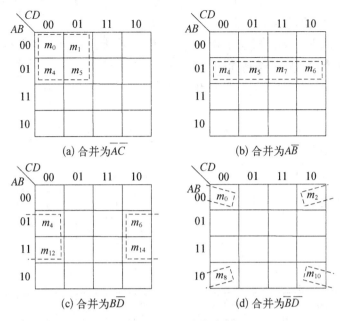

图 4－3－9　四变量合并

① 画卡诺图：将逻辑函数用卡诺图表示。

② 画卡诺圈：找出可以合并的相邻最小项，用圈包围起来，即对卡诺图上相邻 1 的方格画卡诺圈。

③ 合并最小项：将每个"卡诺圈"中的最小项合并。

④ 写出表达式：选择乘积项写出逻辑函数最简与-或表达式。

【例 4－3－19】　用卡诺图化简函数 $F(A,B,C,D)=A\bar{B}\bar{C}\bar{D}+\bar{A}B+\bar{A}\bar{B}\bar{D}+B\bar{C}+BCD$。

解： 由给定函数 $F(A,B,C,D)=A\bar{B}\bar{C}\bar{D}+\bar{A}B+\bar{A}\bar{B}\bar{D}+B\bar{C}+BCD$ 直接画卡诺图，如图 4－3－10 所示。

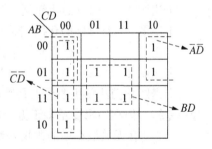

图 4－3－10　例 4－3－19 卡诺图

在卡诺图上画出卡诺圈，共有三个卡诺圈如图 4－3－10 所示。画卡诺圈时应遵循如下原则：

① 圈中"1"的个数必须为 2^i 个（$i=0,1,2\cdots$）。

② 圈中的"1"必须互相相邻。

③ 圈内"1"的个数要尽可能多。

④ 每个圈至少包含一个独立的"1"。

⑤ 卡诺图上所有的"1"都必须被圈过。

由图 4－3－10 所示卡诺图化简得到 $F=\bar{A}\bar{D}+BD+\bar{C}\bar{D}$。

在画卡诺圈时，还应注意如下几个问题：

① 卡诺圈越大越好：卡诺圈越大即乘积项中的变量数最少。

② 卡诺圈数越少越好：卡诺圈数越少即乘积项数最少。

③ 每一个卡诺圈至少应包含一个其他卡诺圈中不能包含进去的 1 方格，否则它是多余项。

④ 必须把组成函数的全部最小项(1 方格)圈完。当某 1 方格不与任何其他 1 方格相邻时,应将这 1 方格单独圈起来,如图 4-3-11(a)所示。

⑤ 有些情况下,最小项的圈法不止一种,因而与-或表达式也会各不相同。要看哪个最简,有时会出现几个表达式都是最简的情况。

⑥ 易被疏忽的问题:卡诺图中四个角上的最小项可以合并,如图 4-3-11(d)所示。

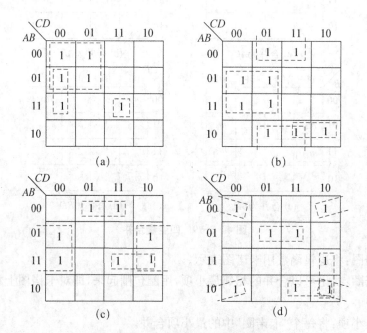

图 4-3-11 几种画卡诺圈的情况

卡诺图 4-3-11(a)化简结果为 $F=\overline{A}\overline{C}+B\overline{C}\overline{D}+ABCD$。

卡诺图 4-3-11(b)化简结果为 $F=B\overline{C}+\overline{B}D+A\overline{B}C$。

卡诺图 4-3-11(c)化简结果为 $F=B\overline{D}+\overline{A}\overline{B}D+ABC$。

卡诺图 4-3-11(d)化简结果为 $F=\overline{B}\overline{D}+\overline{A}BD+A\overline{B}C+AC\overline{D}$。

卡诺图化简法的主要优点是简单、直观、初学者容易掌握,而且在化简过程中,比较易于避免差错。但在逻辑变量多于五个以后,由于卡诺图过于复杂,就失去了简单、直观的优点。

(5) 具有无关最小项的逻辑函数的化简

前面介绍的化简逻辑函数的方法,只是针对孤立的单个函数,并且几个变量的逻辑函数与 2^n 个最小项都有关。实际设计中,情况往往要复杂得多。

① 无关项、约束项和任意项

在某些实际应用中,常常由于输入变量之间存在着某种相互制约或问题的某种特殊限制等,使得某种取值组合根本不会出现,如 8421 BCD 码中,1010～1111 这六种取值组合不会出现。或者虽然每种输入取值组合都可能出现,但对其中的某些输入取值组合使函数值为 1 还是为 0,并没有意义,需要对这些变量进行约束。这时,一个 n 变量的逻辑函数就不再与 2^n 个最小项都有关。

(a) 什么叫无关最小项?

与逻辑函数值无关的最小项,即不能决定逻辑函数取值的最小项称为"无关最小项"。

例如:A、B、C 分别表示某电机的"正转""反转"和"停止"的命令,$A=1$ 表示正转,$B=1$ 表示反转,$C=1$ 表示停止。显然,电机在任何时候只能执行一种命令,即电机不可能同时正转和反转。ABC 的取值只可能是"001、010、100"当中的一种,而不可能是"000、011、101、110、111"。将"000、011、101、110、111"这些最小项称为"无关最小项"。

(b) 什么叫约束条件?

在逻辑函数中,包含"无关最小项"的逻辑函数称为具有"约束条件"的逻辑函数。在上例中,设电机转动用 F 表示(1 电机运转,0 电机不转),A、B、C 表示"正转""反转"和"停止"($A=1$ 正转,$B=1$ 反转,$C=1$ 停止),则逻辑函数表达式应为 $F=\overline{A}B\overline{C}+A\overline{B}\,\overline{C}$。当 ABC 的取值为 001、010、100 时,$F=1$,而当 ABC 的取值为 000、011、101、110、111 时,F 没有意义。所以在逻辑函数表达式中就需要一个条件加以限制,称为"约束条件",表示为

$$\begin{cases} F=\overline{A}B\overline{C}+A\overline{B}\,\overline{C} \\ \overline{A}\,\overline{B}\,\overline{C}+\overline{A}BC+A\overline{B}C+AB\overline{C}+ABC=0 \end{cases}$$

也可表示为 $F=\sum m(2,4)+\sum d(0,3,5,6,7)$。

约束条件是由约束项(也称无关项)加起来构成的逻辑表达式,显然约束条件是一个恒为 0 的条件等式。

(c) 什么叫任意项?

有时也会遇到某些输入变量取值组合不影响输出函数的情况。例如,在 8421BCD 编码中,只定义了 0000~1001 编码组合,而 1010~1111 这六种取值与 8421BCD 编码无关,通常把与逻辑函数输出无关的最小项称为"任意项"。

在不严格区分时,约束项和任意项统称为无关项。无关是指把它们是否写入逻辑函数表达式中无关紧要,可以写也可以不写,在逻辑函数表达式中无关项通常用 Σd_i 表示,在真值表和卡诺图中用"×"表示无关项。

【例 4-3-20】　用 8421BCD 码表示十进制数,则四位 BCD 码输入 ABCD 有 0000,001,0010,0011,0100,0101,0110,0111,1000,1001,其中 1010,1011,1100,1101,1110,1111 六种组合不可能出现,它们与 8421BCD 码无关,是"无关最小项",请写出约束条件。

解:用 ABCD 表示四位 BCD 码,则约束条件写为

$$A\overline{B}C\overline{D}+A\overline{B}CD+AB\overline{C}\,\overline{D}+AB\overline{C}D+ABC\overline{D}+ABCD=0$$

② 无关项在化简逻辑函数中的应用

在化简逻辑函数表达式时,无关最小项是"1"或"0"对实际输出无影响,因此在化简逻辑函数表达式时,无关项既可以看作 1,也可以看作 0,可以根据能化得最简函数表达式的需要,来处理无关最小项。正是由于这种随意性,在化简中可以充分利用无关最小项,使函数表达式得到进一步化简。这一思想也就是具有"约束条件"的逻辑函数化简的依据。

化简的方法有公式法和卡诺图法。

(a) 公式法:在公式法中可以根据化简的需要加上或去掉约束条件,因为在逻辑表达式中,加上或去掉约束项,函数不受影响。

(b)卡诺图法:在卡诺图中画卡诺圈时,可根据化简的需要包含或不包含约束项,因为加入无关项应以得到的最小项包围圈最大、包围圈数目最少为原则。

【例 4 - 3 - 21】 化简逻辑函数 $F(A,B,C,D)=\sum m(1,3,5,7,9)+\sum d(10,11,12,$ $13,14,15)$。

解:画函数 F 的卡诺图如图 4 - 3 - 12 所示。

依据卡诺圈最大的原则,将 3 个无关最小项算 1,这样可以画出一个包含 8 个 1 的卡诺圈,其余无关项算 0。化简得到:$F(A,B,C,D)=D$。

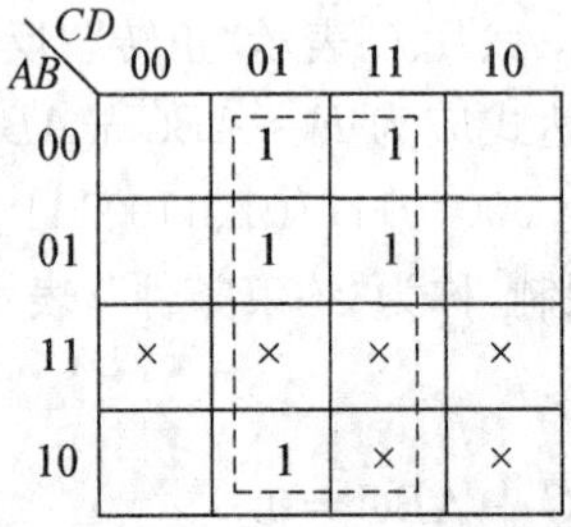

图 4 - 3 - 12　例 4 - 3 - 21 的卡诺图 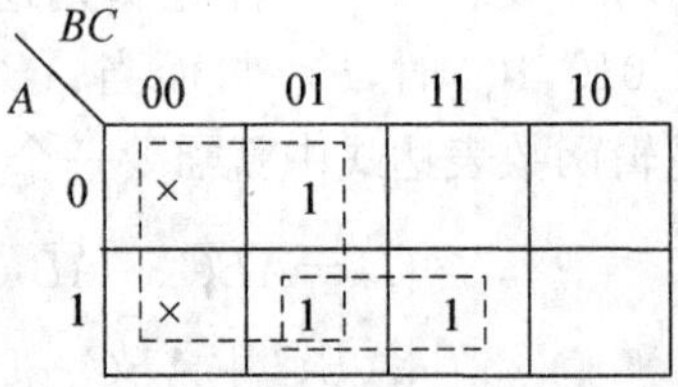　　图 4 - 3 - 13　例 4 - 3 - 22 的卡诺图

【例 4 - 3 - 22】　化简下列函数 $\begin{cases} F=AC+\overline{A}\,\overline{B}C \\ \overline{B}\,\overline{C}=0 \end{cases}$。

解法 1:公式法。

$$
\begin{aligned}
F &= AC+\overline{A}\,\overline{B}C+\overline{B}\,\overline{C} \\
  &= C(A+\overline{A}\,\overline{B})+\overline{B}\,\overline{C} \\
  &= C(A+\overline{B})+\overline{B}\,\overline{C} \\
  &= AC+\overline{B}C+\overline{B}\,\overline{C} \\
  &= AC+\overline{B}
\end{aligned}
$$

解法 2:卡诺图法。

画出卡诺图如图 4 - 3 - 13 所示,化简得到:$F=\overline{B}+AC$,可见用卡诺图法更简单、直观、易掌握。

(6) 具有多个输出逻辑函数的化简

一个具有相同输入变量而有多个输出的逻辑系统,如果只孤立地将单个输出函数化简,然后直接拼在一起,在多数情况下并不能保证这个多输出电路为最简。这是因为这种逻辑系统有时存在能够共享的部分。衡量多输出函数最简的标准:

① 所有逻辑表达式中包含的不同"与"项总数最少。

② 在满足上述条件的前提下,各不同"与"项中所含的变量总数最少。

下面以与-或表达式为例,介绍多输出函数的卡诺图化简法。

【例 4 - 3 - 23】　某一逻辑系统有四个输入信号 A、B、C、D,三个输出端 F_1、F_2、F_3。

$$
F_1(A,B,C,D)=\sum m(2,3,5,7,8,9,10,11,13,15)
$$
$$
F_2(A,B,C,D)=\sum m(2,3,5,6,7,10,11,14,15)
$$
$$
F_3(A,B,C,D)=\sum m(6,7,8,9,13,14,15)
$$

解:分别画出 F_1、F_2、F_3 的卡诺图,如图 4 - 3 - 14(a)、(b)、(c)所示。

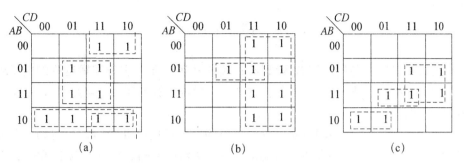

图 4 - 3 - 14　例 4 - 3 - 23 的卡诺图之一

若按单个函数的卡诺图分别化简,可得

$$F_1 = \overline{B}C + BD + A\overline{B}$$

$$F_2 = C + \overline{A}BD$$

$$F_3 = BC + A\overline{B}\,\overline{C} + ABD$$

三个函数表达式中共有 8 个不同的"与"项,各"与"项中所含的变量总输入端数为 18 个。若将三个函数的卡诺图综合考虑,可以发现存在很多公共项,即可以画出许多相同的圈。图 4 - 3 - 15(a)、(b)、(c)是在考虑了公共项的情况下重新画圈的卡诺图。

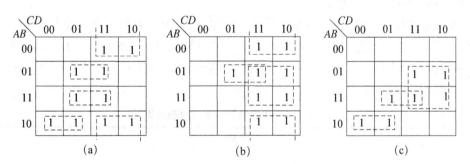

图 4 - 3 - 15　例 4 - 3 - 23 的卡诺图之二

由图 4 - 3 - 15 得到的函数化简式为

$$F_1 = \overline{B}C + \overline{A}BD + ABD + A\overline{B}\,\overline{C}$$

$$F_2 = \overline{B}C + \overline{A}BD + BC$$

$$F_3 = A\overline{B}\,\overline{C} + BC + ABD$$

该组表达式中共含有 5 个不同的"与"项,各不同"与"项中所含的变量总输入端数是 13。尽管每一个输出不是最简化的,但从电路整体看,却是一个最简化的电路。

应该指出:多输出逻辑函数的化简较为复杂,至今尚未总结出一套完整的理论。用卡诺图化简的方法仅适用于较为简单的情况,简化的要点在于充分利用公共项。但是卡诺图主要依赖人们对图形的直观能力,有时也不能保证求得的逻辑网络是最简化的,望读者注意。

4.4 逻辑门电路

逻辑代数中的基本逻辑运算有逻辑与、逻辑或和逻辑非。实现逻辑运算的电子电路称为逻辑门电路,例如:实现与运算的叫与门电路,实现或运算的叫或门电路,实现非运算的叫非门电路(也叫作反相器)。

按电路的构成形式,逻辑门电路可分为"分立元件"门电路和"集成"门电路。分立元件门电路,就是用分立的元件和导线连接起来构成的逻辑门电路。集成门电路,就是把构成门电路的元器件和连线都制作在一块半导体芯片上,再封装起来,便构成了集成门电路;现在使用最多的是 TTL 和 CMOS 集成门电路。

逻辑门电路在实现逻辑运算时,其输入、输出量均以电压(以伏特 V 为单位)或逻辑电平(高电平 H,低电平用 L)表示。

(1) 关于高、低电平的概念

电平是指一定的电压范围(而不是一个固定不变的数值),高电平和低电平在逻辑电路中分别代表两段电压范围,表示两种不同的状态。例如,在"分立元件"二极管与门电路中,规定高电平 H≥2 V,低电平 L≤0.7 V。又例如,在"集成"TTL 电路中,通常规定高电平 H 为 2~5 V 电压范围,低电平 L 为 0~0.8 V 电压范围。

(2) 关于逻辑状态的赋值

在逻辑电路中,用逻辑 0 和逻辑 1 分别表示输入、输出低电平 L 和高电平 H,这个转换过程称为逻辑赋值。经过逻辑赋值之后可以得到逻辑电路的真值表,便于进行逻辑分析。例如,某逻辑电路有输入信号 A、B,输出信号 F,其电压值、逻辑及通过逻辑赋值后的真值表见表 4-4-1。

表 4-4-1 逻辑电路中逻辑状态的表示

电压值			逻辑			真值		
A	B	F	A	B	F	A	B	F
0 V	0 V	0 V	L	L	L	0	0	0
0 V	3 V	2.3 V	L	H	H	0	1	1
3 V	0 V	2.3 V	H	L	H	1	0	1
3 V	3 V	2.3 V	H	H	H	1	1	1

(3) 关于正逻辑和负逻辑

用逻辑 1 表示高电平,逻辑 0 表示低电平,称为正逻辑体系。若用逻辑 1 表示低电平,逻辑 0 表示高电平,称为负逻辑体系。本文所述逻辑在没有特别说明的情况下,均采用正逻辑体系。

4.4.1 基本逻辑门电路

1. 二极管与门电路

用二极管实现的与门逻辑的电路如图 4-4-1 所示,A、B 为两个输入端,F 为输出端。

　　设 E_C 为 $+12$ V，A、B 为输入端高、低电平分别 3 V 和 0 V，二极管 D_1、D_2 的正向导通压降为 0.7 V。

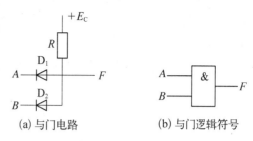

图 4 - 4 - 1　二极管与门电路

　　(1) 当 A、B 为输入端都接高电平 $U_A = U_B = +3$ V 时，二极管 D_1、D_2 都正向导通，输出电压 $U_F = U_A + U_D = 3.7$ V，输出高电平。

　　(2) 当 A、B 为输入端都接低电平 $U_A = U_B = 0$ V 时，二极管 D_1、D_2 都正向导通，则 $U_F = U_A + U_D = 0.7$ V，输出低电平。

　　(3) 当 A、B 输入端中有一个接在高电平，另一个接在低电平。设 $U_A = 3$ V，$U_B = 0$，二极管 D_2 导通，使 F 点 $U_F = U_B + U_D = 0.7$ V，输出低电平，二极管 D_1 截止。同理，$U_A = 0$，$U_B = 3$ V，D_1 导通，D_2 截止，输出也为低电平。

　　该电路输入 A、B 和输出 F 的电压取值关系见表 4 - 4 - 2 所示，如果用逻辑 1 表示高电平，逻辑 0 表示低电平，这样该电路输入和输出之间的逻辑取值关系见表 4 - 4 - 3。与门的逻辑表达式为 $F = A \cdot B$。

表 4 - 4 - 2　与门电路的电压关系

U_A(V)	U_B(V)	U_F(V)
0	0	0.7
0	3	0.7
3	0	0.7
3	3	3.7

表 4 - 4 - 3　与门的真值表

A	B	F
0	0	0
0	1	0
1	0	0
1	1	1

2. 二极管或门电路

用二极管实现或门逻辑的电路如图 4 - 4 - 2 所示。

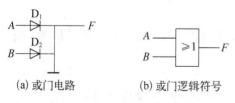

(a) 或门电路　　(b) 或门逻辑符号

图 4 - 4 - 2　二极管或门电路

　　(1) 当 A、B 为输入端都接高电平 $U_A = U_B = +3$ V 时，二极管 D_1、D_2 都正向导通。$U_F = U_A - U_D = 2.3$ V，输出高电平。

　　(2) 当 A、B 为输入端都接低电平，$U_A = U_B = 0$ V，二极管 D_1、D_2 都截止，则 $U_F = 0$ V，输出低电平。

　　(3) 当 A、B 为输入端有一接在高电平，另一个接在低电平，如 $U_A = +3$ V，$U_B = 0$，二极管 D_1 导通，则 $U_F = U_A - U_D = 2.3$ V，输出高电平，二极管 D_2 截止。同理，$U_A = 0$，$U_B = +3$ V，D_2 导通，D_1 截止，输出也为高电平。

　　表 4 - 4 - 4 和表 4 - 4 - 5 给出了该电路输入 A、B 和输出 F 的电压关系及它们的真值表。或门的逻辑表达式为 $F = A + B$。

表 4-4-4　或门电路的电压关系

$U_A(V)$	$U_B(V)$	$U_F(V)$
0	0	0
0	3	2.3
3	0	2.3
3	3	2.3

表 4-4-5　或门的真值表

A	B	F
0	0	0
0	1	1
1	0	1
1	1	1

3. 三极管与门电路

用 NPN 型三极管实现非门逻辑电路如图 4-4-3 所示，A 为输入信号，F 为输出信号。

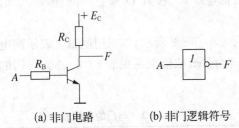

(a) 非门电路　　　(b) 非门逻辑符号

图 4-4-3　三极管非门电路

(1) 当 A 输入端都接高电平 $U_A=3$ V 时，三极管饱和导通，$U_F=U_{CES}=0.1$ V，输出低电平。

(2) 当 A 输入端都接低电平 $U_A=0$ V 时，三极管截止，$U_F=+E_C=5$ V，输出高电平。

表 4-4-6 和表 4-4-7 给出了该电路输入 A 和输出 F 的电压关系及它们的真值表。非门的逻辑表达式为 $F=\overline{A}$。

表 4-4-6　非门电路的电压关系

$U_A(V)$	$U_F(V)$
0	5
3	0.1

表 4-4-7　非门的真值表

A	F
0	1
1	0

【例 4-4-1】 图 4-4-3(a)中，已知 $+E_C=5$ V，$R_C=1$ kΩ，$R_B=4.7$ kΩ，三极管为硅管，$\beta=20$，三极管饱和压降 $U_{CES}=0.1$ V。求当输入电压 $U_A=3$ V 及 $U_A=0$ V 时，三极管输出 U_F 的电压。

解： 三极管有三种工作状态(放大状态、饱和状态、截止状态)。首先要计算三极管工作在饱和状态时的临界条件：

$$I_{CS}=\frac{E_C-U_{CES}}{R_C}=\frac{5-0.1}{1}=5 \text{ mA} \quad (三极管饱和时的集电极电流)$$

$$I_{BS}=\frac{I_{CS}}{\beta}=\frac{5}{20}=0.25 \text{ mA} \quad (三极管临界饱和时的基极电流)$$

① 当输入电压 $U_A=3$ V 时：

$$I_B=\frac{U_A-U_{BE}}{R_B}=\frac{3-0.7}{4.7}=0.49 \text{ mA}$$

因为 $I_B \geqslant I_{BS}$，所以三极管处于饱和状态，故输出 $U_F=U_{CES}=0.1$ V。

② 当输入电压 $U_A=0$ V 时,三极管基极不导通 $I_B=0$,三极管处于截止状态 $I_C=0$,所以输出 $U_F=+E_C=5$ V。

4.4.2　TTL 集成逻辑门电路

集成逻辑门电路,就是把构成逻辑门的电路集成在一块半导体芯片上,再封装起来,在芯片的外部仅引出输入、输出、电源等引脚,便构成了集成逻辑门,其特点是使用方便,可靠性高。目前工程上应用最多的是 TTL 和 CMOS 集成电路,集成电路的制作工艺非常复杂,读者可以通过查阅相关资料进行了解。

根据在一个一定面积的半导体芯片上包含元件数量的多少(又称集成度),集成电路通常有小规模(SSI)、中规模(MSI)、大规模(LSI)和超大规模(VLSI)之分。目前,TTL 电路广泛应用于中、小规模集成电路中。

为了方便读者理解,本文从最简单的小规模 TTL 集成逻辑非门入手,通过分析内部电路的工作原理,引出集成逻辑门电压的传输特性及相关参数,介绍开门电平、开门电阻、关门电平、关门电阻、噪声容限等基本概念,目的就是使读者能了解集成逻辑门的特性,为设计逻辑系统及工程应用打好理论基础。

1. TTL 非门电路的结构

TTL 集成逻辑门电路的输入和输出结构均采用半导体三极管,所以称它为晶体管–晶体管(transistor-transistor logic)逻辑门电路,简称 TTL 电路。TTL 非门电路(反相器)是最简单的逻辑门,通过分析 TTL 非门内部电路及工作原理,重点掌握其特性曲线和主要参数。

图 4-4-4(a)所示电路为 TTL 非门电路。在该电路中,T_1、T_2、T_3、T_4 为三极管,D 为二极管。T_1、R_1 组成输入级电路;T_2、R_2、R_3 组成中间级,在 T_2 的集电极、发射极可得两个相位相反的信号;T_3、T_4、D、R_4 为输出级,其中 T_3 为 T_4 的有源负载,既可提高电路的带负载能力,又可改善开关特性。TTL 电路采用低电压电源 $+E_C=+5$ V 供电。图 4-4-4(b)为非门逻辑符号。

2. TTL 非门电路的工作原理

以图 4-4-4 所示的 TTL 非门电路来讨论其工作原理。

(1) 当 A 输入高电平时,设 $U_I=3.6$ V。T_1 处于倒置工作状态,发射结反偏,集电结处于正偏状态(集电结 PN 导通),此时三极管 T_2 和 T_4 工作在饱和状态。T_1 基极电压为

$$U_{B1}=U_{BC1}+U_{BE2}+U_{BE4}=0.7+0.7+0.7=2.1 \text{ V}$$

T_4 集电极输出为低电平,$U_O=U_{CE4S}=0.3$ V(U_{CES} 为三极管饱和导通电压)。

(2) 当 A 输入低电平时,设 $U_I=0.3$ V。T_1 发射结导通,T_1 基极电压为

$$U_{B1}=0.3 \text{ V}+U_{BE1}=0.3 \text{ V}+0.7 \text{ V}=1 \text{ V}$$

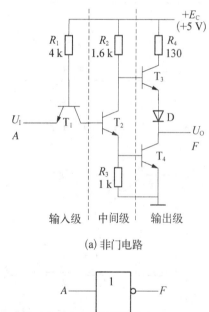

(a) 非门电路

(b) 非门逻辑符号

图 4-4-4　TTL 非门电路

此时 T_1 工作在饱和状态,$U_{C1}=U_A+U_{CE1S}=0.3+0.3=0.6$ V,所以 $U_{B2}=0.6$ V 不足以使 T_2 发射结正偏,导致 T_2 和 T_4 三极管均工作在截止状态。T_2 截止使 T_3 的基极电压升高(接近 $+5$ V),T_3 和 D 导通,T_4 集电极输出高电平,$U_O=U_{B3}-U_{BE3}-U_D\approx5$ V -0.7 V -0.7 V $=3.6$ V。

(3) 采用推拉式输出级利于提高开关速度和负载能力。

T_3 三极管构成了射极输出器结构,优点是既能提高开关速度,又能提高负载能力。

当输入 A 高电平时,T_2 三极管工作在饱和状态,使 T_3 三极管基极电压 $U_{B3}=U_{C2}=U_{CE2S}+0.7$ V $=0.3+0.7=1$ V,导致 T_3 和 D 截止。而 T_4 三极管工作在饱和状态,T_4 的集电极电流可以全部用来驱动负载(灌电流:外负载电流从 F 往内部流入)。当输入低电平时,T_4 工作在截止状态,T_3 导通(为射极输出器),其输出电阻很小,带负载能力很强(拉电流:内部电流从 F 往外负载流出)。可见,无论输入如何,T_3 和 T_4 总是一管导通而另一管截止,这种推拉式工作方式,带负载能力很强。

(4) TTL 非门电路各晶体三极管的工作情况见表 4-4-8。

表 4-4-8　TTL 非门电路各三极管的工作情况

输入 U_I	T_1	T_2	T_3	T_4	输出 U_O
高	倒置	饱和	截止	饱和	低
低	深饱和	截止	微饱和	截止	高

3. TTL 非门的传输特性

TTL 非门的电压传输特征如图 4-4-5 所示,图中曲线大体可分成四段:AB、BC、CD、DE。

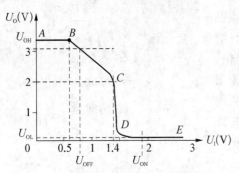

图 4-4-5　TTL 非门的电压传输特性

(1) AB 段:输入电压 $U_I<0.6$ V。输入为低电平,T_1 三极管工作在深饱和状态,T_2、T_4 三极管工作在截止状态,T_3 三极管工作处理微饱和状态,二极管 D 导通,输出 $U_O=U_{OH}=3.6$ V。此时三极管 T_4 截止,称为"关门"状态,亦即输入低电平输出高电平的状态。

(2) BC 段:$U_I=0.6\sim1.4$ V。输入电压大于标准的低电平。这时 T_1 三极管集电极电压 $U_{C1}\approx0.6\sim1.4$ V。因为 $U_{B2}=U_{C1}$,当 $U_{B2}>0.6$ V 时,三极管 T_2 开始导通,集电极电压 U_{C2} 随 U_{C1} 的上升而下降,而经过 T_3、D 使 U_O 随 U_{C2} 的下降而下降。所以,出现了 BC 段 U_O 随 U_I 升高而下降的情况。在这一过程段,由于三极管 T_4 基极电压 $U_{B4}<0.7$ V,故 T_4 仍然截止。当输出电平下降到 $U_{OH}\times90\%\approx3.2$ V 时,所对应的输入电平称为关门电平 U_{OFF},U_{OFF} 约为 0.8 V。

(3) CD 段:$U_I\approx1.4$ V。三极管 T_2 集电极电流增大,以至于使三极管 T_4 基极电压 U_{B4} 达到 0.7 V 左右,使 T_4 很快由导通状态进入饱和状态,使输出电压 U_O 幅度明显下降,这一段为电压传输特性的转折区。

(4) DE 段:$U_I\gg1.4$ V。三极管 T_4 饱和导通,三极管 T_3 截止。输入电压的增加对输出电压影响不大。$U_O=U_{OL}\approx0.35$ V,属于非门的开门状态,亦即输入高电平输出低电平的状态。对应于 $U_O \approx 0.35$ V 时的最低输入电平称为开门电平 U_{ON}，U_{ON} 约为 1.8 V。

从电压传输特性可以看出，所谓输入低电平，输出就为高电平，此低电平可以有一定范围（如小于等于 0.6 V）。输入高电平，输出就为低电平，这里的高电平也有一个范围（如大于 1.4 V）。在给定高、低电平的条件下，就决定了抗干扰能力。在电压传输特性曲线上可以求出其抗干扰的容限（或称噪声容限）。

4. TTL 非门的性能指标

(1) 输出高、低电平

输出高电平是输入端有低电平时输出端得到的电平，典型的数值为 $U_{OH} = 3.6$ V。它是在输入端接地，输出空载时测得的。

输出低电平是输入为高电平时的输出电平，典型的数值为 $U_{OL} \leqslant 0.35$ V。它是在输入端接开门电平（如 1.8 V），输出端接额定负载 R_L 时测得的。例如，灌电流 $I_L = 12$ mA，则额定负载 R_L 为

$$R_L = \frac{E_C - U_{OL}}{I_L} = \frac{5 - 0.35}{12} \approx 387 \ \Omega$$

只要测得 $U_{OL} \leqslant 0.35$ V 就合格。

原则上，输出高、低电平的实际取值范围必须确保能正确地标识出逻辑值 1 和 0，以免造成错误的逻辑操作。一般来说，输出高电平与低电平之间的差值越大越好，因为两者相差越大，逻辑值 1 和 0 的区别就越明显，电路工作也就越可靠。

(2) 输入短路电流 I_{IS}

当输入端接地，流入接地输入端的电流为输入短路电流 I_{IS}，典型的数值为 $I_{IS} \leqslant 2.2$ mA。

(3) 输入漏电流 I_{IH}

当输入端接高电平，流入接高电平输入端的电流为输入漏电流，典型的数值为 $I_{IH} \leqslant 70$ mA。

将输入电压与输入电流之间的关系画一条曲线，就得到如图 4-4-6 所示的输入特性曲线，在该曲线上可以找到 I_{IS} 和 I_{IH}。

(4) 开门电平 U_{ON}、开门电阻 R_{ON}

在保证输出 U_O 为额定低电平 U_{OL}（如 0.35 V）时的条件下，允许的最小输入高电平的数值，称为开门电平 U_{ON}，一般要求 $U_{ON(min)} = 1.8$ V。

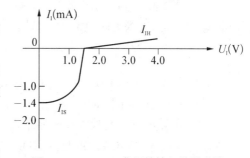

图 4-4-6　TTL 非门的输入特性曲线

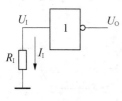

图 4-4-7　TTL 非门的输入端接电阻

如果在输入端不接电平，而是接一个电阻 R_I，如图 4-4-7 所示。通过输入回路的分析，在这电阻上会有一个电压降 U_I，相当有一个于输入电压，典型的数值不能小于 $U_{ON} = 1.8$ V。在保证输出 U_O 为额定低电平 U_{OL}（如 0.35 V）时的条件下，电阻 R_I 的最小值，称为开门电阻 R_{ON}，典型的数值 $R_{ON} = 2.2$ kΩ。

(5) 关门电平 U_{OFF}、关门电阻 R_{OFF}

在保证输出 U_O 为额定高电平 U_{OH}（如 3.2 V）的条件下，允许的最

大输入低电平的数值,称为关门电平 U_{OFF},一般要求 $U_{\text{OFF(max)}}=0.8\text{ V}$。

如果在输入端接一个电阻 R_{I},在电阻上就会有一个电压降 U_{I},相当于有一个输入电压,典型的数值不能大于 $U_{\text{OFF}}=0.8\text{ V}$。在保证输出 U_{O} 为额定高电平 U_{OH} 时的条件下,电阻 R_{I} 的最大值,称为关门电阻 R_{ON},典型的数值 $R_{\text{OFF}}=0.8\text{ k}\Omega$。

(6)阈值电压 U_{TH}

电压传输特性曲线转折区中点所对应的 U_{I} 值称为阈值电压 U_{TH}(又称门槛电平),通常 $U_{\text{TH}}\approx1.4\text{ V}$。在某些资料中,有时为了描述方便,通常将输入电压 U_{I} 与阈值电压 U_{TH} 做比较,当 $U_{\text{I}}>U_{\text{TH}}$ 时,输出低电平;当 $U_{\text{I}}>U_{\text{TH}}$ 时,输出高电平。

(7)噪声容限(V_{NL} 和 V_{NH})

噪声容限也称抗干扰能力,它反映门电路在多大的干扰电压下仍能正常工作。V_{NL} 和 V_{NH} 越大,电路的抗干扰能力越强,如图 4-4-8 所示。

① 低电平噪声容限(低电平正向干扰范围)

$$V_{\text{NL}}=U_{\text{OFF(max)}}-U_{\text{IL}}$$

U_{IL} 为电路输入低电平的典型值(0.3 V),若 $U_{\text{OFF}}=0.8\text{ V}$,则有 $V_{\text{NL}}=0.8-0.3=0.5\text{ V}$。

② 高电平噪声容限(高电平负向干扰范围)

$$V_{\text{NH}}=U_{\text{IH}}-U_{\text{ON(min)}}$$

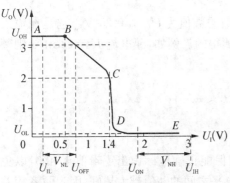

图 4-4-8 TTL 非门噪声容限

U_{IH} 为电路输入高电平的典型值(3 V),若 $U_{\text{ON}}=1.8\text{ V}$,则有 $V_{\text{NH}}=3-1.8=1.2\text{ V}$。

(8)扇出系数 N

扇出系数表示非门输出端最多能接几个同类门的个数,它表征了带负载的能力。设额定灌电流为 I_{L},输入短路电流为 I_{IS},则:

$$N=I_{\text{L}}/I_{\text{IS}}$$

一般希望 N 越大越好,典型的数值为 $N>8$。

(9)平均传输时间 t_{pd}

TTL 电路的状态转换需要一定的时间,即输入电平变化时,输出电平不能立即响应输入信号的变化,而是有一定的延迟时间。这是由器件本身的物理特性所决定的。平均延迟时间 t_{pd} 是反映电路工作速度的重要指标。

如图 4-4-9 所示,由于 TTL 电路中输出级 T_4 导通时工作在深饱和状态,所以输出电压由低电平变为高电平的传输时间 t_{PLH} 略大于输出电压由高电平变为低电平的传输时间 t_{PHL}。平均延迟时间 t_{pd} 则定义为 t_{PLH} 和 t_{PHL} 的平均值,即

$$t_{\text{pd}}=(t_{\text{PLH}}+t_{\text{PHL}})/2$$

显然,平均延迟时间越小,门电路的响应速度越

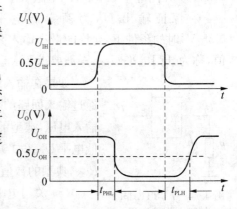

图 4-4-9 TTL 非门的传输时间

快。一般 TTL 非门的平均延迟时间在 $10 \sim 40$ ns 之间。

(10) 功耗 P

功耗是指门电路本身在工作时所消耗的电功率,它等于电源电压 E_c 和电源电流 I_c 的乘积,即 $P = E_c \cdot I_c$。逻辑门门电源电压是固定的,而工作时的电流、电压却并不是常数,且与电路的工作状态有关,因而门电路的功耗也不是恒定的。一般在输出为低电平时电路内导通的管子多,电流大,这时的功耗大;而当输出为高电平时,电路内管子大都截止,电流小,这时功耗也小。此外,门电路的功耗还与其所带负载有关。测量非门功耗时,将输入端接高电平或开路,输出空载,从电流表读出总电流 I_c 再与 E_c 相乘即得非门的空载导通功耗。一般,TTL 非门的空载导通功耗 $P \leqslant 50$ mW。而输入端接低电平,输出高电平时的功耗为空载截止功耗,产品说明书中一般只给出空载导通功耗。

5. TTL 与非门

在实际的逻辑电路中,需要实现的逻辑功能往往是多种多样的。在 TTL 门电路的系列产品中,还有与非门、或非门、与或非门、异或门等。虽然门的种类很多,但它们的电路结构基本相同。因此,只要掌握了非门电路的工作原理和分析方法就不难对其他类型的门电路进行分析,下面简单介绍一下 TTL 与非门电路。

图 $4-4-10$ 所示电路为 TTL 与非门电路。在该电路中,T_1 为多发射极三极管,从电平偏移的角度,T_1 的作用相当于多个二极管做在一个芯片上,几个二极管并联,构成了一个晶体管的多发射极。当 A、B、C 中有一个为低电平时,T_1 三极管导通;当 A、B、C 全部为高电平时,T_1 三极管倒置工作状态,其工作原理同"非门电路"。

上述 TTL 非门、与非门电路,只是一种最简单的电路结构,旨在了解其基本工作原理,实际应用中的电路要复杂很多。随着集成电路技术的发展,围绕提高工作速度、加强抗干扰能力、降低功耗等方面,提出了许多改进型电路。例如:增加有源泄放电路,提高开关速度,提高电路的抗干扰能力,改善温度特性;利用肖特基二极管特性,增加抗饱和电路,进一步提高开关速度。此外,为了提高门电路的开关速度,除了在 TTL 电路的基础上做某些改进之外,有一种新型的高速数字集成电路,这就是发射极耦合逻辑电路(简称为 ECL 电路),ECL 电路的主要优点是开关时间短、带负载能力强。限于篇幅,这些改进型电路不再一一展开,请读者查阅相关专业资料。

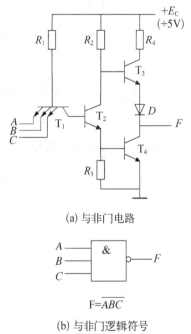

(a) 与非门电路

$$F = \overline{ABC}$$

(b) 与非门逻辑符号

图 $4-4-10$ TTL 与非门电路

4.4.3 集电极开路门(OC 门)及应用

用逻辑门组成各种类型的逻辑系统时,如果可以将两个或两个以上逻辑门的输出端直接并联使用,就可以对简化电路有很多帮助。

但前面介绍的逻辑门电路,若将逻辑门输出端直接并联使用,会出现问题。例如,假设第一个门电路的输出 F_1 为高电平,第二个门电路的输出 F_2 为低电平,则在两个门电路的输

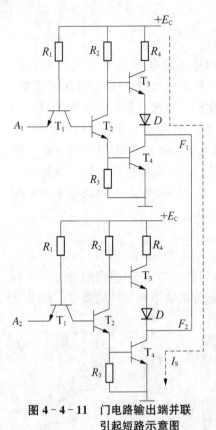

图 4-4-11　门电路输出端并联引起短路示意图

出电路上将有可能流过如图 4-4-11 所示的短路电流 I_S,该电流有可能使门电路的输出级因过流而损坏。由此可得,这种采用推拉式工作(T_3 和 T_4 总是一管导通而另一管截止)输出级的门电路,其输出端不能并联使用。

1. OC 门电路的组成

若将图 4-4-11 所示的电路中的输出级三极管 T_3 及周围元件去掉,将三极管 T_4 的集电极开路,就可以组成集电极开路的逻辑门电路,简称 OC 门。

集电极开路门电路(以非门为例)的组成如图 4-4-12(a)所示,图 4-4-12(b)是集电极开路门的逻辑符号。

2. 用 OC 门实现"线与"

在实际使用中,有时需要将多个逻辑门的输出端直接相连,用 OC 门就可以实现两个输出信号之间的关系称为线与。

OC 门电路因为输出三极管 T_4 的集电极是开路的,所以 OC 门电路的输出端可以并联使用。由图 4-4-12 知道,因为三极管 T_4 的集电极开路,门电路输出高电平信号必须通过如图 4-4-13 所示外接负载电阻 R 和电源 $+E_C$ 来提供。因为负载 R 的作用相当于三极管 T_4 截止时,将三极管 T_4 的电位提高,使门电路能够输出高电平信号,所以负载电阻 R 又称为上拉电阻。

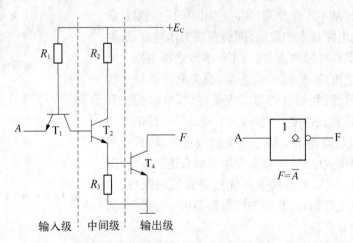

(a) 集电极开路非门电路　　(b) 集电极开路非门逻辑符号

图 4-4-12　TTL 集电极开路非门电路

在图 4-4-13 中,若两个 OC 门的输出信号为 F_1、F_2 并联使用,并联后的输出电压为 F,则它们之间的逻辑关系见表 4-4-9。

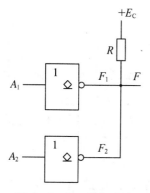

表 4-4-9　线与电路的真值表

F_1	F_2	F
0	0	0
0	1	0
1	0	0
1	1	1

图 4-4-13　线与电路

$F = F_1 \cdot F_2$，即两个 OC 门输出并联使用，其结果等效于"与"逻辑关系。

【例 4-4-2】　如图 4-4-14 所示，写出输出 F 的逻辑函数表达式。

解：　　$F_1 = \overline{AB}$

$F_2 = \overline{CD}$

$F = F_1 \cdot F_2$

$F = \overline{AB} \cdot \overline{CD} = \overline{AB + CD}$

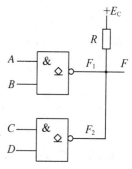

图 4-4-14　线与电路

线与电路的输出端可以接多个门电路的输入端，要考虑上拉电阻 R 的大小。设有 n 个 OC 与非门线与，负载接有 p 个与非门的 m 个输入端，图 4-4-15(a)、(b) 分别表示了输出高电平和输出低电平的两种情况。

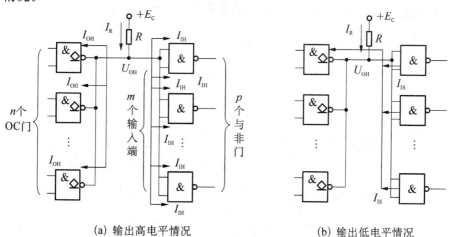

(a) 输出高电平情况　　　　　(b) 输出低电平情况

图 4-4-15　上拉电阻 R 值的计算

由图 4-4-15(a) 可得

$$R_{\max} = \frac{E_C - U_{OH}}{nI_{OH} + mI_{IH}}$$

由图 4-4-15(b) 可得

$$R_{\min} = \frac{E_C - U_{OL}}{I_{OL} - pI_{IS}}$$

$$R_{\min} \leqslant R \leqslant R_{\max}$$

式中，I_{OH} 为 OC 门输出截止时的漏电流；I_{IH} 为负载管输入漏电流；I_{OL} 为 OC 门所允许的最大负载电流；I_{IS} 为负载管输入短路电流；p 为负载门的个数。在计算 $R_{\min}$ 时，考虑最坏的情况，即只有一个 OC 门输出低电平，电流全流入该 OC 门，其他 OC 门输出情况不予考虑。

4.4.4 三态输出门(TS 门)及应用

在普通逻辑门的基础上，增加一个控制电路即可组成三态门电路，它的输出有三种状态：高电平、低电平、高阻状态(或禁止状态)。

1. 三态门的电路的组成

三态门电路的组成如图 4 - 4 - 16(a)所示，图 4 - 4 - 16(b)是三态门的逻辑符号。

① 若在 $\overline{EN}$ 的控制端加低电平 0，低电平经非门电路后，使二极管 D_1 负极为高电平，二极管 D_1 因反向偏置而截止，$\overline{EN}$ 控制端输入的信号对逻辑门不影响。此时，三态门相当于一个普通逻辑门，输出与输入之间的关系：$F = \overline{A}$。

② 若在 $\overline{EN}$ 控制端加高电平信号 1，高电平信号经非门电路后，使二极管 D_1 的负极为低电平，二极管 D_1 因正向偏置而导通，三极管 T_2 的集电极和 T_3 的基极电位被嵌位在低电平，三极管 T_3 和 T_4 同时截止，逻辑电路的输出 F 对电源和地而言都是"断开"的，就好像 F 与内部电路是"断开"的，称为高阻状态，用 Z 表示，逻辑门输出的状态为不受输入信号影响，输出逻辑关系的表达式：$F = Z$。

由上面讨论可知，图 4 - 4 - 16(a)所示电路的输出状态除了逻辑门的高、低两个状态以外，还有高阻的第三个状态 Z，所以这种电路称为三态门电路。

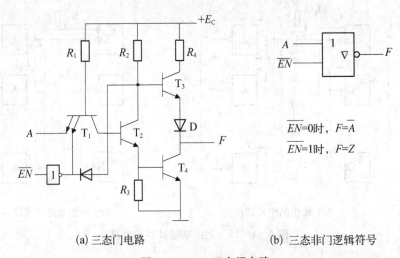

(a) 三态门电路 (b) 三态非门逻辑符号

图 4 - 4 - 16 三态门电路

三态门电路输出的状态受 $\overline{EN}$ 端控制，当 $\overline{EN}$ 为低电平 0 时，三态门是一个正常的逻辑门；当 $\overline{EN}$ 为高电平 1 时，三态门输出信号为不变，处于高阻状态。所以，$\overline{EN}$ 控制端又称为使能端，也称为选通端，在"$\overline{EN}$"符号上有一个非号，表示低电平有效。

2. 三态门的应用

计算机内部通过总线进行数据传输,这种总线称为数据总线,数据总线就是利用三态门电路的特点,来实现数据单向或双向传输。

(1) 总线单向传输

图 4 - 4 - 17(a)所示为单向总线原理图,图中有 n 个数据共用一根总线,每一时刻只能有一个信号往总线上送。所以,每一时刻只允许一个三态门的选通信号有效(低电平 0)。即选通端为低电平信号的那个三态门被选通,被选通的三态门向总线上传输数据,其他三态门处于高阻状态。

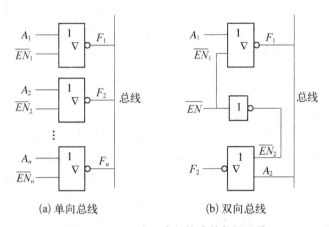

(a) 单向总线　　　　　　　(b) 双向总线

图 4 - 4 - 17　由三态门构成的数据总线

(2) 总线双向传输

用三态门还可以实现数据的双向传输,实现数据双向传输的三态门电路如图 4 - 4 - 17(b)所示。由图知道,当 $\overline{EN}$ 为低电平时,$\overline{EN_1}$ 有效 A_1 的数据通过非门被送上总线,由于 $\overline{EN_2}$ 为高电平,F_2 处于高阻状态;当 $\overline{EN}$ 为高电平时,$\overline{EN_2}$ 有效,总线上的数据通过非门从 F_2 端输出,$\overline{EN_1}$ 为高电平,F_1 处于高阻状态。

显然,采用总线传输可以节省连接线,计算机系统中的数据都是采用总线传输。

4.4.5　CMOS 集成逻辑门

CMOS 集成电路与 TTL 集成电路的根本区别在于使用了 MOS 管作为开关元件。MOS 管具有制造工艺简单、功耗低、输入阻抗高、集成度高以及没有电荷存储效应等优点,在数字集成电路中处于后来者居上的地位。

MOS 集成电路按照所用管子类型的不同分为以下三种。

(1) PMOS 电路。是由 PMOS 管构成的集成电路。其制造工艺简单,问世较早,但是工作速度较低。

(2) NMOS 电路。是由 NMOS 管构成的集成电路。其工作速度优于 PMOS,但制造工艺要复杂一些。

(3) CMOS 电路。是由 PMOS 管和 NMOS 管构成的互补 MOS 集成电路,具有静态功耗低、抗干扰能力强、工作稳定性好、开关速度高等优点。这种电路的制造工艺较复杂,但随着生产工艺水平的提高,产品的数量和质量提高很快,目前得到了广泛的应用。

CMOS 反相器是 CMOS 电路中的最基本逻辑单元,这里将介绍典型的 CMOS 反相器(非门)、CMOS 与非门、CMOS 或非门以及 CMOS 传输门的工作原理,任何复杂的 CMOS 电路都可以看成是由这几种典型门电路组成的。

1. CMOS 反相器(非门)电路

(1) 电阻负载 MOS 反相器(非门)

图 4-4-18 为电阻负载反相器电路,它由一只 NMOS 管和负载电阻 R_D 串联而成。该电路的工作原理:

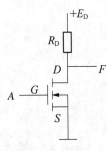

图 4-4-18 电阻负载反相器

① 当输入信号 A 为高电平"1",即 $U_A > U_T$(U_T 为 G-S 之间导通的开启电压)时,MOS 管导通,输出信号 F 为低电平"0"。要减少电路功耗,要求漏极电阻 R_D 越大越好。

② 当输入信号 A 为低电平"0"时,即 $U_A < U_T$ 时,MOS 管截止,输出 F 为高电平信号"1"。要提高电路的带负载能力,要求电路的漏极电阻 R_D 越小越好。

通过分析知道,MOS 管非门电路在工作过程中,对漏极电阻 R_D 阻值的要求不一样。MOS 管导通时,希望漏极电阻 R_D 要大;MOS 管截止时,希望漏极电阻 R_D 要小。因此,用 R_D 不能满足电路的性能要求。

(2) 有源负载 CMOS 反相器(非门)

因为 MOS 管具有导通时电阻很小、截止时电阻很大的特点,若将图 4-4-18 中的漏极电阻 R_D 改成 MOS 管,组成如图 4-4-19 所示的电路,即可实现电路的漏极电阻随输入信号变化的目的。图中 V_1 为 NMOS 工作管(又称驱动管),V_2 为 PMOS 负载管,代替负载电阻 R_D。为保证两个管子正常工作,V_1 管的衬底接电路最低电位,V_2 管的衬底接电路最高电位,工作原理:

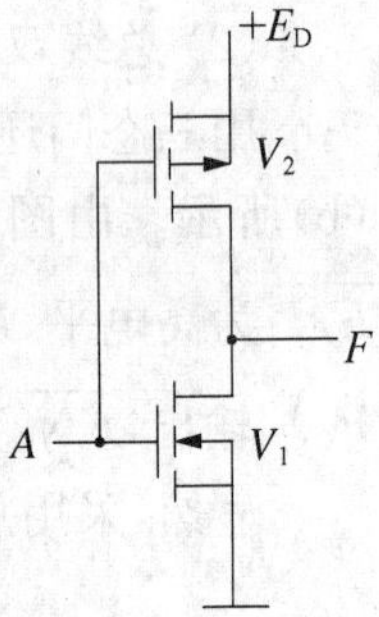

① 当输入信号 A 为高电平"1"时,V_1 导通,V_2 截止,输出信号 F 为低电平信号"0",且负载电阻 R 很大,功耗很小。

② 当输入信号 A 为低电平"0"时,V_1 截止,V_2 导通,输出信号 F 为高电平"1",且输出阻抗 R 很小,电路带负载的能力强。

因为图 4-4-19 所示的电路是由两个不同性质的 MOS 管按照互补对称的形式连接的,所以,这种互补对称式金属氧化物半导体电路简称 CMOS 电路。因为输出与输入信号的相位相反,所以又称为 CMOS 反相器,CMOS 反相器是组成 CMOS 集成门电路的基本单元,功耗非常低。

图 4-4-19 CMOS 有源负载反相器

2. CMOS 与非门电路

将两个 CMOS 倒相位的负载管并联,驱动管串联,组成如图 4-4-20 所示的电路。

① 当输入信号 A、B 同时为高电平"1",驱动管 V_1 和 V_2 导通,负载管 V_3 和 V_4 截止,输出 F 为低电平信号"0";

② 当输入信号 A、B 同时为低电平"0"时,驱动管 V_1 和 V_2 截止,负载管 V_3 和 V_4 导通,输出 F 为高电平信号"1";

③ 当输入信号 A 为低电平信号"0",B 为高电平信号"1"时,驱动管 V_2 截止,V_1 导通,驱

动管相串联,总结果为截止;负载管 V_4 导通,V_3 截止,负载管相并联,总结果为导通;所以,电路的输出 F 为高电平信号"1"。

输出信号和输入信号逻辑关系见表 4-4-10,由表可知,图 4-4-20 电路为与非逻辑关系:$F=\overline{AB}$。

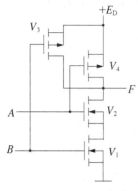

图 4-4-20　CMOS 与非门

表 4-4-10　CMOS 与非电路真值表

A	B	F
0	0	1
0	1	1
1	0	1
1	1	0

3. CMOS 或非门电路

将两个 CMOS 倒相器的负载管串联,驱动器并联,组成如图 4-4-21 所示的电路。

① 当输入信号 A、B 为高电平"1",驱动管 V_1 和 V_2 导通,负载管 V_3 和 V_4 截止,输出 F 为低电平信号"0";

② 当输入信号 A、B 为低电平"0"时,驱动管 V_1 和 V_2 截止,负载管 V_3 和 V_4 导通,输出 F 为高电平信号"1";

③ 当输入信号 A 为低电平信号"0",B 为高电平信号"1"时,驱动管 V_1 截止,V_2 导通,驱动管相并联,总结果为导通;负载管 V_3 截止,V_4 导通,负载管相串联,总结果为截止,电路的输出为 F 低电平信号"0"。

输出信号与输入信号之间的逻辑关系见表 4-4-11,由表可知,图 4-4-21 电路为或非逻辑关系 $F=\overline{A+B}$。

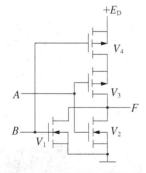

图 4-4-21　CMOS 或非门电路

表 4-4-11　CMOS 或非电路真值表

A	B	F
0	0	1
0	1	0
1	0	0
1	1	0

CMOS 逻辑门电路除了上面介绍的非门、与非门和或非门外,同样也有与或非门、异或门、漏极开路门、三态门等器件,这些器件的作用和逻辑符号与 TTL 门电路相关的器件相同,这里不再赘述。下面来介绍由 MOS 管组成的 CMOS 传输门电路。

4. CMOS 传输门电路

传输门是一种传输信号的可控开关电路。它由一个 PMOS 管和一个 NMOS 管并联构成。它有低的导通电阻(几百欧姆)和高的截止电阻(大于 10^7 Ω),接近理想开关。

图 4-4-22 为 CMOS 传输门电路和符号。V_1 为 NMOS 管,V_2 为 PMOS 管,两者的源极和漏极分别连在一起作为传输门的输入端和输出端,它们的栅极分别加互补控制信号 C、$\overline{C}$,图(a)为电路,图(b)为逻辑符号。

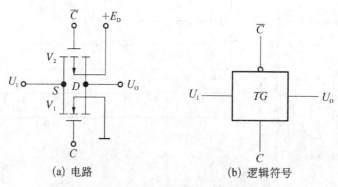

(a) 电路　　　　　　　　　(b) 逻辑符号

图 4-4-22　CMOS 传输门电路和符号

传输门电路的工作原理:当控制端 C 为高电平"1",$\overline{C}$ 为低电平"0"时,传输门导通,数据可以从左边传到右边,也可以从右边传到左边,即传输门可以实现数据的双向传输;当控制端 C 为低电平"0",$\overline{C}$ 为高电平"1" 时,传输门截止,不能传输数据。因此 CMOS 传输门具有双向性,也称双向开关。

CMOS 传输门与反相器结合可组成模拟开关,如图 4-4-23 所示。开关的控制电压供给传输门的 C 端,控制电压经反相后供给 $\overline{C}$ 端,所以只需一个控制电压。当控制电压为 1 时,传输门导通,$U_o = U_I$;当控制电压为 0 时,传输门截止。

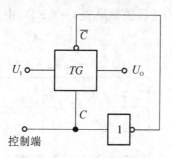

图 4-4-23　传输门电路

小　结

本章首先介绍了逻辑代数的基本概念、基本运算、基本定律。逻辑函数有四种表示方法:逻辑函数表达式、真值表、逻辑图和卡诺图,它们相互之间可以转化。逻辑函数的化简主要有两种方法:公式化简法和卡诺图化简法。

扫一扫见
本章实验

这是本章的重点。利用公式化简函数时,需要熟记公式,适用于一些较简单的函数;卡诺图化简的优点是简单、直观,但是当变量数超过 5 个时,这些优点就体现不出来。因此两种方法都要熟练掌握,在使用时具体采用哪种方法要视具体情况而定。

　　然后介绍了构成逻辑门的基本电路,从分立元件和集成电路两个方面进行了讨论。用二极管可以方便地构成与门、或门电路,用三极管可以构成非门电路。重点介绍了 TTL 集成逻辑门电路,要点在于了解集成逻辑门的外部特性:输出与输入之间的逻辑关系,电压传输特性,输入特性和输出特性等;对于电路内部的组成及工作原理只是为了加深读者对器件的外特性的理解,以便更好地运用这些外特性。

习　题

　　1. 列出下列问题的真值表,并写出逻辑函数表达式。

　　(1) 三个输入信号 A、B、C,如果三个输入信号都为 1 或其中两个信号为 0 时,输出信号 F 为 1,其余情况下,输出信号 F 为 0。

　　(2) 四个输入信号 A、B、C、D,如果四个输入信号出现偶数个 0 时,输出信号 F 为 1,其余情况下,输出信号 F 为 0。

　　2. 已知输入 A、B、C、D 是一个十进制数 X 的 8421 BCD 码。当 X 为奇数时,输出 Y 为 1,否则 Y 为 0。请列出该命题的真值表,并写出输出逻辑函数表达式。

　　3. 利用与非门和或非门实现下列函数,并画出逻辑图。

　　(1) $F(A,B,C)=AB+BC$

　　(2) $F(A,B,C,D)=\overline{(A+B)}\,\overline{(C+D)}$

　　4. 分别指出变量 A、B、C 在哪些取值组合时,下列函数的值为 1?

　　(1) $F(A,B,C)=AB+BC+\overline{A}C$

　　(2) $F(A,B,C)=\overline{A+B\overline{C}}\cdot(A+B)$

　　5. 列出下列各函数的真值表,并说明 F_1 和 F_2 有何关系。

　　(1) $F_1=ABC+\overline{A}\,\overline{B}\,\overline{C}$

　　　　$F_2=\overline{A\overline{B}+B\overline{C}+C\overline{A}}$

　　(2) $F_1=\overline{B}\,\overline{D}+\overline{A}\,\overline{D}+\overline{C}\,\overline{D}+ACD$

　　　　$F_2=\overline{B}D+CD+\overline{A}\,\overline{C}D+ABD$

　　6. 用反演规则求下列函数的反函数。

　　(1) $F=(A+\overline{B})\times C+\overline{D}$

　　(2) $F=A\cdot\overline{\overline{B}+\overline{C}}+\overline{A}D$

　　7. 写出下列函数表达式的对偶式。

　　(1) $F=\overline{\overline{A}+B}+\overline{A}\cdot\overline{B}$

　　(2) $F=\overline{\overline{A}+B}+\overline{\overline{C}+\overline{DF}}$

　　(3) $F=(\overline{A}+B)\cdot(C+DE)+\overline{D}$

8. 写出下列函数的反函数表达式和对偶函数表达式。

(1) $F = AB + C$

(2) $F = \overline{A \oplus \overline{B} + C}$

(3) $F = A(B + \overline{D}) + (AC + BD)E$

(4) $F = (\overline{A} + B)A\overline{B}\overline{C} + \overline{A}CD$

9. 用卡诺图判断逻辑函数 F 和 G 的关系。

(1) $F = AB + BC + AC$

   $G = \overline{A}\,\overline{B} + \overline{B}\,\overline{C} + \overline{A}\,\overline{C}$

(2) $F = \overline{A}B + B\overline{C} + \overline{A}\overline{C} + AB\overline{C} + D$

   $G = AB\overline{C}\,\overline{D} + ABC\overline{D} + \overline{A}\,\overline{B}CD$

10. 回答下列问题。

(1) 已知 $X + Y = X + Z$，则 $Y = Z$，正确吗？为什么？

(2) 已知 $X \cdot Y = X \cdot Z$，则 $Y = Z$，正确吗？为什么？

(3) 已知 $X + Y = X + Z$ 且 $X \cdot Y = X \cdot Z$，则 $Y = Z$，正确吗？为什么？

(4) 已知 $X + Y = X \cdot Y$，则 $X = Y$，正确吗？为什么？

11. 证明下列等式成立。

(1) $(A + B)(\overline{A} + C)(B + C) = (A + B)(\overline{A} + C)$

(2) $A + A\overline{B}\overline{C} + \overline{A}CD + (\overline{C} + \overline{D})E = A + CD + E$

(3) $\overline{A}\overline{C} + \overline{A}B + \overline{A}C\overline{D} + BC = \overline{A} + BC$

(4) $\overline{A}(C \oplus D) + \overline{B}CD + AC\overline{D} + A\overline{B}\overline{C}D = C \oplus D$

12. 用公式法化简下列函数。

(1) $F = \overline{A} + \overline{B} + \overline{C} + \overline{D} + ABCD$

(2) $F = AB + AD + \overline{B}D + A\overline{C}\overline{D}$

(3) $F = \overline{A}\overline{B} + AC + BC + \overline{B}\overline{C}\overline{D} + \overline{B}CE + \overline{B}CF$

(4) $F = A\overline{B} + BD + CDE + \overline{A}D$

13. 利用公式法化简下列函数为最简与-或表达式。

(1) $F = (A + B)C + \overline{A}C + AB + ABC + \overline{B}C$

(2) $F = \overline{\overline{A}C + \overline{A}BC} + \overline{B}C + AB\overline{C}$

(3) $F = AD + A\overline{D} + AB + \overline{A}C + BD + ACE + \overline{B}E + DE$

(4) $F = \overline{A}\overline{B}(C + \overline{C}D) + \overline{A}BC + A\overline{B}\overline{D}$

(5) $F = (A + B + C + D)(\overline{A} + B + C + D)(A + B + \overline{C} + D)$

(6) $F = \overline{\overline{A} + B} \cdot \overline{ABC} \cdot \overline{\overline{A}C}$

14. 将下列函数化为最小项之和与最大项之和的形式。

(1) $F(A, B, C) = AB + BC + \overline{A}C$

(2) $F(A, B, C) = \overline{\overline{A}(B + \overline{C})}$

(3) $F(A, B, C, D) = AC\overline{D} + A\overline{B}D + B\overline{C}D + \overline{B}C\overline{D}$

(4) $F(A,B,C,D)=B\overline{C}\overline{D}+\overline{A}B+AB\overline{C}D+BC$

15.将下列函数表示成标准与-或表达式及标准或-与表达式。

(1) $F(A,B,C)=\overline{\overline{A}B+\overline{A}\overline{C}}$

(2) $F(A,B,C,D)=(\overline{A}+BC)\cdot(\overline{B}+\overline{C}D)$

16.用卡诺图法将下列函数化成最简与-或表达式。

(1) $F(A,B,C,D)=A\overline{B}CD+AB\overline{C}D+A\overline{B}+A\overline{D}+AB\overline{C}$

(2) $F(A,B,C,D)=\overline{A}\overline{B}+\overline{A}CD+AC+B\overline{C}$

(3) $F(A,B,C,D)=\sum m(2,4,5,6,7,11,12,14,15)$

(4) $F(A,B,C,D)=\sum m(0,1,2,5,8,10,11,12,13,14,15)$

17. 利用卡诺图判断逻辑函数 Y 和 Z 之间的关系。

(1) $Y=AB+AC+BC,Z=\overline{A}\overline{B}+\overline{A}\overline{C}+\overline{B}\overline{C}$

(2) $Y=(A+\overline{B}+C)(AB+CD),Z=AB+CD$

(3) $Y=A\overline{B}+ACD+\overline{A}D+D,Z=A\overline{B}+D$

(4) $Y=AB\overline{C}+\overline{A}BC,Z=A\overline{B}+BC+\overline{A}C$

18. 化简下列逻辑函数,并用或非门画出逻辑图。

(1) $F(A,B,C,D)=A\overline{B}+\overline{A}C+\overline{B}CD$

(2) $F(A,B,C,D)=\sum m(0,1,2,4,6,10,14,15)$

19. 下列函数是最简与-或表达式吗? 若不是,请化简。

(1) $F=\overline{A}B+\overline{B}C+B\overline{C}+A\overline{C}$

(2) $F=A\overline{B}+C\overline{D}+ABD+\overline{A}BC$

20.用卡诺图法将下列函数化成最简或-与表达式。

(1) $F(A,B,C,D)=A\overline{B}+AC\overline{D}+\overline{A}C+B\overline{C}$

(2) $F(A,B,C)=(A+B+C)\cdot(\overline{A}+B)\cdot(A+B+\overline{C})$

(3) $F(A,B,C)=\overline{A}C+AB+BC$

(4) $F(A,B,C,D)=ABC+\overline{A}CD+ABD+A\overline{B}C+CD$

(5) $F(A,B,C,D)=(A+\overline{B}+\overline{C}+D)(\overline{A}+\overline{B}+C+D)(A+\overline{B}+\overline{C}+D)(A+B+\overline{C}+\overline{D})$

21. 已知下列逻辑函数,试用卡诺图分别求出 Y_1+Y_2 和 $Y_1\cdot Y_2$,并写出逻辑函数表达式。

(1) $\begin{cases}Y_1(A,B,C)=\sum(m_0,m_2,m_4)\\Y_2(A,B,C,D)=\sum(m_0,m_1,m_5,m_7)\end{cases}$

(2) $\begin{cases}Y_1(A,B,C,D)=\overline{A}\overline{B}\overline{C}\overline{D}+B\overline{C}D+\overline{A}\overline{B}CD+BCD\\Y_2(A,B,C,D)=ABD+A\overline{B}\overline{C}\overline{D}+\overline{A}BD+A\overline{B}C\overline{D}\end{cases}$

22. 什么叫约束项、约束条件?

23. 用卡诺图化简下列有约束条件 $AB+AC=0$ 的函数。

(1) $F(A,B,C,D)=\sum m(0,1,3,5,8,9)$

(2) $F(A,B,C,D)=\sum m(0,2,4,5,7,8)$

24. 化简下列具有约束项的函数。

(1) $F(A,B,C,D) = \sum m(0,2,7,13,15) + \sum d(1,3,4,5,6,8,10)$

(2) $F(A,B,C,D) = \sum m(2,4,6,7,12,15) + \sum d(0,1,3,8,9,11)$

(3) $F(A,B,C,D) = \sum m(1,2,4,12,14) + \sum d(5,6,7,8,9,10)$

(4) $F(A,B,C,D) = \sum m(0,2,3,4,5,6,11,12) + \sum d(8,9,10,13,14,15)$

25. 化简下列多输出函数。

(1) $\begin{cases} F_1(A,B,C,D) = \sum m(0,2,4,7,8,10,13,15) \\ F_2(A,B,C,D) = \sum m(0,1,2,5,6,7,8,10) \\ F_3(A,B,C,D) = \sum m(2,3,4,7) \end{cases}$

(2) $\begin{cases} F_1(A,B,C,D) = \sum m(0,2,3,5,7,8,10,13,15) \\ F_2(A,B,C,D) = \sum m(0,2,7,8,10,15) \\ F_3(A,B,C,D) = \sum m(3,5,10,11,13) \end{cases}$

26. 假定 A 从来不说话；B 只有 A 在场才说话；C 在任何情况下，甚至一个人都说话；D 只有 A 在场才说话，试用逻辑函数描述在房间里没有人说话的条件。

27. 画出实现逻辑表达式 $F = (AB+CD)E+BD$ 的逻辑电路图。

28. 已知逻辑函数 $F = A\bar{B}+B\bar{C}+C\bar{A}$，试用真值表、卡诺图和逻辑图表示该逻辑函数。

29. 写出图 4-1(a)、(b)、(c)、(d)中四个逻辑图的逻辑表达式并化简。

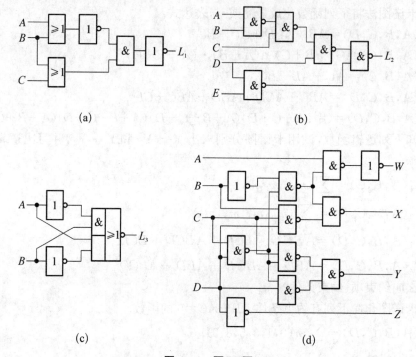

(a)

(b)

(c)

(d)

图 4-1 题 29 图

30. 请用与非门实现下列逻辑函数（只提供原变量）。

(1) $L_1 = \overline{(A+B)(C+D)}$ (2) $L_2 = AB + AC$

(3) $L_3 = (A+B)\overline{A}B$ (4) $L_4 = \overline{D(A+C)}$

31. 利用公式证明下列等式。

(1) $ABC + A\overline{B}\,\overline{C} + \overline{A}B\overline{C} + \overline{A}\,\overline{B}C = A \oplus B \oplus C$

(2) $A \oplus B \oplus C \oplus D = A \oplus \overline{B} \oplus C \oplus \overline{D}$

(3) $\overline{(C \oplus D)} + C = \overline{C}\,\overline{D}$

32. 将下列表达式展开成最小项表达式。

(1) $F_1 = \overline{\overline{A}B + \overline{B}C + \overline{C}A}$

(2) $F_2 = A\overline{D} + B\overline{C}$

(3) $F_3 = \overline{\overline{A}\,\overline{B} + A'BD(B + \overline{C}D)}$

33. 试将函数 $F = AB + \overline{A}C$ 展开成最小项表达式及最大项表达式。

34. 三极管的放大区、饱和区和截止区各有什么特点？

35. 图 4-2 所示电路中，V_1、V_2 为硅二极管，导通电压为 0.7 V，求在下述情形下的输出电压 U_0。

(1) B 端接地，A 端接 5 V。

(2) B 端接 10 V，A 端接 5 V。

(3) B 端悬空，A 端接 5 V。

(4) A 端接 10 kΩ 电阻，B 端悬空。

36. 在图 4-2 电路中，若在 A、B 端加图 4-3 所示波形，试画出 U_0 端对应的波形，并标明相应电平值。

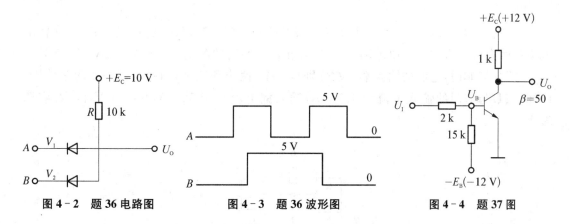

图 4-2 题 36 电路图 图 4-3 题 36 波形图 图 4-4 题 37 图

37. 反相器电路如图 4-4 所示。

(1) 试问 U_1 为何值时，三极管截止（$U_B < 0.5$ V）？

(2) 试问 U_1 为何值时，三极管饱和（$U_{CES} \approx 0.5$ V）？

(3) 当 U_1 分别取值为 0.1 V、2.5 V、3 V、5 V 时，分析三极管的状态并求出电流 I_B、I_C 和输出电压 U_0 的大小，结果填入表 4-1 中。

表 4-1 题 37 表

$U_I(V)$	三极管状态	$I_B(mA)$	$I_C(mA)$	$U_O(V)$
0				
1				
2.5				
3				
5				

38. 画出图 4-5(a)所示门电路的输出波形。输入波形如图 4-5(b)所示。

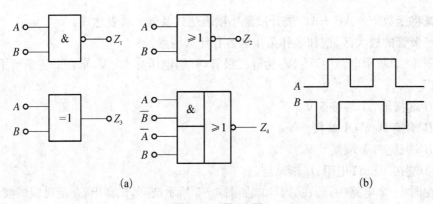

(a)   (b)

图 4-5 题 38 图

39. 图 4-6 电路中，A、B 为两个集电极开路与非门，接成线与的形式，每个门在输出低电平时允许注入的最大电流为 13 mA，输出高电平时的漏电流小于 250 μA。C、D、E 为三个 TTL 与非门，它们的输入端个数分别是一个、两个和三个，而且全部并联起来使用。已知 TTL 与非门的输入电流为 1.6 mA，输入漏电流小于 50 μA，$E_C = 5$ V，问 R_L 应选多大？

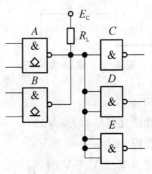

图 4-6 题 39 图

40. 对应于图 4-7 所示各种情况,分别画出输出 F、L、G、H 的波形。

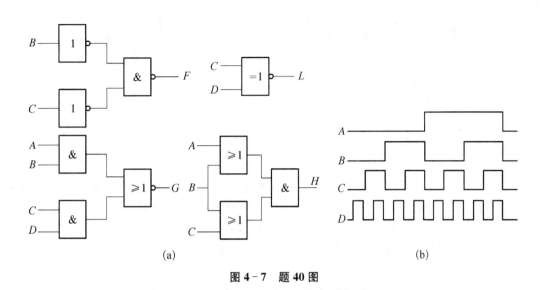

图 4-7 题 40 图

41. 已知输入信号 U_1、U_2、U_3 及 U_4 的波形如图 4-8(a)所示。试画出图 4-8(b)所示电路的输出波形。

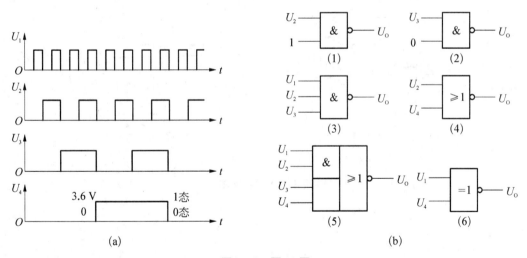

图 4-8 题 41 图

42. 已知图 4-9(a)电路两个输入信号的波形如图 4-9(b)所示,又知每个门的平均传输时间是 20 ns,信号重复频率为 1 MHz,试画出:

(1) 不考虑传输时间的情况下,输出信号 U_0 的波形。

(2) 考虑传输时间以后 U_0 的实际波形。

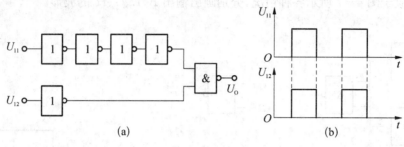

图 4-9　题 42 图

43. TTL 非门有如下特性:(1) 输出低电平不高于 0.4 V,并允许灌入 10 mA 电流; (2) 输出高电平不低于 2.4 V,并允许拉出电流 1 mA;(3) 输入短路电流 1 mA,输入交叉漏电流为 100 mA;(4) 关门电平为 0.8 V,开门电平为 1.8 V。问:该 TTL 门的扇出系数 N 为多少? 计算低电平噪声容限 U_{NL} 和高电平噪声容限 U_{NH},并画出电压传输特性的示意图。

44. 写出图 4-10 中所示电路的逻辑表达式。

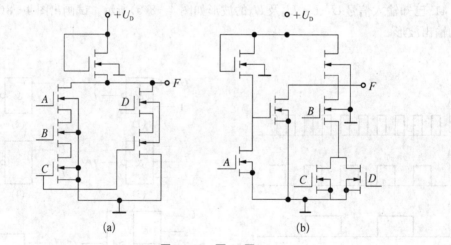

图 4-10　题 44 图

扫一扫见本章
习题参考答案

第5章

组合逻辑电路

组合逻辑电路是数字逻辑电路的重要组成部分,本章介绍组合逻辑电路的基本概念与应用,重点介绍组合逻辑电路的分析与设计方法。首先介绍组合电路的特点,讲述用小规模集成逻辑门构成的组合逻辑电路的分析与设计方法;然后介绍常用中规模集成逻辑部件组(编码器、译码器、数据选择器、加法器、数字比较器)的基本原理,介绍中规模集成逻辑部件在计算机系统中应用,以及用中规模集成电路实现组合逻辑电路的设计方法。

5.1 组合逻辑电路的基本概念

在数字系统中,逻辑电路按功能可分为两大类:一类为组合逻辑电路;另一类为时序逻辑电路。

组合逻辑电路的特点:任一时刻的输出只取决于该时刻的输入状态,而与电路以前的状态无关。

设某组合逻辑电路的多端输入信号为 X_1、X_2、$\cdots$、X_n,输出信号为 F_1、F_2、$\cdots$、F_m,该组合逻辑电路的一般框图如图 $5-1-1$ 所示。

图 $5-1-1$ 组合逻辑电路的一般框图

输出与输入之间的逻辑函数关系可表示为

$$F_1 = f_1(X_1, X_2, \cdots, X_n)$$
$$F_2 = f_2(X_1, X_2, \cdots, X_n)$$
$$\vdots$$
$$F_m = f_m(X_1, X_2, \cdots, X_n)$$

任何组合逻辑电路,不管是简单的还是复杂的,其电路结构均有如下特点:
(1) 由逻辑门组成。
(2) 电路的输出与输入之间无反馈途径。

(3) 电路中不包含记忆单元。

可以看出,前几章所介绍的逻辑电路均属组合逻辑电路。在数字逻辑系统中,很多逻辑部件,如编码器、译码器、加法器、比较器、奇偶校验器等都属于组合逻辑电路。

5.2 组合逻辑电路的分析

所谓分析,就是对给定的一个组合逻辑电路,找出其输出与输入之间的逻辑关系,或者描述其逻辑功能、评价其电路是否为最佳设计方案等。

5.2.1 分析步骤

对组合逻辑电路进行分析的一般步骤:

(1) 根据给定的逻辑图,写出逻辑表达式。

(2) 对逻辑表达式进行变换,并用卡诺图或逻辑代数化简逻辑表达式。

(3) 根据逻辑表达式列出真值表。

(4) 根据真值表或逻辑表达式确定逻辑功能,评价电路。

应该指出:以上步骤应视具体情况灵活处理,不要生搬硬套。

5.2.2 分析举例

【例 5 - 2 - 1】 试分析图 5 - 2 - 1 所示逻辑电路的逻辑功能。

解:(1) 写出逻辑表达式为

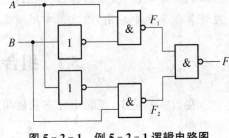

$$F_1 = \overline{A\,\overline{B}} \quad F_2 = \overline{\overline{A}\,B}$$

$$F = \overline{F_1 F_2} = \overline{\overline{A\,\overline{B}} \cdot \overline{\overline{A}\,B}}$$

(2) 进行逻辑变换和化简如下:

$$F = \overline{\overline{A\,\overline{B}}} \cdot \overline{\overline{\overline{A}\,B}} = A\overline{B} + \overline{A}B = A\overline{B} + \overline{A}B$$

(3) 列出真值表,由于该逻辑关系比较简单,一

图 5 - 2 - 1 例 5 - 2 - 1 逻辑电路图

看就知道其逻辑关系,就不一定列出其真值表。

(4) 由逻辑表达式可确定该逻辑电路实现的是异或功能,图 5 - 2 - 1 也可用一个异或门来代替。

【例 5 - 2 - 2】 试分析图 5 - 2 - 2 所示逻辑电路的逻辑功能。

解:(1) 写出逻辑表达式为

$$F_1 = AB \quad F_2 = BC \quad F_3 = AC$$

$$F = F_1 + F_2 + F_3 = AB + BC + AC$$

(2) 上述逻辑表达式已最简,不必再化简。

(3) 列出真值表,见表 5 - 2 - 1。

(4) 由真值表可知,三个输入变量 A、B、C,只有两个及两个以上变量取值为 1 时,输出

F 才为 1,可见该电路实现的是多数表决逻辑功能。

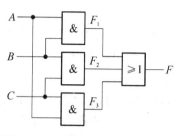

图 5-2-2　例 5-2-2 逻辑电路图

表 5-2-1　例 5-2-2 真值表

输入			输出
A	B	C	F
0	0	0	0
0	0	1	0
0	1	0	0
0	1	1	1
1	0	0	0
1	0	1	1
1	1	0	1
1	1	1	1

5.3　组合逻辑电路的设计

组合逻辑电路的设计是组合逻辑电路分析的逆过程,设计是根据给出的实际逻辑问题,经过逻辑抽象,找出用最少的逻辑门实现给定逻辑功能的方案,并画出逻辑电路图。

本节将通过实例讨论用小规模数字集成逻辑门来设计组合逻辑电路的方法。对于用中规模集成电路逻辑组件来设计组合逻辑电路,将在 5.4 节中进行专门讨论,请读者注意对比。

5.3.1　设计步骤

组合逻辑电路的设计过程包括以下几个步骤。

(1) 根据给定的逻辑问题,做出输入、输出变量规定,建立真值表。逻辑要求的文字描述一般很难做到全面而确切,往往需要对题意反复分析,进行逻辑抽象,这是一个很重要的过程,是建立逻辑问题真值表的基础。根据设计问题的因果关系,确定输入变量和输出变量,同时规定变量状态的逻辑赋值。真值表是描述逻辑问题的一种重要工具。任何逻辑问题,只要能列出它的真值表,就能把逻辑电路设计出来。所以建立真值表是很重要的,也是关键的一步。真值表正确与否将决定整个设计的成败。

(2) 根据真值表写出逻辑表达式。对某些简单的逻辑问题,也可以不列真值表,直接根据逻辑问题的文字描述,写出逻辑表达式。

(3) 将逻辑函数化简或变换成适当形式。对于一个逻辑电路,在设计时尽可能使用最少数量的逻辑门,逻辑门输入变量数也应尽可能少(即在逻辑表达式中乘积项最少,乘积项中的变量个数最少),还应根据题意变换成适当形式的表达式。

(4) 根据逻辑表达式画出逻辑电路图。上述设计步骤可用图 5-3-1 表示。

图 5 - 3 - 1   组合逻辑电路设计流程

5.3.2   设计举例

【例 5 - 3 - 1】   有一火灾报警系统,设有烟感、温感和紫外光感三种类型的火灾探测器。为了防止误报警,只有当其中有两种或两种以上类型的探测器发出火灾检测信号时,报警系统产生报警控制信号。请设计一个产生报警控制信号的电路。

解:(1)分析设计要求,设输入输出变量并逻辑赋值。设输入烟感 A、温感 B、紫外线光感 C;输出报警控制信号 F;逻辑赋值:用 1 表示肯定,用 0 表示否定;根据题意列出真值表 5 - 3 - 1。

(2)根据真值表写出逻辑表达式。由真值表,可写出函数的最小项表达式为

$$F(A,B,C) = \sum m(3,5,6,7)$$

(3)化简逻辑表达式,并转换成适当形式。由上述最小项表达式,画出函数卡诺图如图 5 - 3 - 2 所示,化简得到函数最简与或表达式为

$$F = AC + BC + AB$$

因题中未规定采用何种逻辑门,所以可用与门和或门实现该逻辑功能,表达式形式无须转换。若题中规定只能用与非门实现,就要用摩根定理对表达式进行转换,请读者考虑。

(4)画出逻辑电路图如 5 - 3 - 3 所示。

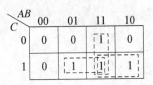

图 5 - 3 - 2   例 5 - 3 - 1 卡诺图

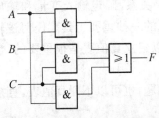

图 5 - 3 - 3   例 5 - 3 - 2 逻辑电路图

表 5 - 3 - 1   例 5 - 3 - 1 真值表

输入			输出
A	B	C	F
0	0	0	0
0	0	1	0
0	1	0	0
0	1	1	1
1	0	0	0
1	0	1	1
1	1	0	1
1	1	1	1

【例 5 - 3 - 2】   用与非门设计一个 1 位十进制数的数值范围指示器,设这 1 位十进制数为 X,电路输入为 A、B、C 和 D,$X = 8A + 4B + 2C + D$,要求当 $X \geqslant 5$ 时输出 F 为 1,否则为 0。该电路实现了四舍五入功能。

解:(1) 根据题意,列出表 5 - 3 - 2 所示的真值表。

表 5 - 3 - 2 例 5 - 3 - 2 真值表

A	B	C	D	F	A	B	C	D	F
0	0	0	0	0	1	0	0	0	1
0	0	0	1	0	1	0	0	1	1
0	0	1	0	0	1	0	1	0	×
0	0	1	1	0	1	0	1	1	×
0	1	0	0	0	1	1	0	0	×
0	1	0	1	1	1	1	0	1	×
0	1	1	0	1	1	1	1	0	×
0	1	1	1	1	1	1	1	1	×

当输入变量 A、B、C、D 取值为 $0000 \sim 0100$(即 $X \leqslant 4$)时,函数 F 值为 0;当 A、B、C、D 取值为 $0101 \sim 1001$(即 $X \geqslant 5$)时,函数 F 值为 1;$1010 \sim 1111$ 六种输入是不允许出现的,可做任意状态处理(可当作 1,也可当作 0),用"×"表示。

(2) 根据真值表,写出逻辑表达式。由真值表可写出函数的最小项表达式为

$$F(A,B,C,D) = \sum m(5,6,7,8,9) + \sum d(10,11,12,13,14,15)$$

(3) 化简逻辑表达式,并转换成适当形式。由最小项表达式,画出函数卡诺图如图 5 - 3 - 4 所示,化简得到的函数最简与或表达式为

$$F = A + BD + BC$$

根据题意,要用与非门设计,将上述逻辑表达式变换成与非门式:

$$F = \overline{\overline{A} \ \overline{BD} \ \overline{BC}}$$

(4) 画出逻辑电路图。根据与逻辑表达式,可画出逻辑电路图如图 5 - 3 - 5 所示。

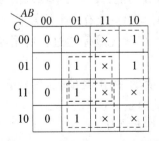

图 5 - 3 - 4 例 5 - 3 - 2 卡诺图

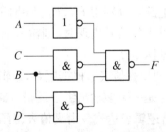

图 5 - 3 - 5 例 5 - 3 - 2 逻辑电路图

【**例 5 - 3 - 3**】 已知某组合逻辑电路输入信号 A、B、C,输出信号 F,其输入信号时序图(又称波形图),如图 5 - 3 - 6 所示,请写出逻辑表达式,画出逻辑图。

解:(1) 根据题意及时序图,列出真值表。时序图是描述逻辑函数的方法之一,反映了

输入与输出的逻辑关系。从图 5-3-6 不难看出 A、B、C（$000 \sim 111$）与 F 的关系，列出真值表，见表 5-3-3。

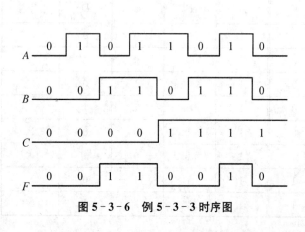

图 5-3-6 例 5-3-3 时序图

表 5-3-3 真值表

A	B	C	F
0	0	0	0
0	0	1	0
0	1	0	1
0	1	1	0
1	0	0	0
1	0	1	0
1	1	0	1
1	1	1	1

（2）根据真值表写出逻辑表达式。由真值表写出函数最小项表达式为

$$F(A,B,C) = \sum m(2,6,7)$$

（3）化简逻辑表达式。上述函数的卡诺图如图 5-3-7 所示，化简得逻辑表达式为

$$F = B\bar{C} + AB$$

（4）画逻辑电路图如图 5-3-8 所示。

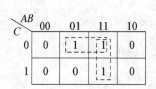

图 5-3-7 例 5-3-3 卡诺图

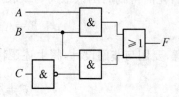

图 5-3-8 例 5-3-3 逻辑电路图

【例 5-3-4】 设计一个多信号优先排队电路，其功能：设有三个输入信号 A、B、C，通过优先排队电路后分别由 F_A、F_B、F_C 输出，在同一时间内只能有一个信号通过，如果同时有两个或两个以上的信号出现时，则输入信号按 A、B、C 优先顺序通过。请用与非门实现该多信号优先排队电路。

解：（1）列出真值表。根据题意，逻辑关系十分明确，列出真值表，见表 5-3-4 所示。需注意的是这是一个多输出组合逻辑电路，有三个输出量 F_A、F_B、F_C。

（2）写出逻辑表达式。由真值表得函数最小项表达式为

$$F_A = \sum m(4,5,6,7)$$

$$F_B = \sum m(2,3)$$

$$F_C = \sum m(1)$$

（3）化简逻辑表达式，并化成与非式。由于上述函数比较简单，可直接写出逻辑表达式，并用逻辑代数法化简。当然，也可通过卡诺图化简，得逻辑表达式如下：

$$F_A = A\bar{B}\bar{C} + A\bar{B}C + AB\bar{C} + ABC = A\bar{B} + AB = A$$

$$F_B = \bar{A}B\bar{C} + \bar{A}BC = \bar{A}B = \overline{\overline{\bar{A}B}}$$

$$F_C = \bar{A}\bar{B}C = \overline{\overline{\bar{A}\bar{B}C}}$$

（4）画出逻辑电路图如图5-3-9所示。

表5-3-4　例5-3-4真值表

A	B	C	F_A	F_B	F_C
0	0	0	0	0	0
0	0	1	0	0	1
0	1	0	0	1	0
0	1	1	0	1	0
1	0	0	1	0	0
1	0	1	1	0	0
1	1	0	1	0	0
1	1	1	1	0	0

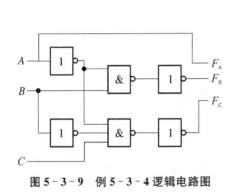

图5-3-9　例5-3-4逻辑电路图

【例5-3-5】　某组合逻辑电路有三个输出，它们分别是

$$F_1(A,B,C) = \sum m(3,4,5,7)$$

$$F_2(A,B,C) = \sum m(2,3,4,5,7)$$

$$F_3(A,B,C) = \sum m(0,1,3,6,7)$$

请化简逻辑表达式，并画出逻辑电路图。

解：（1）根据最小项表达式，画出F_1、F_2、F_3的公共卡诺图，如图5-3-10(a)所示。从图中可知，函数值全为1的是m_3、m_7，函数值为110的是m_4、m_5。这表明在m_3、m_7相邻项中F_1、F_2、F_3共有，在m_4、m_5相邻项中F_1、F_2共有。

（2）求F_1、F_2、F_3逻辑表达式。分别画出F_1、F_2、F_3的卡诺图如图5-3-10(b)、(c)、(d)所示，求出逻辑表达式为

$$F_1 = BC + A\bar{B} \quad F_2 = BC + A\bar{B} + \bar{A}B \quad F_3 = BC + AB + \bar{A}\bar{B}$$

必须注意，在画各输出卡诺图的卡诺圈时，应尽量考虑公共部分，只有这样，逻辑图才是最简的。图5-3-10(c)中，m_3、m_7作为相邻项应圈在同一个卡诺图中，同理，图5-3-10(d)中，m_3、m_7也应圈在同一卡诺圈中。

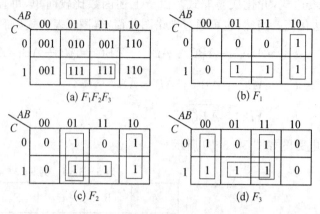

图 5-3-10　例 5-3-5 卡诺图

（3）画出逻辑电路图，如图 5-3-11 所示。

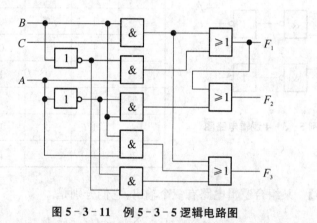

图 5-3-11　例 5-3-5 逻辑电路图

5.4　常用中规模集成逻辑部件及应用

　　在数字系统中常用的编码器、译码器、数据选择器、加法器、比较器等都属于组合逻辑电路，本节将讨论它们的工作原理，介绍这些组合部件常用的中规模集成电路及其应用。

5.4.1　编码器

1. 编码

数字系统只能以二进制信号工作，所以在处理生活中常用的十进制数、文字、符号、事物等特定对象时，首先要用 0 和 1 组成的二进制代码来表示。用二进制代码表示文字、符号或者数码等特定对象的过程，并且赋予每个代码以固定的含义，这就叫二进制编码。例如，可用 3 位二进制数组成的编码表示十进制数的 0～7，二进制数码 000、001、010、011、…、111，分别代表十进制数的 0、1、2、3、…、7。实现二进制编码的逻辑电路，称为二进制编码器。

2. 二进制编码器分类

一个二进制编码器，输入信号有 N 个（代表 N 个特定对象的信号）；输出 n 位二进制数

（代表 n 位二进制编码），如图 $5-4-1$ 所示。

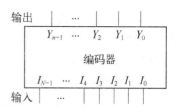

图 $5-4-1$ 编码器示意图

（1）关于"2^n 编码器"与"N 编码器"

① 当 $N=2^n$，即用 n 位二进制代码，可表示 2^n 个信号，完成该功能的编码电路称为"2^n 编码器"。

例如，假设全班有 32 个同学，设计一个 5 位编码器，将每个同学用 5 位二进制代码表示，这个编码器就称为"2^5 编码器"（也称 32 线-5 线编码器）。常用的"2^n 编码器"有 8 线-3 线编码器，16 线-4 线编码器。

② 当 $N<2^n$，即用 n 位二进制代码，只表示 $N(N\neq2^n)$ 个信号，完成该功能的编码电路称为"N 编码器"。常用的"N 编码器"有 10-4 编码器（通常称"二-十进制编码器"，用 4 位二进制码来代表十进制数 $0\sim9$）。

编码原则：n 位二进制代码可以表示 2^n 个信号，则对 $N(N\neq2^n)$ 个信号编码时，应由 $2^{n-1}<N<2^n$ 来确定位数 n。例如，对计算机"101 键盘"编码时，采用几位二进制代码编码呢？满足 $2^6<101<2^7$，故应采用 7 位（$n=7$）二进制代码来编码。

（2）关于"普通编码器"与"优先编码器"

从功能上来分，通常将编码器分为普通编码器和优先编码器两种。

① 普通编码器

对于编码器的输入信号，任何时刻只允许输入一个有效编码请求信号，否则输出将发生混乱。例如，假设一个病区有 8 张病床，每一张病床设有一个呼叫按钮，每次只能有一个病人按下呼叫按钮（相当于一个输入信号），输出的编码信号传送至护士台显示病床号。当有两个或两个以上的病人同时按下呼叫按钮时，输出信号会混乱（输出编码混乱，护士台不能分辨病床号）。下面以一个 8 线-3 线普通编码器为例，来说明普通编码器的工作原理。

图 $5-4-2$

8 线-3 线普通编码器

如图 $5-4-2$ 所示为 8-3 普通编码器，表 $5-4-1$ 为 8-3 普通编码器真值表，从表中可以知道，任何时刻只允许输入一个编码请求（设输入 1 表示编码请求有效）。

表 $5-4-1$ 8 线-3 线普通编码器真值表

I_7	I_6	I_5	I_4	I_3	I_2	I_1	I_0	Y_2	Y_1	Y_0
0	0	0	0	0	0	0	1	0	0	0
0	0	0	0	0	0	1	0	0	0	1
0	0	0	0	0	1	0	0	0	1	0
0	0	0	0	1	0	0	0	0	1	1
0	0	0	1	0	0	0	0	1	0	0
0	0	1	0	0	0	0	0	1	0	1
0	1	0	0	0	0	0	0	1	1	0
1	0	0	0	0	0	0	0	1	1	1

② 优先编码器

在优先编码器中,允许同时输入两个以上的有效编码请求信号。当几个输入信号同时出现时,只对其中优先权最高的一个进行编码。优先级别的高低由设计者根据输入信号的轻重缓急情况而定。例如在上例中,根据病人的病情而设定优先权,设 I_0 病床优先权最高,I_7 病床优先权最低,则优先编码器的真值表见表 5-4-2。

表 5-4-2 8 线-3 线优先编码器真值表

I_7	I_6	I_5	I_4	I_3	I_2	I_1	I_0	Y_2	Y_1	Y_0
×	×	×	×	×	×	×	1	0	0	0
×	×	×	×	×	×	1	0	0	0	1
×	×	×	×	×	1	0	0	0	1	0
×	×	×	×	1	0	0	0	0	1	1
×	×	×	1	0	0	0	0	1	0	0
×	×	1	0	0	0	0	0	1	0	1
×	1	0	0	0	0	0	0	1	1	0
1	×	×	×	×	×	×	×	1	1	1

通过以上分析不难得出,优先编码器在工程上具有应用价值。常用的优先编码器集成电路有 74LS148(8 线-3 线优先编码器)、74LS348(8 线-3 线优先编码器,三态门输出)等,请读者查阅相关资料。

下面从"2^n 编码器"和"N 编码器"的视角,分别介绍"8 线-3 线优先编码器"(74LS348)和"二-十进制编码器",抛砖引玉,希望读者能推广到其他编码器的分析。

3. 2^n 编码器——以"8 线-3 线优先编码器"74LS348 为例

图 5-4-3 是一个 8 线-3 线优先编码器 74LS348 的引脚图和逻辑电路图。它有 8 个输入信号 $\bar{I}_0 \sim \bar{I}_7$,其中 $\bar{I}_0$ 为最高优先级,$\bar{I}_7$ 为最低优先级;有 3 个输出信号 $\bar{Y}_2$、$\bar{Y}_1$、$\bar{Y}_0$。因此它又称为 8-3 优先编码器。

$\overline{EN}$ 为输入使能端。当 $\overline{EN}=0$ 时,编码器工作,当 $\overline{EN}=1$ 时,所有输出端均为高阻(禁止输出)状态。

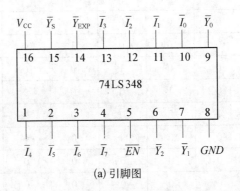

(a) 引脚图

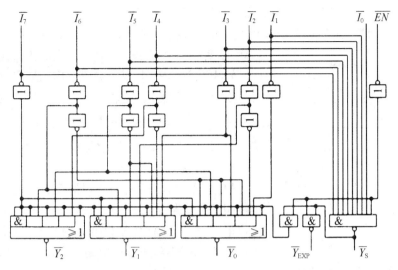

(b) 逻辑电路图

图 5 - 4 - 3　8 线 - 3 线优先编码器 74LS348 的引脚图和逻辑电路图

$\overline{Y}_S$ 为输出使能端。$\overline{Y}_S = \overline{\overline{I}_7 \overline{I}_6 \overline{I}_5 \overline{I}_4 \overline{I}_3 \overline{I}_2 \overline{I}_1 \overline{I}_0 \cdot EN}$，当所有编码输入端 $\overline{I}_0 \sim \overline{I}_7$ 都为高电平，且 $\overline{EN} = 0$ 时，$\overline{Y}_S = 0$，表示无信号输入。

$\overline{Y}_{EXP}$ 为优先编码输出端。$\overline{Y}_{EXP} = \overline{\overline{Y}_S \cdot EN}$，只要有任一编码输入，且 $\overline{EN} = 0$ 时，$\overline{Y}_{EXP} = 0$，表示有编码信号输出。

74LS348 编码器的功能表，即真值表见表 5 - 4 - 3。

表 5 - 4 - 3　74LS348 的真值表

输　　　入									输　　出				
$\overline{EN}$	$\overline{I}_7$	$\overline{I}_6$	$\overline{I}_5$	$\overline{I}_4$	$\overline{I}_3$	$\overline{I}_2$	$\overline{I}_1$	$\overline{I}_0$	$\overline{Y}_2$	$\overline{Y}_1$	$\overline{Y}_0$	$\overline{Y}_{EXP}$	$\overline{Y}_S$
1	×	×	×	×	×	×	×	×	Z	Z	Z	1	1
0	1	1	1	1	1	1	1	1	Z	Z	Z	1	0
0	×	×	×	×	×	×	×	0	0	0	0	0	1
0	×	×	×	×	×	×	0	1	0	0	1	0	1
0	×	×	×	×	×	0	1	1	0	1	0	0	1
0	×	×	×	×	0	1	1	1	0	1	1	0	1
0	×	×	×	0	1	1	1	1	1	0	0	0	1
0	×	×	0	1	1	1	1	1	1	0	1	0	1
0	×	0	1	1	1	1	1	1	1	1	0	0	1
0	0	1	1	1	1	1	1	1	1	1	1	0	1

表中"×"表示可以任意取 0 或 1，Z 表示输出三态门处于高阻状态。电路中输入、输出都是低电平有效，例如，当 $\overline{I}_0 = 0$ 时，不管 $\overline{I}_7 \sim \overline{I}_1$ 输入是 0 或 1，由于 $\overline{I}_0$ 优先级最高，输出 $\overline{Y}_2 \overline{Y}_1 \overline{Y}_0 = 000$；当 $\overline{I}_1 = 0$ 时，且 $\overline{I}_0 = 1$，不管 $\overline{I}_7 \sim \overline{I}_2$ 输入是 0 或 1，由于 $\overline{I}_1$ 优先级比 $\overline{I}_7 \sim \overline{I}_2$ 高，

只要 $\bar{I}_0$ 无效,输出 $\bar{Y}_2\bar{Y}_1\bar{Y}_0=001$;其余状态读者可自行分析。

【例 5 - 4 - 1】 用一片 74LS348 集成电路,设计一个病床呼叫编码电路。设病区有 8 张病床,每一张病床设有一个呼叫按钮(低电平有效呼叫),输出 3 位编码,并要求编码输出为原码。

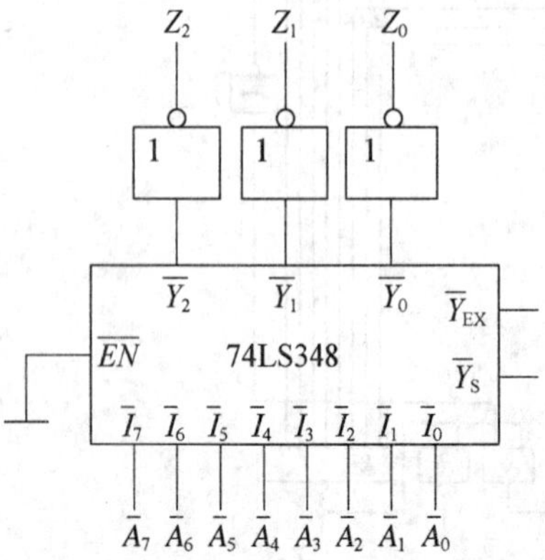

解:根据题意,确定输入/输出变量。输入信号 $\bar{A}_7$、$\bar{A}_6$…$\bar{A}_0$ 为对应 8 个病床的按钮信息(低电平有效);输出信号为 $Z_2 Z_1 Z_0$ 为编码输出(原码);$\overline{EN}$ 为使能端,$\overline{EN}=0$ 有效。

根据 74LS348 优先编码器的逻辑功能,所设计的病床呼叫编码电路如图 5 - 4 - 4 所示。显然,A_0 病床的优先权最高,A_7 病床优先权最低。假如有 16 个病床,仍然要求用 74LS348 编码集成电路来设计一个 16 - 4 优先编码电路,请读者思考。

图 5 - 4 - 4 例 5 - 4 - 1 编码电路图

4. N 编码器—以二-十进制优先编码器为例

二-十进制编码器执行的逻辑功能是将十进制数的 0~9 十个数编为二-十进制代码。所谓二-十进制代码(简称 BCD 码)就是用 4 位二进制码来表示 1 位十进制数。4 位二进制码有 16 种不同的组合,可以从中取 10 种来表示 0~9 十个数字。

二-十进制编码方案很多,如常用的有 8421BCD 码、2421BCD 码、余 3 码等,对于每一种编码都可设计出相应的编码器。下面以常用的 8421BCD 码为例来说明二-十进制编码器的设计过程。

【例 5 - 4 - 2】 设计一个按键式 8421BCD 码的逻辑电路。I_0~I_9 代表 10 个按键(键被按下时为逻辑 1,放开时为逻辑 0),$Y_3 Y_2 Y_1 Y_0$ 为输出代码,并且同时输出数据有效标志 S。

解:(1) 分析题意,确定输入信号 I_0~I_9,输出信号 Y_3、Y_2、Y_1、Y_0,列出设计框图,如图 5 - 4 - 5 所示。

(2) 列出真值表。采用 8421BCD 码编码,可得到真值表,见表 5 - 4 - 4 所示。

图 5 - 4 - 5 二-十进制编码器电路框图

表 5 - 4 - 4 例 5 - 4 - 2真值表

键	Y_3	Y_2	Y_1	Y_0	S
I_0	0	0	0	0	1
I_1	0	0	0	1	1
I_2	0	0	1	0	1
I_3	0	0	1	1	1
I_4	0	1	0	0	1
I_5	0	1	0	1	1
I_6	0	1	1	0	1
I_7	0	1	1	1	1
I_8	1	0	0	0	1
I_9	1	0	0	1	1

（3）列出逻辑表达式，并转化为与非式如下：

$$Y_0 = I_1 + I_3 + I_5 + I_7 + I_9 = \overline{\overline{I_1}\,\overline{I_3}\,\overline{I_5}\,\overline{I_7}\,\overline{I_9}}$$

$$Y_1 = I_2 + I_3 + I_6 + I_7 = \overline{\overline{I_2}\,\overline{I_3}\,\overline{I_6}\,\overline{I_7}}$$

$$Y_2 = I_4 + I_5 + I_6 + I_7 = \overline{\overline{I_4}\,\overline{I_5}\,\overline{I_6}\,\overline{I_7}}$$

$$Y_3 = I_8 + I_9 = \overline{\overline{I_8}\,\overline{I_9}}$$

$$S = I_0 + I_1 + I_2 + I_3 + I_4 + I_5 + I_6 + I_7 + I_8 + I_9$$

$$= I_0 + (I_1 + I_3 + I_5 + I_7 + I_9) + (I_2 + I_3 + I_6 + I_7) + (I_4 + I_5 + I_6 + I_7) + (I_8 + I_9)$$

$$= I_0 + Y_0 + Y_1 + Y_2 + Y_3 = \overline{\overline{I_0}\,\overline{Y_0 + Y_1 + Y_2 + Y_3}}$$

（4）画出逻辑电路图，如图 5 - 4 - 6 所示。

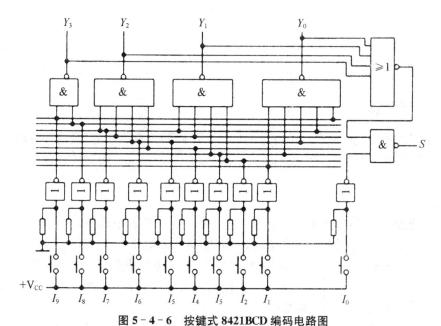

图 5 - 4 - 6　按键式 8421BCD 编码电路图

　　常用的二-十进制优先编码器集成电路有 74LS147，图 5 - 4 - 7 为二-十进制优先编码器 74LS147 逻辑图，表 5 - 4 - 5 列出了它的真值表。由逻辑图和真值表可以看出，输入信号和输出信号都是为低电平有效，编码输出为反码形式。即当某一个输入端低电平时，4 个输出端输出其对应的 8421BCD 编码的反码，$\overline{I_9}$ 优先级最高，$\overline{I_1}$ 优先级最低。仔细观察 74LS147 没有 $\overline{I_0}$ 的输入端，这是因为当 $\overline{I_9} \sim \overline{I_1}$ 各输入均无有效信号即无低电平输入时，编码器输出 $\overline{Y_3}\overline{Y_2}\overline{Y_1}\overline{Y_0} = 1111$，恰好是对应 $\overline{I_0}$ 的编码，故省去了 $\overline{I_0}$ 输入线。即当 9 个输入信号全 1 时，代表输入十进制 0 的 8421BCD 编码输出。

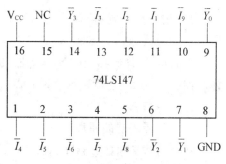

图 5 - 4 - 7　二-十进制优先编码器 74LS147

表 5 - 4 - 5　74LS147 的真值表

输　　入									输　　出			
$\overline{I}_9$	$\overline{I}_8$	$\overline{I}_7$	$\overline{I}_6$	$\overline{I}_5$	$\overline{I}_4$	$\overline{I}_3$	$\overline{I}_2$	$\overline{I}_1$	$\overline{Y}_3$	$\overline{Y}_2$	$\overline{Y}_1$	$\overline{Y}_0$
1	1	1	1	1	1	1	1	1	1	1	1	1
1	1	1	1	1	1	1	1	0	1	1	1	0
1	1	1	1	1	1	1	0	×	1	1	0	1
1	1	1	1	1	1	0	×	×	1	1	0	0
1	1	1	1	1	0	×	×	×	1	0	1	1
1	1	1	1	0	×	×	×	×	1	0	1	0
1	1	1	0	×	×	×	×	×	1	0	0	1
1	1	0	×	×	×	×	×	×	1	0	0	0
1	0	×	×	×	×	×	×	×	0	1	1	1
0	×	×	×	×	×	×	×	×	0	1	1	0

5.4.2　译码器

编码器是给每个代码赋予一个特定的信息。译码器为编码器的逆过程,它将每个代码的信息"翻译"出来,即将每一个代码译为一个特定的输出信号。能完成这种功能的逻辑电路称为译码器。

1. 译码器的分类

一个二进制译码器,输入 n 位二进制数(代表 n 位二进制编码),输出 N 个信号(代表 N 个特定对象的信号),如图 5 - 4 - 8 所示。

图 5 - 4 - 8　译码器示意图

(1) 当 $N = 2^n$,即 n 位二进制代码,可翻译表示 2^n 个信号,完成该功能的译码电路称为"2^n 译码器"(又称二进制译码器)。

常用的"2^n 进制译码器"有 3 - 8 译码器(如 74LS138)、4 - 16 译码器(如 74LS154)。

(2) 当 $N < 2^n$,即 n 位二进制代码,只翻译表示 $N(N \neq 2^n)$ 个信号,完成该功能的译码电路称为"N 译码器"。

常用的"N 译码器"有 4 线 - 10 线译码器(通常称"二-十进制译码器",如 74LS42)、七段码显示译码器(如 74LS248 、74LS49)等。

下面从"2^n 译码器"和"N 译码器"的视角,分别介绍 3 - 8 译码器(74LS138)、二-十进制译码器(74LS42)、七段显示器译码器(74LS248)的原理及应用。

2. 2^n 译码器

(1) 2^n 译码器的原理

2^n 译码器又称二进制译码器,输入为二进制码,若输入有 n 位二进制码,数码组合就有 2^n 种,可译出 2^n 个输出信号。下面以 3 位二进制译码器为例,来说明其工作原理。

【例 5-4-3】 设计一个 3 位二进制译码器,输入 3 位二进制码 $A_2A_1A_0$,输出 8 个信号 $Y_7Y_6 \cdots Y_0$。

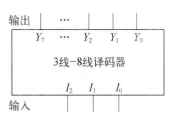

图 5-4-9 3线-8线译码器
逻辑框图

解:(1) 根据题意,可画出译码器框图如图 5-4-9 所示,列出真值表见表 5-4-6。必须指出,译码器的输出并不能直接给出数字符号,只能给出电位,即逻辑 1 或 0,在这里逻辑 1 表示有信号输出,0 表示无信号输出。当然也可以用逻辑 0 表示有信号输出,1 表示无信号输出,例如在 74LS138 译码器中就是这样表示的。

表 5-4-6 3 线-8 线译码器真值表

输 入			输 出							
A_2	A_1	A_0	Y_7	Y_6	Y_5	Y_4	Y_3	Y_2	Y_1	Y_0
0	0	0	0	0	0	0	0	0	0	1
0	0	1	0	0	0	0	0	0	1	0
0	1	0	0	0	0	0	0	1	0	0
0	1	1	0	0	0	0	1	0	0	0
1	0	0	0	0	0	1	0	0	0	0
1	0	1	0	0	1	0	0	0	0	0
1	1	0	0	1	0	0	0	0	0	0
1	1	1	1	0	0	0	0	0	0	0

(2) 列出逻辑表达式如下:

$$Y_0 = \overline{A}_2\overline{A}_1\overline{A}_0 \quad Y_1 = \overline{A}_2\overline{A}_1 A_0 \quad Y_2 = \overline{A}_2 A_1\overline{A}_0 \quad Y_3 = \overline{A}_2 A_1 A_0$$

$$Y_4 = A_2\overline{A}_1\overline{A}_0 \quad Y_5 = A_2\overline{A}_1 A_0 \quad Y_6 = A_2 A_1\overline{A}_0 \quad Y_7 = A_2 A_1 A_0$$

(3) 画出逻辑电路图。请读者根据逻辑表达式自行画出逻辑电路图。

从上例中可以看出,译码器的每个输出函数中仅包含一个最小项,即

$$Y_0 = \overline{A}_2\overline{A}_1\overline{A}_0 = m_0 \quad Y_1 = \overline{A}_2\overline{A}_1 A_0 = m_1 \quad Y_2 = \overline{A}_2 A_1\overline{A}_0 = m_2 \quad Y_3 = \overline{A}_2 A_1 A_0 = m_3$$

$$Y_4 = A_2\overline{A}_1\overline{A}_0 = m_4 \quad Y_5 = A_2\overline{A}_1 A_0 = m_5 \quad Y_6 = A_2 A_1\overline{A}_0 = m_6 \quad Y_7 = A_2 A_1 A_0 = m_7$$

利用译码器输出函数包含最小项这一特点,可以将译码器用于实现逻辑函数表达式。

(2) 2^n 译码器集成电路介绍——以 74LS138 为例

图 5-4-10 是常用中规模集成电路 74LS138(3 线-8 线译码器)的引脚图和逻辑电路图,表 5-4-7 为 74LS138 译码器的真值表。

E_0、$\overline{E}_1$、$\overline{E}_2$ 为使能端,用以控制译码器工作与否;A_0、A_1、A_2 为 3 位二进制输入码,不同数码组合产生不同的输出信号;$\overline{Y}_7\overline{Y}_6 \cdots \overline{Y}_0$ 是译码器输出端,共 8 个,用低电平逻辑 0 表示输出译码的信号有效。

由于门 G 的输出 $L = E_0\overline{E}_1\overline{E}_2$,所以当 $E_0 = 0$ 或 $\overline{E}_1 + \overline{E}_2 = 1$ 时,译码器不工作,$\overline{Y}_7$

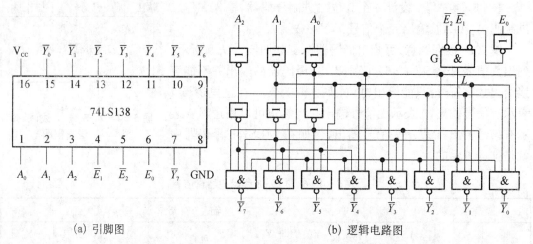

(a) 引脚图　　　　　　　　　(b) 逻辑电路图

图 5-4-10　74LS138 译码器的引脚图和逻辑电路图

$\overline{Y}_6 \cdots \overline{Y}_0$ 全为 1，与 $A_2 A_1 A_0$ 无关。当 $E_0 = 1$ 或 $\overline{E}_1 + \overline{E}_2 = 0$ 时，译码器工作，对应一组输入码，就有一个信号输出为 0。例如，从表 5-4-7 中可以看出，当 $A_2 A_1 A_0 = 001$ 时，$\overline{Y}_1 = 0$，其余输出为 1，即有 $\overline{Y}_1$ 译码输出低电平信号有效。为方便记忆，通常低电平有效的端子，在符号上方加 "—" 表示。

表 5-4-7　74LS138 译码器的真值表

输　　入					输　　出							
使能		选择码										
E_0	$\overline{E}_1 + \overline{E}_2$	A_2	A_1	A_0	$\overline{Y}_7$	$\overline{Y}_6$	$\overline{Y}_5$	$\overline{Y}_4$	$\overline{Y}_3$	$\overline{Y}_2$	$\overline{Y}_1$	$\overline{Y}_0$
×	1	×	×	×	1	1	1	1	1	1	1	1
0	×	×	×	×	1	1	1	1	1	1	1	1
1	0	0	0	0	1	1	1	1	1	1	1	0
1	0	0	0	1	1	1	1	1	1	1	0	1
1	0	0	1	0	1	1	1	1	1	0	1	1
1	0	0	1	1	1	1	1	1	0	1	1	1
1	0	1	0	0	1	1	1	0	1	1	1	1
1	0	1	0	1	1	1	0	1	1	1	1	1
1	0	1	1	0	1	0	1	1	1	1	1	1
1	0	1	1	1	0	1	1	1	1	1	1	1

从表 5-4-7 可知，74LS138 译码器的输出函数为

$$\overline{Y}_0 = \overline{\overline{A}_2\, \overline{A}_1\, \overline{A}_0} = \overline{m_0} \qquad \overline{Y}_1 = \overline{\overline{A}_2\, \overline{A}_1\, A_0} = \overline{m_1}$$

$$\overline{Y}_2 = \overline{\overline{A}_2 A_1 \overline{A}_0} = \overline{m_2} \qquad \overline{Y}_3 = \overline{\overline{A}_2 A_1 A_0} = \overline{m_3}$$

$$\overline{Y}_4=\overline{\overline{A}_2\overline{A}_1\ \overline{A}_0}=\overline{m}_4 \qquad \overline{Y}_5=\overline{\overline{A}_2\overline{A}_1\ A_0}=\overline{m}_5$$

$$\overline{Y}_6=\overline{\overline{A}_2 A_1\overline{A}_0}=\overline{m}_6 \qquad \overline{Y}_7=\overline{\overline{A}_2 A_1 A_0}=\overline{m}_7$$

这种输入 3 根线、输出 8 根线的译码器也称为 3 线-8 线译码器,同样的还有 4 线-16 线译码器(如 74LS154),请读者查阅相关资料。

(3) 2^n 译码器实现组合逻辑函数

由译码器的工作原理可知,译码器可产生输入地址变量的全部最小项,故可将译码器用于实现逻辑函数表达式。例如,一个 3 线-8 线译码器,若输入为 A、B、C,则可产生 8 个输出信号 $Y_0=\overline{A}\,\overline{B}\,\overline{C}$、$Y_1=\overline{A}\,\overline{B}C$、$Y_2=\overline{A}B\overline{C}$、$Y_3=\overline{A}BC$、$Y_4=A\overline{B}\,\overline{C}$、$Y_5=A\overline{B}C$、$Y_6=AB\overline{C}$、$Y_7=ABC$,即 $Y_0=m_0$、$Y_1=m_1$、$Y_2=m_2$、$Y_3=m_3$、$Y_4=m_4$、$Y_5=m_5$、$Y_6=m_6$、$Y_7=m_7$。而任何一个组合逻辑函数都可以用最小项之和来表示,所以可以用译码器来产生逻辑函数的全部最小项,再用或门将所有最小项相加,即可实现组合逻辑函数。

【例 5-4-4】　利用中规模集成电路 3 线-8 线译码器 74LS138 的输出函数,实现逻辑函数

$$F(A,B,C)=\overline{A}\,\overline{B}\,\overline{C}+A\overline{B}\,\overline{C}+A\overline{B}C+\overline{A}BC$$

解:(1) 将函数 $F(A,B,C)$ 写成最小项表达式为

$$F(A,B,C)=m_0+m_3+m_4+m_5$$

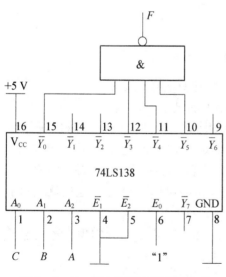

图 5-4-11　用 74LS138 译码器实现逻辑函数的连线图

(2) 将函数输入变量 A、B、C 接到 3 线-8 线译码器的 3 个输入端。集成电路译码器 74LS138 输出低电平有效,所以 3 线-8 线译码器的输出对应为 $\overline{Y}_0=\overline{m}_0$、$\overline{Y}_1=\overline{m}_1$、$\overline{Y}_2=\overline{m}_2$、$\overline{Y}_3=\overline{m}_3$、$\overline{Y}_4=\overline{m}_4$、$\overline{Y}_5=\overline{m}_5$、$\overline{Y}_6=\overline{m}_6$、$\overline{Y}_7=\overline{m}_7$。根据函数 $F(A,B,C)$ 要求,只要将译码器的 $\overline{m}_0$、$\overline{m}_3$、$\overline{m}_4$、$\overline{m}_5$ 4 个最小项取出再与非即得

$$F=\overline{\overline{m}_0\ \overline{m}_3\ \overline{m}_4\ \overline{m}_5}=m_0+m_3+m_4+m_5$$

(3) 根据以上分析,可画出符合题意的接线图,如图 5-4-11 所示。

(4) 2^n 译码器在计算机系统中的应用

译码器的用途很广,在计算机系统中,通常一台计算机需要控制多个对象,可利用译码器每次输出一个有效信号的特点,来控制多个对象中的一个,实现多个对象逐个控制。

【例 5-4-5】　设某计算机应用系统有 8 台设备,8 台设备的数据线通过总线与计算机系统的数据总线相连;每一台设备有一个选通信号(也称使能端),低电平有效。请用集成电路译码器 74LS138 实现 8 台设备的控制过程,并说明 8 台设备的地址号。

解:(1) 将译码器 74LS138 的输出 $\overline{Y}_7\ \overline{Y}_6\cdots\overline{Y}_0$ 分别与 8 台设备的选通信号 $\overline{S}_7\ \overline{S}_6\cdots\overline{S}_0$ 连接,8 台设备的数据线(三态门输出)与计算机总线连接。

（2）将译码器 74LS138 的输入 $A_2A_1A_0$ 分别与计算机地址连接。

（3）根据以上分析，可画出符合题意的接线图，如图 5-4-12 所示，8 台设备对应的地址号 $A_2A_1A_0$ 为 000、001、010、011、100、101、110、111。当 $A_2A_1A_0=000$ 时，选中"设备 0"，即"设备 0"与计算机系统进行数据交换，其他设备的数据口处于"高阻"状态；当 $A_2A_1A_0=001$ 时，选中"设备 1"，"设备 1"与计算机系统进行数据交换，其他设备的数据口处于"高阻"状态，依次类推。

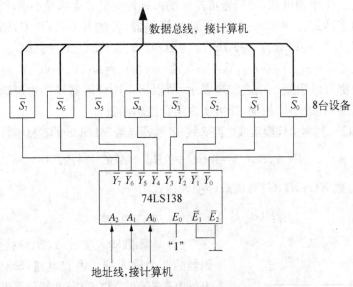

图 5-4-12　74LS138 译码器在计算机系统中的应用

图 5-4-13　8421BCD 译码器逻辑框图

3. N 译码器——以二-十进制译码器为例

（1）二-十进制译码器的原理

8421BCD 码是最常用的二-十进制码，它用二进制码 0000～1001 来代表十进制数 0～9。因此，这种译码器应有 4 个输入端，10 个输出端。若译码结果为低电平有效，则输入一组二进制码，对应的一个输出端为 0，其余为 1，这样就表示了二进制码所对应的十进制数的状态。

设二进制码输入为 $A_3A_2A_1A_0$，输出为 $\overline{Y}_9\overline{Y}_8\cdots\overline{Y}_0$（低电平有效），则实现上述功能的二-十进制译码器逻辑框图如图 5-4-13 所示，真值表见表 5-4-8。

表 5-4-8　8421BCD 译码的真值表

输　入				输　　出									
A_3	A_2	A_1	A_0	$\overline{Y}_9$	$\overline{Y}_8$	$\overline{Y}_7$	$\overline{Y}_6$	$\overline{Y}_5$	$\overline{Y}_4$	$\overline{Y}_3$	$\overline{Y}_2$	$\overline{Y}_1$	$\overline{Y}_0$
0	0	0	0	1	1	1	1	1	1	1	1	1	0
0	0	0	1	1	1	1	1	1	1	1	1	0	1
0	0	1	0	1	1	1	1	1	1	1	0	1	1
0	0	1	1	1	1	1	1	1	1	0	1	1	1

续表

输　入				输　　出									
0	1	0	0	1	1	1	1	1	0	1	1	1	1
0	1	0	1	1	1	1	1	0	1	1	1	1	1
0	1	1	0	1	1	1	0	1	1	1	1	1	1
0	1	1	1	1	1	0	1	1	1	1	1	1	1
1	0	0	0	1	0	1	1	1	1	1	1	1	1
1	0	0	1	0	1	1	1	1	1	1	1	1	1
1	0	1	0	×	×	×	×	×	×	×	×	×	×
1	0	1	1	×	×	×	×	×	×	×	×	×	×
1	1	0	0	×	×	×	×	×	×	×	×	×	×
1	1	0	1	×	×	×	×	×	×	×	×	×	×
1	1	1	0	×	×	×	×	×	×	×	×	×	×
1	1	1	1	×	×	×	×	×	×	×	×	×	×

根据表 5 - 4 - 8 的真值表,可以得出 $\overline{Y}_9$ $\overline{Y}_8\cdots\overline{Y}_0$ 的最简逻辑表达式,从而画出二-十进制译码器的逻辑电路图,如图 5 - 4 - 14 所示。显然,由于采用小规模集成电路设计,电路非常复杂,在实际应用中应采用中规模集成电路。常用的中规模集成电路 74LS42 为 8421BCD 码二-十进制译码器,74LS43 为余 3 码二-十进制译码器等。由于篇幅关系,下面简单介绍一下 74LS42 的逻辑功能。

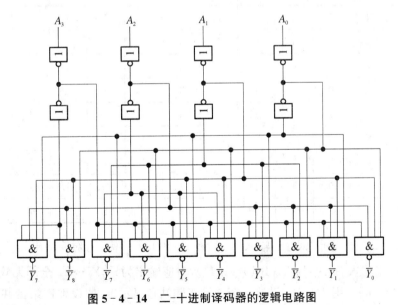

图 5 - 4 - 14　二-十进制译码器的逻辑电路图

(2) 二-十进制译码器 74LS42

图 5 - 4 - 15 是常用中规模集成电路 74LS42(BCD 码二-十进制译码器)的引脚图,表

5-4-9 为 74LS42 的真值表。

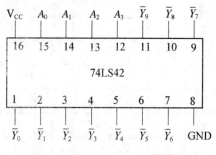

图 5-4-15 74LS42 引脚图

表 5-4-9 74LS42 BCD 码二-十进制译码器真值表

输　入				输　出									
A_3	A_2	A_1	A_0	$\bar{Y}_9$	$\bar{Y}_8$	$\bar{Y}_7$	$\bar{Y}_6$	$\bar{Y}_5$	$\bar{Y}_4$	$\bar{Y}_3$	$\bar{Y}_2$	$\bar{Y}_1$	$\bar{Y}_0$
0	0	0	0	1	1	1	1	1	1	1	1	1	0
0	0	0	1	1	1	1	1	1	1	1	1	0	1
0	0	1	0	1	1	1	1	1	1	1	0	1	1
0	0	1	1	1	1	1	1	1	1	0	1	1	1
0	1	0	0	1	1	1	1	1	0	1	1	1	1
0	1	0	1	1	1	1	1	0	1	1	1	1	1
0	1	1	0	1	1	1	0	1	1	1	1	1	1
0	1	1	1	1	1	1	0	1	1	1	1	1	1
1	0	0	0	1	0	1	1	1	1	1	1	1	1
1	0	0	1	0	1	1	1	1	1	1	1	1	1
1	0	1	0	1	1	1	1	1	1	1	1	1	1
1	0	1	1	1	1	1	1	1	1	1	1	1	1
1	1	0	0	1	1	1	1	1	1	1	1	1	1
1	1	0	1	1	1	1	1	1	1	1	1	1	1
1	1	1	0	1	1	1	1	1	1	1	1	1	1
1	1	1	1	1	1	1	1	1	1	1	1	1	1

从 74LS42 真值表可以看出，输入 $A_3A_2A_1A_0$（0000～1010），对应输出为 $\bar{Y}_9\,\bar{Y}_8\cdots\bar{Y}_0$（低电平有效）。当输入 $A_3A_2A_1A_0$（1010～1111），对应输出为 $\bar{Y}_9\,\bar{Y}_8\cdots\bar{Y}_0$ 全部无效（高电平）。

【例 5-4-6】 用 74LS42 设计一个地铁车厢站台显示屏，假设地铁站台共有 10 站，地铁每到一站对应指示灯亮，提示乘客下车。

解:（1）分析要求。设计算机输出 8421BCD 码至 $A_3A_2A_1A_0$ 输入端，输出 $\bar{Y}_9\,\bar{Y}_8\cdots\bar{Y}_0$ 分别接 10 个指示灯，如图 5-4-16 所示。

(2) 根据 8421 码对应的译码输出,当 $A_3 A_2 A_1 A_0$ 为 0000、0001…1001 时,依次点亮 0 号灯、1 号灯…9 号灯亮,每次只有一只灯亮。

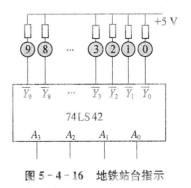

图 5-4-16　地铁站台指示

4. N 译码器-显示译码器

在数字系统中,通常需要把某些数字量用数字显示出来。因此,数字显示电路是数字系统中不可缺少的部分。数字显示电路通常由译码器、驱动器和显示器组成,如图 5-4-17 所示。

图 5-4-17　数字显示电路的组成

(1) 显示器件

在数字系统中,经常需要用数字器件将数字、文字和符号直观地显示出来。能够用来直观显示数字、文字和符号的器件称为显示器。数字显示器件种类很多,按发光材料不同可分为真空荧光管显示器 VFD(vacuum fluorescent display)、半导体发光二极管显示器 LED(light emitting diode)和液晶显示器 LCD(liquid crystal display)等;按显示方式不同可分为字形重叠式、分段式、点阵式等。

荧光数码显示器是一种指形玻璃壳的电子管,由灯丝、栅极、阴极、阳极组成。显示段码表面涂有荧光粉,阳极吸引电子发出荧光。其特点是字形清晰,但灯丝电源消耗功率大,机械强度差,主要用于早期的数字仪表、计算器等装置。

液晶显示器是一种能显示数字、图文的新器件,具有很大的应用前景。它具有体积小、耗电省、显示内容广等特点,得到了广泛应用。但其显示机理复杂。

目前使用较普遍的是分段式发光二极管显示器。发光二极管是一种特殊的二极管,加正电压时导通并发光,所发的光有红、黄、绿等多种颜色。它有一定的工作电压和电流,所以在实际使用中应注意按电流的额定值(一般在几十 mA),串接适当限流电阻来实现。

图 5-4-18 为七段半导体发光二极管显示器示意图,它由 7 只半导体发光二极管组合而成,分共阳、共阴两种接法。共阳接法是指各段发光二极管阳极相连,如图 5-4-18(c) 所示,当某段阴极电位低时,该段发亮。共阴接法相反,如图 5-4-18(b) 所示。

根据七段发光二极管的显示原理,采用前面介绍的二-十进制译码器已不能适合七段码的显示,必须采用专用的显示译码器。

(2) 显示译码器

下面以二-十进制七段译码器电路为例,显示译码器的工作原理及设计方法。

【例 5-4-7】 设计一个 8421BCD 二-十进制七段译码器。

解:(1) 分析要求。设输入 8421BCD 码 $A_3 A_2 A_1 A_0$,输出七段码 a、b、c、d、e、f 和 g,可画出设计框图,如图 5-4-19 所示。

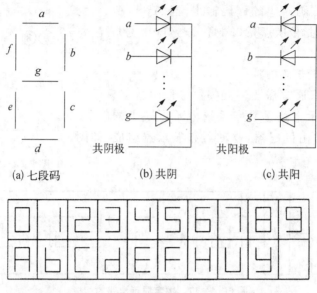

(a) 七段码　　　　(b) 共阴　　　　(c) 共阳

(d) 各种字形

图 5-4-18　七段发光二极管显示器示意图

图 5-4-19　8421BCD 二-十进制七段译码器设计框图

　　（2）列真值表。根据 8421 码对应的十进制数，要求七段显示字段组合，见表 5-4-10。在该表中，没有列出的 6 种状态 1010、1011、1100、1101、1110、1111 为无效状态。

表 5-4-10　七段显示译码器真值表

输　入				输　　　出							字形
A_3	A_2	A_1	A_0	a	b	c	d	e	f	g	
0	0	0	0	1	1	1	1	1	1	0	0
0	0	0	1	0	1	1	0	0	0	0	1
0	0	1	0	1	1	0	1	1	0	1	2
0	0	1	1	1	1	1	1	0	0	1	3
0	1	0	0	0	1	1	0	0	1	1	4
0	1	0	1	1	0	1	1	0	1	1	5
0	1	1	0	1	0	1	1	1	1	1	6
0	1	1	1	1	1	1	0	0	0	0	7
1	0	0	0	1	1	1	1	1	1	1	8
1	0	0	1	1	1	1	0	0	1	1	9

（3）画卡诺图并化简，得出 a、b、c、d、e、f、g 的逻辑表达式。无效状态作为约束条件处理。

$$\bar{a} = A_2\bar{A}_1\bar{A}_0 + \bar{A}_3\bar{A}_2\bar{A}_1A_0 = \overline{\overline{A_2\bar{A}_1\bar{A}_0}\ \overline{\bar{A}_3\bar{A}_2\bar{A}_1A_0}}$$

$$\bar{b} = A_2\bar{A}_1A_0 + A_2A_1\bar{A}_0 = \overline{\overline{A_2\bar{A}_1A_0}\ \overline{A_2A_1\bar{A}_0}}$$

$$\bar{c} = \bar{A}_2A_1\ \bar{A}_0$$

$$\bar{d} = A_2\bar{A}_1\bar{A}_0 + A_2A_1A_0 + \bar{A}_2\bar{A}_1A_0 = \overline{\overline{A_2\bar{A}_1\bar{A}_0}\ \overline{A_2A_1A_0}\ \overline{\bar{A}_2\bar{A}_1A_0}}$$

$$\bar{e} = A_2\bar{A}_1 + A_0 = \overline{\overline{A_2\bar{A}_1}\ \bar{A}_0}$$

$$\bar{f} = A_1A_0 + \bar{A}_2A_1 + \bar{A}_3\bar{A}_2A_0 = \overline{\overline{A_1A_0}\ \overline{\bar{A}_2A_1}\ \overline{\bar{A}_3\bar{A}_2A_0}}$$

$$\bar{g} = \bar{A}_3\bar{A}_2\bar{A}_1 + A_2A_1A_0 = \overline{\overline{\bar{A}_3\bar{A}_1\bar{A}_0}\ \overline{A_2A_1A_0}}$$

（4）画出逻辑电路图。以上是组合逻辑电路的一般设计方法，显然根据 a、b、c、d、e、f、g 的逻辑表达式，用与、或、非逻辑门就可以画出逻辑电路图，但电路会很复杂，请读者考虑。

典型的中规模集成电路显示译码器有 74LS247、74LS248、74LS49、CD4511 等。图 5-4-20 和表 5-4-11 分别是 74LS248 七段译码器的引脚图和功能表，译码输出高电平有效，适合于共阴接法的七段数码管使用。

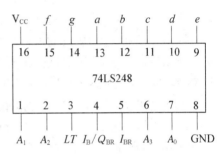

图 5-4-20　74LS248 七段译码器引脚的逻辑电路图

表 5-4-11　74LS248 功能表

	输　　入					输　　出								
	LT	I_{BR}	A_3	A_2	A_1	A_0	I_B/Q_{BR}	a	b	c	d	e	f	g	
0	1	1	0	0	0	0	1	1	1	1	1	1	1	0	0
1	1	×	0	0	0	1	1	0	1	1	0	0	0	0	1
2	1	×	0	0	1	0	1	1	1	0	1	1	0	1	2
3	1	×	0	0	1	1	1	1	1	1	1	0	0	1	3
4	1	×	0	1	0	0	1	0	1	1	0	0	1	1	4
5	1	×	0	1	0	1	1	1	0	1	1	0	1	1	5
6	1	×	0	1	1	0	1	0	0	1	1	1	1	1	6
7	1	×	0	1	1	1	1	1	1	1	0	0	0	0	7
8	1	×	1	0	0	0	1	1	1	1	1	1	1	1	8
9	1	×	1	0	0	1	1	1	1	1	1	0	1	1	9
10	1	×	1	0	1	0	1	0	0	0	1	1	0	1	

	输 入					输 出								
	LT	I_{BR}	A_3	A_2	A_1	A_0	I_B/Q_{BR}	a	b	c	d	e	f	g	
11	1	×	1	0	1	1	1	0	0	1	1	0	0	1	
12	1	×	1	1	0	0	1	0	1	0	0	1	1	1	
13	1	×	1	1	0	1	1	1	0	0	1	0	1	1	
14	1	×	1	1	1	0	1	0	0	0	1	1	1	1	
15	1	×	1	1	1	1	1	0	0	0	0	0	0	0	暗
灭灯	×	×	×	×	×	×	0	0	0	0	0	0	0	0	暗
灭0	1	0	0	0	0	0	0	0	0	0	0	0	0	0	暗
试灯	0	×	×	×	×	×	1	1	1	1	1	1	1	1	8

在表 5-4-11 中，$A_3A_2A_1A_0$ 为 8421BCD 码输入，a、b、c、d、e、f 和 g 为七段数码输出；LT、I_{BR}、I_B/Q_{BR} 为辅助输入信号和输出信号，分析如下：

① LT(lamp test)为试灯输入信号，用来检查数码管好坏，当 $LT=0$ 时，$a \sim g$ 七段输出均为 1，全亮，此时 I_B/Q_{BR} 输出为 1(见表 5-4-11 倒数第一行)。正常工作时，LT 为 1。

② I_{BR} 为"灭 0"(暗)输入信号，用来动态灭 0。当 $I_{BR}=0$ 且 $LT=1$、$A_3A_2A_1A_0=0000$ 时，使 I_B/Q_{BR} 端输出 0(见表 5-4-11 倒数第二行)，使数字 0 各段码熄灭，即不显示 0，而对数字 1~9 照常显示。利用该功能，可将有效数字前、后无用的 0 熄灭，即不显示有效数字前后的 0，这不仅便于读数，还减少了耗电。例如数字 030.800，可显示为 30.8，这样更适合于人的习惯。

③ I_B/Q_{BR} 为"灭灯输入"/"灭 0 输出"信号，该端即可作为输入 I_B 也可作为输出 Q_{BR}。当 I_B/Q_{BR} 端输入 0 时(见表 5-4-11 倒数第三行)，使数字 0 各段码熄灭，即不显示 0，效果与②相同。

④ 在多位数字显示应用中，利用 I_{BR} 和 I_B/Q_{BR} 可使多余 0 熄灭，例如图 5-4-21 中，原显示 030.900 可显示为 30.9，读者可从图中总结出连接规律：对小数点前面的数，最高一位 I_{BR} 接地(低电位)，其余为高位，Q_{BR} 接低位 I_{BR}；对小数点后面的数，最低一位 I_{BR} 接地，其余为低位，Q_{BR} 接高位 I_{BR}。图 5-4-21 中的七段数码译码器采用的是 74LS248。

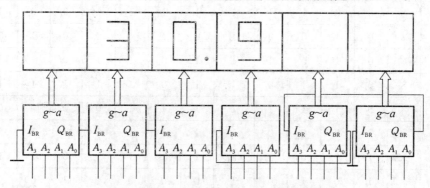

图 5-4-21 多位显示多余 0 熄灭连接图

5.4.3 数据选择器

在数字系统中,常常需要把多个通道送来的信号传送到公共数据线上,但在任一时刻,多个通道送来的输入信号只能选择一路信号送到公共线上,完成这种功能的逻辑电路称为数据选择器,也称为多路选择器。其作用相当于多路开关,故数据选择器又称多路开关。常见的数据选择器有 4 选 1、8 选 1、16 选 1 电路。

1. 数据选择器的工作原理

图 5 - 4 - 22(a)所示是 4 选 1 数据选择器,有 4 个通道 I_0、I_1、I_2、I_3,有两个控制信号 A_1、A_0,$\overline{E}$ 为使能信号(也可认为是控制信号,低电平有效)。当 $\overline{E}=0$ 时,电路处于工作状态,当 $\overline{G}=1$ 时,电路处于锁定状态。图 5 - 4 - 22(b)所示是 4 选 1 数据选择器的等效模型,表 5 - 4 - 12 为 4 选 1 数据选择器真值。

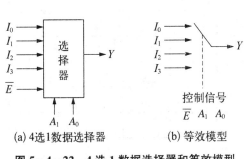

(a) 4选1数据选择器　(b) 等效模型

图 5 - 4 - 22　4 选 1 数据选择器和等效模型

表 5 - 4 - 12　4 选 1 真值表

输　　入			输出
$\overline{E}$	A_1	A_0	Y
0	0	0	I_0
0	0	1	I_1
0	1	0	I_2
0	1	1	I_3
1	$\times$	$\times$	0

输出信号逻辑表达式为

$$Y = I_0(\overline{A}_1\overline{A}_0) + I_1(\overline{A}_1 A_0) + I_2(A_1\overline{A}_0) + I_3(A_1 A_0)$$
$$= I_0 m_0 + I_1 m_1 + I_2 m_2 + I_3 m_3$$

可见,在数据选择器输出函数中,包含了输入变量的全部最小项。所以,可将数据选择器用于实现逻辑函数表达式。根据上述逻辑表达式,画出逻辑电路图,如图 5 - 4 - 23 所示。

2. 数据选择器 74LS151

常用的中规模集成电路数据选择器有:74LS157(4 选 1)、74LS151(8 选 1)、74LS153(双 4 选 1)、CD14539(双 4 选 1)等,双 4 选 1 是指在同一集成块内有两个 4 选 1。下面以 74LS151 为代表分析其逻辑功能及基本应用,其他集成电路请读者查阅相关资料。

图 5 - 4 - 24 为 74LS151 引脚图,表 5 - 4 - 13 为 74LS151 的功能表。A_2、A_1、A_0 为控制信号,用以选择不同的通道;$I_0 \sim I_7$ 为数据输入信号;$\overline{E}$ 为使能信号,当 $\overline{E}=1$ 时,输出 $Y=0$;当 $\overline{E}=0$ 时,选择器

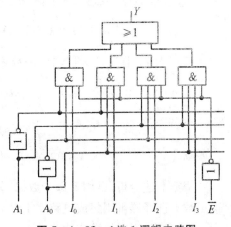

图 5 - 4 - 23　4 选 1 逻辑电路图

处于工作状态。按表 5-4-13 写出数据选择器的逻辑表达式为

$$Y = I_0 \overline{A}_2 \overline{A}_1 \overline{A}_0 + I_1 \overline{A}_2 \overline{A}_1 A_0 + I_2 \overline{A}_2 A_1 \overline{A}_0 + I_3 \overline{A}_2 A_1 A_0 + I_4 A_2 \overline{A}_1 \overline{A}_0$$
$$+ I_5 A_2 \overline{A}_1 A_0 + I_6 A_2 A_1 \overline{A}_0 + I_7 A_2 A_1 A_0$$
$$= I_0 m_0 + I_1 m_1 + I_2 m_2 + I_3 m_3 + I_4 m_4 + I_5 m_5 + I_6 m_6 + I_7 m_7$$

表 5-4-13　74LS151 功能表

输　入				输　出	
$\overline{E}$	A_2	A_1	A_0	Y	$\overline{Y}$
0	0	0	0	I_0	$\overline{I}_0$
0	0	0	1	I_1	$\overline{I}_1$
0	0	1	0	I_2	$\overline{I}_2$
0	0	1	1	I_3	$\overline{I}_3$
0	1	0	0	I_4	$\overline{I}_4$
0	1	0	1	I_5	$\overline{I}_5$
0	1	1	0	I_6	$\overline{I}_6$
0	1	1	1	I_7	$\overline{I}_7$
1	×	×	×	0	1

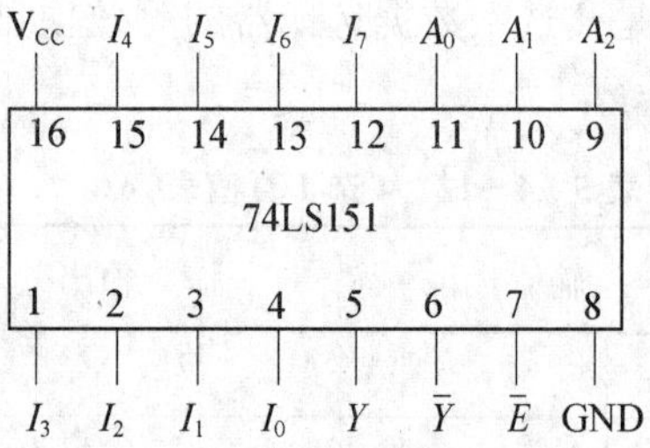

图 5-4-24　74LS151 引脚图

3. 用数据选择器实现组合逻辑函数

通过对数据选择器的分析知道,数据选择器的输出函数表达式本身就是一个组合逻辑的表达式。例如,74LS151 是一个 8 选 1 数据选择器,其输出函数逻辑表达式为

$$Y(A_2, A_1, A_0) = I_0 m_0 + I_1 m_1 + I_2 m_2 + I_3 m_3 + I_4 m_4 + I_5 m_5 + I_6 m_6 + I_7 m_7$$

下面通过举例来说明如何利用数据选择器来实现组合逻辑函数。

【例 5-4-8】 用 8 选 1 数据选择器实现逻辑函数 $F(A, B, C) = \overline{A}\,\overline{B}\,\overline{C} + A\overline{C} + ABC$。

解:(1) 将函数表达式展开成最小项式。

$$F(A, B, C) = \overline{A}\,\overline{B}\,\overline{C} + A\overline{C}(B + \overline{B}) + ABC = m_0 + m_4 + m_6 + m_7$$

(2) 写出 8 选 1 选择器输出函数表达式,并与上述函数进行比较,求出对应关系。

$$Y(A_2, A_1, A_0) = I_0 m_0 + I_1 m_1 + I_2 m_2 + I_3 m_3 + I_4 m_4 + I_5 m_5 + I_6 m_6 + I_7 m_7$$

令 $A_2 = A, A_1 = B, A_0 = C, I_0 = I_4 = I_6 = I_7 = 1, I_1 = I_2 = I_3 = I_5 = 0$

则　　　　　$Y(A_2, A_1, A_0) = F(A, B, C) = m_0 + m_4 + m_6 + m_7$

根据上述分析,可用 8 选 1 数据选择器实现逻辑函数的外部接线图 5-4-25,图中的 8 选 1 数据选择器可用集成电路 74LS151。由此可以得出,用 8 选 1 数据选择器可以实现任意 3 个变量的逻辑函数表达式。

【例 5-4-9】　用 4 选 1 数据选择器实现逻辑函数 $F(A,B,C)=A\bar{B}+\bar{B}C+AB\bar{C}$

解：(1) 将逻辑函数化成最小项式。

$$F(A,B,C)=\bar{A}\bar{B}C+A\bar{B}\bar{C}+A\bar{B}C+AB\bar{C}$$

(2) 写出 4 选 1 数据选择器输出函数逻辑表达式，并与上述逻辑表达式进行比较，求出对应关系。

$$Y(A_1,A_0)=I_0\bar{A}_1\bar{A}_0+I_1\bar{A}_1A_0+I_2A_1\bar{A}_0+I_3A_1A_0$$

与例 5-4-8 不同的是，逻辑函数有 3 个输入变量，而 4 选 1 数据选择器只有 2 个地址输入端。若将输入变量 A、B 接 4 选 1 数据选择器的地址端 A_1、A_0，输入变量 C 接选择器相关的数据输入端 I_i，比较函数 F 及 Y。

$$F(A,B,C)=C(\bar{A}\bar{B})+\bar{C}(A\bar{B})+C(A\bar{B})+\bar{C}(AB)$$
$$Y(A_1,A_0)=I_0(\bar{A}_1\bar{A}_0)+I_1(\bar{A}_1A_0)+I_2(A_1\bar{A}_0)+I_3(A_1A_0)$$

令 $A_1=A$，$A_0=B$，$I_0=C$，$I_1=0$，$I_2=1$，$I_3=\bar{C}$

则 $Y(A_1,A_0)=F(A,B,C)$

(3) 根据以上分析，可画出实现函数 F 的连线图，如图 5-4-26 所示。

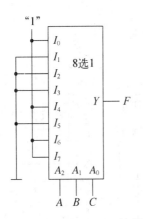
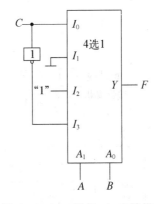

图 5-4-25　例 5-4-8 接线图　　　图 5-4-26　例 5-4-9 接线图

【例 5-4-10】　用 8 选 1 数据选择器实现四变量函数 $F(A,B,C,D)=\sum m(1,3,5,7,10,14,15)$

解：(1) 设函数 $F(A,B,C,D)$ 中的输入变量 A、B、C 分别接 8 选 1 选择器的 A_2、A_1、A_0，D 接选择器相关的数据输入端 I_i，做法与例 5-4-9 类似。

$$\begin{aligned}F(A,B,C,D)&=\bar{A}\bar{B}\bar{C}D+\bar{A}\bar{B}CD+\bar{A}B\bar{C}D+\bar{A}BCD+AB\bar{C}\bar{D}+ABC\bar{D}+ABCD\\&=D(\bar{A}\bar{B}\bar{C})+D(\bar{A}\bar{B}C)+D(\bar{A}B\bar{C})+D(\bar{A}BC)+\bar{D}(AB\bar{C})\\&\quad+\bar{D}(ABC)+D(ABC)\end{aligned}$$

(2) 8 选 1 数据选择器输出函数表达式为

$$Y(A_2,A_1,A_0)=I_0\overline{A_2}\,\overline{A_1}\,\overline{A_0}+I_1\overline{A_2}\,\overline{A_1}A_0+I_2\overline{A_2}A_1\overline{A_0}+I_3\overline{A_2}A_1A_0$$
$$+I_4A_2\overline{A_1}\,\overline{A_0}+I_5A_2\overline{A_1}A_0+I_6A_2A_1\overline{A_0}+I_7A_2A_1A_0$$

比较函数 F 与 Y：

令 $A_2=A,A_1=B,A_0=C$

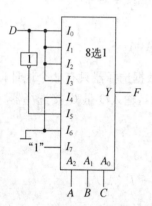

图 5-4-27
例 5-4-10 接线图

$$I_0=D,I_1=D,I_2=D,I_3=D$$
$$I_4=0,I_5=\overline{D},I_6=0,I_7=1$$

则 $Y(A_2,A_1,A_0)=F(A,B,C,D)$

(3) 由上述分析，可画出线路图，如图 5-4-27 所示。

由上述几例可以看出，用中规模集成电路实现逻辑函数比用小规模集成逻辑门实现要简单得多。还可以推论出：用 2^n 选 1 数据选择器可以实现 $n+1$ 个变量的任何组合逻辑函数。

4. 数据选择器在计算机中的应用

数据选择器在计算机控制系统中得到了广泛应用，图 5-4-28 为用 74LS151 实现 8 路信号的采集电路。设现有的 8 台设备 $I_0\sim I_7$，每台设备的地址号依次为 000、001、010…111，则当计算机每输出一个地址 $A_2A_1A_0$ 信号，数据选择器就选择其中对应的一台设备的信息，传送给计算机系统。

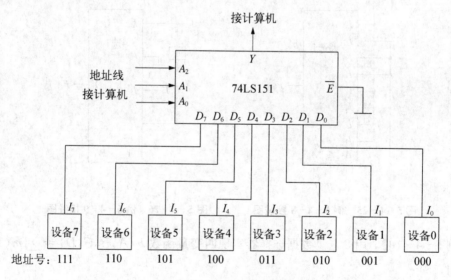

图 5-4-28 74LS151 在多路信号采集电路中的应用

5.4.4 加法器

加法器是计算机中不可缺少的组成单元，应用十分广泛。两个二进制数相加，其中任意一位进行加法运算时，参与运算的除两数本位外，还应有低位的进位，实现这种加法运算的电路称为全加器(full adder)。不考虑进位的加法运算电路称为半加器(half adder)。

1. 半加器

设 A_i 和 B_i 是两个一位二进制数，半加后得到的和为 S_i，向高位的进位为 C_i。根据半加器的含义，可得真值表，见表 5-4-14。

由表 5-4-14 可求得逻辑表达式为

$$S_i = \overline{A_i}B_i + A_i\overline{B_i} = A_i \oplus B_i \quad C_i = A_i \cdot B_i$$

由上述逻辑表达式可以得到半加器逻辑电路图和符号图，如 5-4-29 所示。

表 5-4-14　半加器的真值表

输　　入		输　　出	
A_i	B_i	S_i	C_i
0	0	0	0
0	1	1	0
1	0	1	0
1	1	0	1

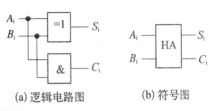

(a) 逻辑电路图　　　(b) 符号图

图 5-4-29　半加器逻辑电路图和符号图

2. 全加器

两个二进制数本位相加时，在多数情况下，还要考虑来自低位的进位，实现全加。设 A_i、B_i 为两个一位二进制数，C_{i-1} 表示来自低位的进位，全加后得到本位的和为 S_i，向高位进位为 C_i。根据全加器的含义，可得到真值表见表 5-4-15。

表 5-4-15　全加器的真值表

输　　　　入			输　　　　出	
A_i	B_i	C_{i-1}	S_i	C_i
0	0	0	0	0
0	0	1	1	0
0	1	0	1	0
0	1	1	0	1
1	0	0	1	0
1	0	1	0	1
1	1	0	0	1
1	1	1	1	1

由真值表 5-4-15 可画出 S_i、C_i 的卡诺图如图 5-4-30 所示。求出逻辑表达式为

$$S_i = \overline{A_i}\overline{B_i}C_{i-1} + \overline{A_i}B_i\overline{C_{i-1}} + A_i\overline{B_i}\overline{C_{i-1}} + A_iB_iC_{i-1}$$

$$= \overline{A_i}(\overline{B_i}C_{i-1} + B_i\overline{C_{i-1}}) + A_i(\overline{B_i}\overline{C_{i-1}} + B_iC_{i-1})$$

$$= \overline{A_i}(B_i \oplus C_{i-1}) + A_i\overline{B_i \oplus C_{i-1}} = A_i \oplus B_i \oplus C_{i-1}$$

$$C_i = \overline{A}_i B_i C_{i-1} + A_i \overline{B}_i C_{i-1} + A_i B_i$$
$$= (\overline{A}_i B_i + A_i \overline{B}_i) C_{i-1} + A_i B_i$$
$$= (A_i \oplus B_i) C_{i-1} + A_i B_i$$

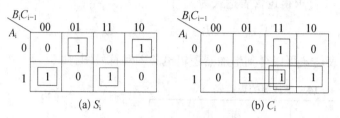

图 5 - 4 - 30　卡诺图

由上述 S_i、C_i 的逻辑表达式可画出全加器逻辑电路图和符号图,如图 5 - 4 - 31 所示。

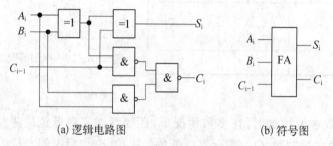

图 5 - 4 - 31　全加器逻辑电路图和符号图

3. 多位加法器

实际的加法器一般是多位加法器。图 5 - 4 - 32 给出一个四位并行全加器电路,设 $A = A_3 A_2 A_1 A_0$ 和 $B = B_3 B_2 B_1 B_0$ 相加,每一位相加都用一个全加器,一共四个全加器。每一位的进位送到高一位,因此高位相加时必须等待低位进位信号到来,所以这种结构的加法器又叫逐位加法器,有的书上也称为串行进位加法器。这种加法器结构简单,但每一位运算的最终结果,要等到低位运算结束,产生进位并参与运算以后才能获得,因此运算速度较慢。

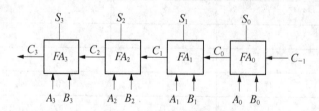

图 5 - 4 - 32　四位并行全加器电路

为了提高运算速度,中规模集成电路加法器多采用超前进位加法器。由加法规律可知:当 A、B 两个二进制数相加时,若 $A_{i-1} = B_{i-1} = 1$ 时,$C_{i-1} = 1$ 有进位;若 $A_{i-1} + B_{i-1} = 1$,$C_{i-2} = 1$ 时,$C_{i-1} = 1$ 也有进位;其他情况下无进位产生。C_{i-2} 的产生同样符合上述规律,可一直推论下去。由此可见,根据参与运算的数可事先(超前)知道有无进位信号,即进位信号可并行产生,而不必像串行进位加法器需逐级传递进位信号,这种基本思路构成了超前进位加法器。

图 5 - 4 - 33 是中规模集成电路 74LS283 四位二进制超前进位全加器逻辑电路图。

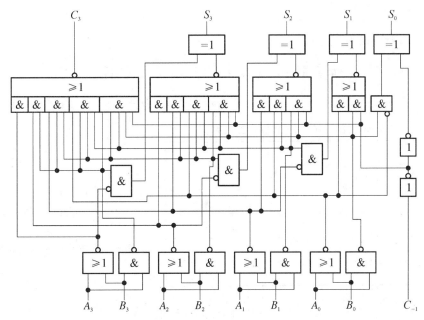

图 5 - 4 - 33　74LS283 四位超前进位全加器逻辑电路图

从逻辑图可写出 C_3 的逻辑表达式为

$$C_3 = \overline{\overline{A_3+B_3}+\overline{A_3B_3}\ \overline{A_2+B_2}+\overline{A_3B_3}\ \overline{A_2B_2}\ \overline{A_1+B_1}+\overline{A_3B_3}\ \overline{A_2B_2}\ \overline{A_1B_1}\ \overline{A_0+B_0}+\overline{A_3B_3}\ \overline{A_2B_2}\ \overline{A_1B_1}\ \overline{A_0B_0C_{-1}}}$$

从函数表达式中可以得出超前进位加法器的进位规律。例如 $A_3=B_3=1$,无论其他各位和 C_2 的取值如何,必得 $C_3=1$,即有进位。当 $C_2=0$ 时,C_3 只与 A、B 有关;当 $C_2=1$ 时,C_3 不仅与 A、B 有关,还与 C_2 有关。其他各参数读者可自行分析。

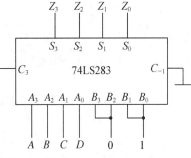

图 5 - 4 - 34　例 5 - 4 - 11 逻辑电路图

【例 5 - 4 - 11】　用 74LS283 设计一个电路:实现 8421BCD 码转换成余 3 码。

解:根据题意,余 3 码=8421BCD 码+3(即 0011),设输入的 8421BCD 码为 ABCD 接 74LS283 的 $A_3A_2A_1A_0$,0011 接 74LS283 的 $B_3B_2B_1B_0$,输出的余 3 码为 $Z_3Z_2Z_1Z_0$,实现该功能的电路如图 5 - 4 - 34 所示。

5.4.5　数码比较器

在数字系统中,经常需要对两个数进行比较,以判断它们的相对大小或是否相等。能完成这一功能的电路称为数码比较器。比较两个数大小的电路叫大小比较器,比较两个数是否相等的电路叫同比较器。从电路的结构特点来看,数码比较器可分为串行比较器和并行比较器,串行比较器结构简单,但速度慢;并行比较器结构复杂,但速度快。下面介绍的同比较器和大小比较器均为并行比较器。

1. 同比较器

(1) 一位同比较器

对两个一位二进制代码 A_i 和 B_i 进行比较,以 F_i 表示结果,则一个一位的同比较器的真值表见表 5 - 4 - 16。

根据真值表得逻辑表达式

$$F_i = \overline{A}_i\overline{B}_i + A_iB_i = \overline{A_i\overline{B}_i + \overline{A}_iB_i} = \overline{A_i \oplus B_i}$$

由上述逻辑表达式可得如图 5 - 4 - 35 所示逻辑图,为异或非门,实现的是同或逻辑。

表 5 - 4 - 16　一位同比较器的真值表

输　　入		结果	说明
A_i	B_i	F_i	
0	0	1	相同
0	1	0	不同
1	0	0	不同
1	1	1	相同

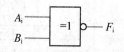

图 5 - 4 - 35　一位同比较器逻辑图

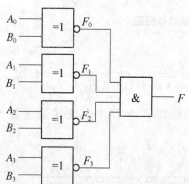

图 5 - 4 - 36　四位同比较器逻辑电路

（2）四位同比较器

设两个四位二进制数 $A = A_3A_2A_1A_0$ 和 $B = B_3B_2B_1B_0$ 进行比较,只有对应的每一位数相等才相等。设比较结果 $F = F_3F_2F_1F_0$,可采用 4 个一位同比较器并联,当 F_3、F_2、F_1、F_0 都为 1 时,$F = 1$ 表示两个数相同,否则不相同,其逻辑电路如图 5 - 4 - 36 所示。

2. 大小比较器

（1）一位大小比较器

两个一位二进制数 A_i、B_i 相比较,L_i、M_i 代表比较结果。当 $A_i > B_i$ 时,$M_i = 1$;当 $A_i < B_i$ 时,$L_i = 1$。可得真值表见表 5 - 4 - 17。

由真值表 5 - 4 - 177 可得逻辑表达式为

$$L_i = \overline{A}_iB_i \quad M_i = A_i\overline{B}_i$$

其逻辑电路如图 5 - 4 - 37 所示。

表 5 - 4 - 17　一位大小比较器的真值表

输　　入		结　　果		说明
A_i	B_i	M_i	L_i	
0	0	0	0	$A_i = B_i$
0	1	0	1	$A_i < B_i$
1	0	1	0	$A_i > B_i$
1	1	0	0	$A_i = B_i$

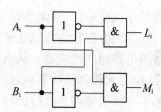

图 5 - 4 - 37　一位大小比较器逻辑电路

根据图 5 - 4 - 37 及表 5 - 4 - 17 可以得到既能比较大小,又能比较相等的逻辑电路,如

图 5 - 4 - 38 所示,其中,当 $F_i = 1$ 时表示两位数相等。

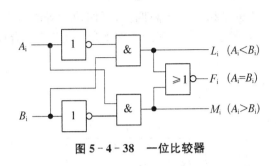

图 5 - 4 - 38 一位比较器

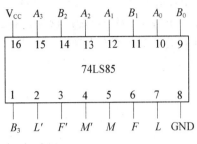

图 5 - 4 - 39 74LS85 引脚图

(2) 四位大小比较器

两个多位数比较大小,应先从高位开始比较。如果高位已经比出大小,便可得出结论,无须比较低位了。当高位相等时,再比较低位。若两个四位二进制数 A、B,分别为 $A = A_3 A_2 A_1 A_0$,$B = B_3 B_2 B_1 B_0$,对它们进行比较时,先比较最高位 A_3 和 B_3。当 $A_3 > B_3$ 时 $A > B$;当 $A_3 < B_3$ 时 $A < B$;当 $A_3 = B_3$ 时,则应对低位 A_2、B_2 再进行比较,比较结果还是 3 种情况。依次类推才能得出最终结果。

图 5 - 4 - 39 所示为常用中规模集成电路四位数码比较器 74LS85 引脚图,表 5 - 4 - 18 为功能表。74LS85 既可比较大小,又可比较是否相等。A、B 两数各有四个数码输入端,三个控制输入端 $M'(A' > B')$、$L'(A' < B')$、$F'(A' = B)$,三个输出端 $M(A > B)$、$L(A < B)$、$F(A = B)$。三个控制输入端用于在数码超过 4 位时,与低位比较的 3 个输出端相连。从表 5 - 4 - 18 可看出:当 $A \neq B$ 时,比较结果与 M'、L'、F' 无关,即比较结果决定于两数本身;当 $A = B$ 时,比较结果还与 M'、L'、F' 有关。所以在单独使用一片 74LS85 时,M'、L' 应接低电平 0,F' 应接高电平 1。

表 5 - 4 - 18 74LS85 功能表

输 入							输 出		
$A_3 B_3$	$A_2 B_2$	$A_1 B_1$	$A_0 B_0$	M' $(A' > B')$	L' $(A' < B')$	F' $(A' = B')$	M $(A > B)$	L $(A < B)$	F $(A = B)$
$A_3 > B_3$	$\times$	$\times$	$\times$	$\times$	$\times$	$\times$	1	0	0
$A_3 < B_3$	$\times$	$\times$	$\times$	$\times$	$\times$	$\times$	0	1	0
$A_3 = B_3$	$A_2 > B_2$	$\times$	$\times$	$\times$	$\times$	$\times$	1	0	0
$A_3 = B_3$	$A_2 < B_2$	$\times$	$\times$	$\times$	$\times$	$\times$	0	1	0
$A_3 = B_3$	$A_2 = B_2$	$A_1 > B_1$	$\times$	$\times$	$\times$	$\times$	1	0	0
$A_3 = B_3$	$A_2 = B_2$	$A_1 < B_1$	$\times$	$\times$	$\times$	$\times$	0	1	0
$A_3 = B_3$	$A_2 = B_2$	$A_1 = B_1$	$A_0 > B_0$	$\times$	$\times$	$\times$	1	0	0
$A_3 = B_3$	$A_2 = B_2$	$A_1 = B_1$	$A_0 < B_0$	$\times$	$\times$	$\times$	0	1	0
$A_3 = B_3$	$A_2 = B_2$	$A_1 = B_1$	$A_0 = B_0$	1	0	0	1	0	0
$A_3 = B_3$	$A_2 = B_2$	$A_1 = B_1$	$A_0 = B_0$	0	1	0	0	1	0
$A_3 = B_3$	$A_2 = B_2$	$A_1 = B_1$	$A_0 = B_0$	0	0	1	0	0	1

【例 5 - 4 - 12】 用两片 74LS85 构成的两个八位二进制码数码比较器。

解：设两个八位二进制数为 $A = A_7 \sim A_0$、$B = B_7 \sim B_0$。八位比较器工作时先从高 4 位 $(A_4 \sim A_7, B_4 \sim B_7)$ 开始比较，高四位不等时，比较结果决定于高四位；高四位相等时，比较结果决定于低四位的比较 $(A_0 \sim A_3, B_0 \sim B_3)$，如图 5 - 4 - 40 所示。在多片 74LS85 联合使用时，M'、L'、F' 需要视具体要求进行处理，请读者自己分析。

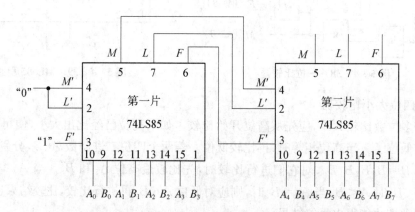

图 5 - 4 - 40 用两片 74LS85 构成的八位数码比较器

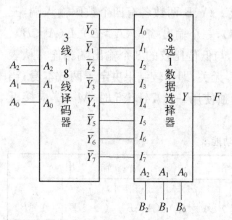

图 5 - 4 - 41 用译码器及选择器实现比较器

【例 5 - 4 - 13】 用一片译码器和一片数据选择器实现两个三位二进制码的比较。

解：(1) 根据题意所要求的功能，可用一片 3 线-8 线译码器和一片 8 选 1 数据选择器来实现。设两个三位二进制数为 $A = A_2 A_1 A_0$、$B = B_2 B_1 B_0$，将 $A_2 A_1 A_0$ 接到译码器输入端，则 $\overline{Y}_0 = \overline{\overline{A}_2 \overline{A}_1 \overline{A}_0}$、$\overline{Y}_1 = \overline{\overline{A}_2 \overline{A}_1 A_0}$、$\overline{Y}_2 = \overline{\overline{A}_2 A_1 \overline{A}_0}$、$\overline{Y}_3 = \overline{\overline{A}_2 A_1 A_0}$、$\overline{Y}_4 = \overline{A_2 \overline{A}_1 \overline{A}_0}$、$\overline{Y}_5 = \overline{A_2 \overline{A}_1 A_0}$、$\overline{Y}_6 = \overline{A_2 A_1 \overline{A}_0}$、$\overline{Y}_7 = \overline{A_2 A_1 A_0}$。译码器的输出接到选择器的输入端，$B_2 B_1 B_0$ 接选择器控制端，如图 5 - 4 - 41 所示。

(2) 选择器输出函数为

$$Y = I_0 \overline{B}_2 \overline{B}_1 \overline{B}_0 + I_1 \overline{B}_2 \overline{B}_1 B_0 + I_2 \overline{B}_2 B_1 \overline{B}_0 + I_3 \overline{B}_2 B_1 B_0 + I_4 B_2 \overline{B}_1 \overline{B}_0$$
$$+ I_5 B_2 \overline{B}_1 B_0 + I_6 B_2 B_1 \overline{B}_0 + I_7 B_2 B_1 B_0$$

令 m_i 为 $A_2 A_1 A_0$ 三变量的最小项，n_i 为 $B_2 B_1 B_0$ 三变量的最小项，则

$$Y = \overline{Y}_0 n_0 + \overline{Y}_1 n_1 + \cdots + \overline{Y}_7 n_7 = \overline{m}_0 n_0 + \overline{m}_1 n_1 + \cdots + \overline{m}_7 n_7$$
$$F = Y = \overline{m}_0 n_0 + \overline{m}_1 n_1 + \cdots + \overline{m}_7 n_7$$

当 $A_2 A_1 A_0 = B_2 B_1 B_0$ 时，$m_i = n_i$，故 $F = 0$；当 $A_2 A_1 A_0 \neq B_2 B_1 B_0$ 时，$m_i \neq n_i$，故 $F = 1$。

根据以上分析得出:当 $A=B$ 时,$F=0$,否则 $F=1$,从而实现了两个 3 位二进制数的比较。

5.5 组合逻辑电路中的险态

前面所述的组合逻辑电路的分析与设计,是在理想条件下进行的,忽略了门电路对信号传输带来的时间延迟的影响。数字逻辑门的平均传输延迟时间通常用 t_{pd} 表示,即当输入信号发生变化时,门电路输出经 t_{pd} 时间后,才能发生变化。这个过渡过程将导致信号波形变坏,因而可能在输出端产生干扰脉冲(又称毛刺),影响电路的正常工作,这种现象被称为组合险态(也称竞争冒险)。

5.5.1 组合险态的产生

每个门电路都具有传输时间。当输入信号的状态突然改变时,输出信号要延迟一段时间才改变,而且状态变化时,还附加了上升、下降边沿。在组合逻辑电路中,某个输入变量通过两条或两条以上途径传输,由于每条途径的传输延迟时间不同,信号到达的时间就有先有后,信号就会产生"险态"。在图 5-5-1 中,A 信号的一条传输路径是经过 G_1、G_2 两个门到达 G_4 门的输入端,A 的另一条途径是经过 G_3 门到达 G_4 的输入端。若这四个门 $G_1 \sim G_4$ 的平均传输时间 t_{pd} 相同,则 A_2 信号先于 A_1 信号到达 G_4 的输入端,从而产生干扰脉冲,这种现象称为险态,如图 5-5-1(b)所示。

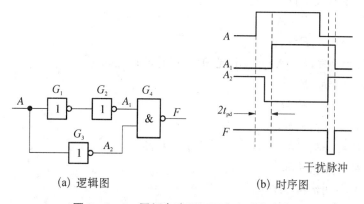

(a) 逻辑图   (b) 时序图

图 5-5-1　因门电路延迟而产生干扰脉冲

(1) 图 5-5-1(a)中,在理想情况下 $F=\overline{A\cdot\overline{A}}=\overline{1}=1$,但由于 A_1、A_2 延迟时间不同,故输出产生干扰脉冲,图 5-5-1(b)中 F 波形,产生了一个负脉冲,这就是说电路产生了干扰脉冲。

(2) 如果将图 5-5-1(a)中的 G_4 门换成或非门,在理想情况下,$F=\overline{A+\overline{A}}=0$。但由于 A_1、A_2 延迟时间不同,在输出端也会产生干扰脉冲。如图 5-5-2 所示,产生了一个正脉冲,电路产生了干扰脉冲。

综上所述,组合险态主要由 $A\cdot\overline{A}$、$A+\overline{A}$ 引起的。

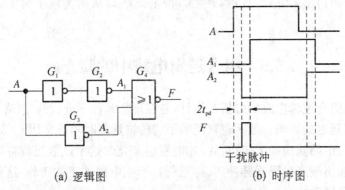

(a) 逻辑图   (b) 时序图

图 5-5-2 将 G_4 门换成或非门产生的干扰脉冲

5.5.2 判断险态的方法

判断一个电路是否可能产生险态的方法有代数法和卡诺图法。

1. 代数法

逻辑表达式中,某个变量以原变量和反变量出现,就具备了出现险态的条件。

当 $F=F=A+\overline{A}$ 时,产生"0"干扰脉冲。

当 $F=A \cdot \overline{A}$ 时,产生"1"干扰脉冲。

【例 5-5-1】 判别 $F=\overline{A}B+A\overline{C}+\overline{B}C$ 是否存在险态。

解: 分析 F 表达式中各种状态。

当 $B=0,C=0$ 时,$F=A$;

当 $B=0,C=1$ 时,$F=1$;

当 $B=1,C=0$ 时,$F=\overline{A}+A$,出现"0"干扰脉冲;

当 $B=1,C=1$ 时,$F=\overline{A}$。

当 $A=0,B=0$ 时,$F=C$;

当 $A=0,B=1$ 时,$F=1$;

当 $A=1,B=0$ 时,$F=C+\overline{C}$,出现"0"干扰脉冲;

当 $A=1,B=1$ 时,$F=\overline{C}$。

当 $C=0,A=0$ 时,$F=B$;

当 $C=0,A=1$ 时,$F=1$;

当 $C=1,A=0$ 时,$F=B+\overline{B}$,出现"0"干扰脉冲;

当 $C=1,A=1$ 时,$F=\overline{B}$。

可见,该逻辑函数将出现"0"干扰脉冲。

【例 5-5-2】 判断 $F=(A+C)(\overline{A}+B)(B+\overline{C})$ 是否存在险态。

解: 分析 F 表达式中各种状态。

当 $A=0,B=0$ 时,$F=C \cdot \overline{C}$,出现"1"干扰脉冲;

当 $A=0,B=1$ 时,$F=C$;

当 $A=1,B=0$ 时,$F=0$;

当 $A=1,B=1$ 时,$F=1$;

当 $B=0$，$C=0$ 时，$F=A \cdot \bar{A}$，出现"1"干扰脉冲；

当 $B=0$，$C=1$ 时，$F=0$；

当 $B=1$，$C=0$ 时，$F=A$；

当 $B=1$，$C=1$ 时，$F=1$。

可见，该逻辑函数将出现"1"干扰脉冲。

2.卡诺图法

判断险态的另一种方法是卡诺图法。当描述电路的逻辑函数为与-或表达式时，采用卡诺图来判断险态比用代数法更加直观、方便。其具体方法是：首先画出函数卡诺图，并画出和函数表达式中各"与"项对应的卡诺圈。然后观察卡诺圈，若发现某两个卡诺圈存在"相切"关系，即两个卡诺圈之间存在不被同一卡诺圈包含的相邻最小项，则该电路可能产生险态。下面举例说明。

【例 5 - 5 - 3】 已知某逻辑电路对应的函数表达式为 $F=\bar{A}D+\bar{A}C+AB\bar{C}$，试判断该电路是否可能产生险态。

解：画出给定函数 F 的卡诺图，并画出逻辑表达式中各"与"项对应的卡诺圈，如图 5-5-3 所示。

观察图 5-5-3 所示卡诺图可发现，包含最小项 m_1、m_3、m_5、m_7 的卡诺圈和包含最小项 m_{12}、m_{13} 的卡诺圈中，m_5 和 m_{13} 相邻，且 m_5 和 m_{13} 不被同一卡诺圈所包含，所以这两个卡诺圈"相切"。这说明相应电路可能产生险态。这一结论可用代数法进行验证，即假定 $B=D=1$，$C=0$，代入逻辑表达式可得 $F=A+\bar{A}$，可见相应电路可能由于 A 的变化而产生险态。

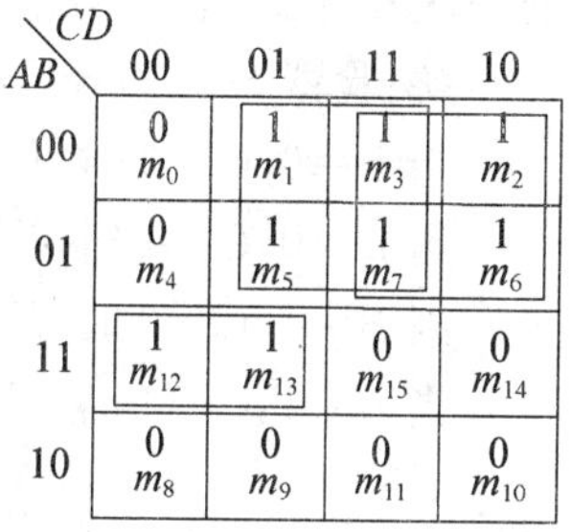

AB \ CD	00	01	11	10
00	0 m_0	1 m_1	1 m_3	1 m_2
01	0 m_4	1 m_5	1 m_7	1 m_6
11	1 m_{12}	1 m_{13}	0 m_{15}	0 m_{14}
10	0 m_8	0 m_9	0 m_{11}	0 m_{10}

图 5-5-3　例 5-5-3 卡诺图

5.5.3　消除险态的方法

产生险态的原因不同，排除的方法也各有差异。

1.选择可靠性高的码制

格雷码在任一时刻只有一位变化。因此，在系统设计中需要自己选定码制时，在其他条件合适的前提下，若选择格雷码，可大大减少产生险态的可能性。

2.引入封锁脉冲

在系统输出门的一个输入端引入封锁脉冲。在信号变化过程中，封锁脉冲使输出门封锁，输出端不会出现干扰脉冲；待信号稳定后，封锁脉冲消失，输出门有正常信号输出。

3.引入选通脉冲

选通和封锁是两种相反的措施，但目的是相同的。待信号稳定后，选通脉冲有效，输出门开启，输出正常信号。

4.接滤波电容

无论是正向毛刺电压还是负向毛刺电压，脉宽一般都很窄，可通过在输出端并联适当小电容进行滤波，把毛刺电压幅度降低到系统允许的范围之内。对于 TTL 电路，电容一般在几皮法至几百皮法之间，具体大小由实验确定。这是一种简单而有效的办法。读者在工作中可视具体情况选用。

5. 增加冗余项,修改逻辑设计

(1) 代数法

在产生险态现象的逻辑表达式上,加上多余项或乘上多余因子,使之不会出现 $A+\overline{A}$ 或 $A \cdot \overline{A}$ 的形式,即可消除险态。

【例 5-5-4】 逻辑函数 $F=AB+\overline{A}C$,在 $B=C=1$ 时,产生险态现象。

解: 因为 $AB+\overline{A}C=AB+\overline{A}C+BC$,由于式中加入了多余项 BC,就可消除险态。

当 $B=0,C=0$ 时,$F=0$;

当 $B=0,C=1$ 时,$F=\overline{A}$;

当 $B=1,C=0$ 时,$F=A$;

当 $B=1,C=1$ 时,$F=1$。

可见不存在 $A+\overline{A}$ 形式,是由于加入了 BC 项,消除了险态。

【例 5-5-5】 逻辑函数 $F=(A+C)(\overline{A}+B)$,在 $B=C=0$ 时,产生险态。

注意到乘上多余因子 $(B+C)$,则 $(A+C)(\overline{A}+B)(B+C)=(A+C)(\overline{A}+B)$,就不会有 $A \cdot \overline{A}$ 形式出现,消除了险态现象。

解: 验算 $F=(A+C)(\overline{A}+B)(B+C)$。

当 $B=0,C=0$ 时,$F=0$;

当 $B=0,C=1$ 时,$F=\overline{A}$;

当 $B=1,C=0$ 时,$F=A$;

当 $B=1,C=1$ 时,$F=1$。

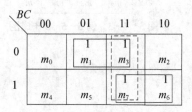

图 5-5-4 加多余卡诺圈的卡诺图

可见,没有 $A \cdot \overline{A}$ 形式,险态消除。

(2) 卡诺图法

将卡诺图中相切的两个卡诺圈,用一个多余的卡诺圈连接起来,若在图 5-5-4 中加入上下 m_6、m_7 卡诺圈,就能消除险态现象。

例如,将 $F=AB+\overline{A}C$ 最小项填入卡诺图。其中两个左、右卡诺圈为 AB 和 $\overline{A}C$ 两项。为消除险态,用上、下卡诺圈将 $\overline{A}BC$ 和 ABC 两个最小项围起来,则得到的 $F=AB+\overline{A}C+BC$ 就不会产生险态。

小 结

扫一扫见
本章实验

本章先介绍了组合逻辑电路的概念、特点,组合逻辑电路的分析和设计方法。然后介绍常用的组合逻辑部件:编码器、译码器、数据选择器、加法器、数码比较器的工作原理和电路结构,介绍了常用中规模集成电路引脚及应用。

组合逻辑电路特点:电路任一时刻的输出取决于该时刻电路的输入,与电路过去的输入状态无关。它在电路结构上的特点是只包含门电路,而没有存储(记忆)单元。

符合组合逻辑电路的电路有很多,为了便于使用,制成了标准化的中规模集成器件,这些器件有编码器(如 74LS348)、译码器(如 74LS138、74LS42、74LS248)、数据选择器(如

74LS151)、全加器(如74LS283)、和数据比较器(如74LS85)等。为了增加使用的灵活性,也为了便于扩展功能,在多数中规模集成芯片上还设置了附加的控制端。合理地使用这些控制端能最大限度地发挥电路的潜力。

组合逻辑电路逻辑功能上千差万别,但它们的分析方法和设计方法都是一致的,掌握了一定的分析方法,就可以了解任何一个给定电路的逻辑功能;而掌握了一定的设计方法,就可以根据给定的逻辑要求设计出相应的逻辑电路来。本章的重点在对组合逻辑电路的分析方法和设计方法上。最后介绍了利用中规模集成电路设计组合逻辑电路以及在使用中可能出现的组合险态现象及其消除的方法。

习 题

1. 试分析图 5-1 所示电路,分别写出 $M=1$,$M=0$ 时的输出逻辑函数表达式。

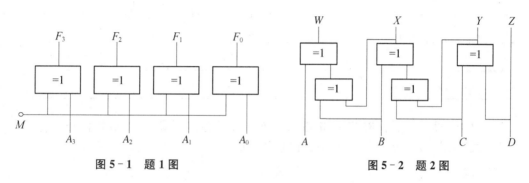

图 5-1 题 1 图　　　　　　　图 5-2 题 2 图

2. 试分析图 5-2 所示补码电路。要求写出输出逻辑函数表达式,列出真值表。

3. 试用与非门设计实现函数 $F(A,B,C,D)=\sum m(0,2,6,7,10,13,14,15)$ 的组合逻辑电路。假设输入变量可以是原变量也可以是反变量。

4. 试分别用与非门、或非门设计三变量的奇数判别电路。若输入变量 1 的个数为奇数时则输出为 1,否则为 0。

5. 现有四台设备,每台设备用电均为 10 kW。若这四台设备由 F_1、F_2 两台发电机供电,其中 F_1 的功率为 10 kW,F_2 的功率为 20 kW。假设四台设备的工作情况是:四台设备不可能同时工作,但至少有一台设备工作。请设计一个供电控制电路,以达到节电之目的。

6. 一种比赛有 A、B、C 三个裁判员,另外还有一名总裁判,当总裁判认为合格时算两票,而 A、B、C 裁判认为合格时分别算为一票,试设计多数通过的表决逻辑电路。

7. 用与非门设计如图 5-3 所示的逻辑电路。设

(1) X、Y 均为四位二进制数,$X=X_3X_2X_1X_0$、$Y=Y_3Y_2Y_1Y_0$;

(2) 当 $0\leqslant X\leqslant 4$ 时,$Y=X$;$5\leqslant X\leqslant 9$ 时,$Y=X+3$,且 $X\leqslant 9$。

图 5-3 题 7 图

8. 设计一个用与非门实现的 8421BCD 优先编码器(注:优先编码在输入同时出现两个

或两个以上的信号时,电路应按高阶进行编码,即对大的数进行编码)。

9. 设计一个满足表 5 - 1 所示功能要求的组合逻辑电路。

表 5 - 1 题 9 表

输 入			输 出
A	B	C	Z
0	0	0	0
0	0	1	1
0	1	0	1
0	1	1	1
1	0	0	0
1	0	1	0
1	1	0	0
1	1	1	1

10. 设计一个代码转换器,它把格雷码变换为二-十进制(DCBA=7421)代码。

11. 试说明图 5 - 4 所示两个逻辑图的功能相同吗?

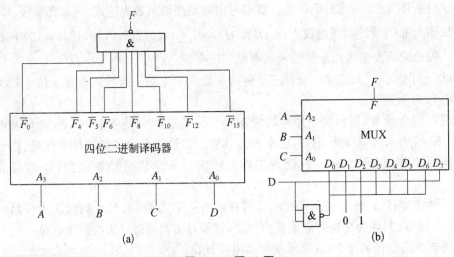

(a)　　　　　　　　　　　　(b)

图 5 - 4 题 11 图

12. 试分析图 5 - 5 所示电路逻辑功能。图中 G_1、G_0 为控制端,A、B 为输入端。要求写出 G_1G_0 四种取值下的 F 表达式。

13. 图 5 - 6 所示电路为低电平有效的 8421 码二-十进制译码器,列出给电路的真值表。

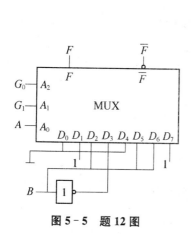

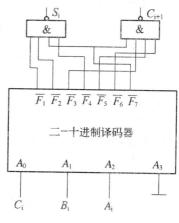

图 5-5 题 12 图 　　　　　　　　　 图 5-6 题 13 图

14. 图 5-7 所示电路中的每一方框均为 2 线-4 线译码器。该译码器输出低电平有效，E 工作时为低电平有效。要求：

(1) 写出电路工作时 F_{10}、F_{20}、F_{30}、F_{40} 的逻辑函数表达式；

(2) 说明电路的逻辑功能。

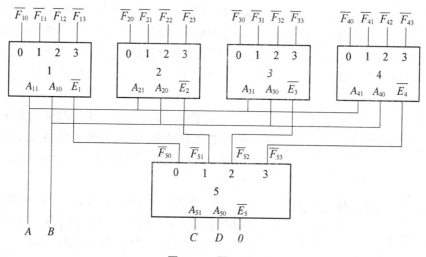

图 5-7 题 14 图

15. 试用输出低电平有效的 3 线-8 线译码器和逻辑门设计一组合电路。该电路输入 X，输出 F 均为三位二进制数。二者之间关系如下：

$$2 \leqslant X \leqslant 5 \text{ 时 } \quad F = X + 2$$
$$X < 2 \text{ 时 } \quad F = 1$$
$$X > 5 \text{ 时 } \quad F = 0$$

16. 试用两片 74LS138 实现 8421 BCD 码的译码。

17. 试只用一片 4 选 1 数据选择器设计一判定电路。该电路输入为 8421 BCD 码，当输入数大于 1 小于 6 时输出为 1，否则为 0（提示：可用无关项化简）。

18. 用 74LS138 和**与非**门实现下列逻辑函数。

$$Y_1 = ABC + \overline{A}(B+C)$$

$$Y_2 = A\overline{B} + \overline{A}B$$

$$Y_3 = \overline{(A+B)(\overline{A}+\overline{C})}$$

$$Y_4 = ABC + \overline{A}\,\overline{B}\,\overline{C}$$

19. 用 74LSI38 和**与非**门实现下列逻辑函数。

$$Y_1 = \sum m(3,4,5,6)$$

$$Y_2 = \sum m(30,2,6,8,10)$$

$$Y_3 = \sum m(7,8,13,14)$$

$$Y_4 = \sum m(1,3,4,9)$$

20. 设计一个编码器,用它把一位十进制数编为余 3 循环码。

21. 请用与非门组成全加器,画出逻辑图。

22. 试用与非门实现半加器,写出逻辑表达式,画出逻辑图。

23. 设计一个带控制端的半加/半减器,控制器 $X=0$ 时为半加器,$X=1$ 时为半减器。

24. 试用 3 线-8 线译码器 74LS138 和必要的门电路设计 1 位具有控制端器 K 的全减运算电路。当 $K=1$ 时,全减运算被禁止;当 $K=0$ 时,做全减运算。

25. 试用两片 74LS283 实现二进制数 11001010 和 1100111 的加法运算,要求画出逻辑图。

26. 图 5-8 所示是一个用四位加法器 74LS283 构成的代码变换电路,若输入信号 b_3、b_2、b_1、b_0 为 8421 BCD 码,说明输出端 S_1、S_2、S_3、S_4 是什么代码。

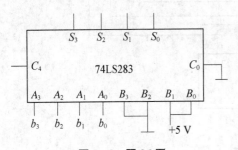

图 5-8 题 26 图

27. 试用 4 位数据比较器 74LS85 设计一个判别电路。若输入的 8421 BCD 码 $D_3D_2D_1D_0 > 0101$ 时,判别电路输出为 1,否则输出为 0。

28. 七段译码器中,若输入为 $DCBA = 0100$。译码器 7 个输出端的状态如何? 而当输入数码为 $DCBA = 0101$ 时,译码器的输出状态又如何?

29. 设计一个乘法器,输入是两个 2 位二进制数(a_1a_0,b_1b_0);输出是两者的乘积,一个 4 位二进制数。

30. 八输入优先编码器如图 5-9 所示。其输入、输出均为高电平有效。优先等级按 $I_7 \sim I_0$ 依次递降。设输入状态 $I_7 I_6 I_5 I_4 I_3 I_2 I_1 I_0 = 00110010$,试问:

(1) 当使能端 $\overline{S} = 0$ 时,输出什么状态?

(2) 当 $\overline{S} = 1$ 时,输出什么状态?

31. 用数据选择器组成的电路如图 5-10 所示,分别写出电路的输出函数逻辑表达式。

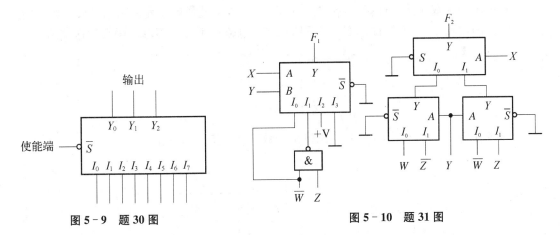

图 5-9 题 30 图　　　　　图 5-10 题 31 图

32. 由输出低电平有效的 3 线-8 线译码器和 8 选 1 数据选择器构成的电路如图 5-11 所示,试问:

$$X_2X_1X_0 = Z_2Z_1Z_0,输出 F =?$$
$$X_2X_1X_0 \neq Z_2Z_1Z_0,输出 F =?$$

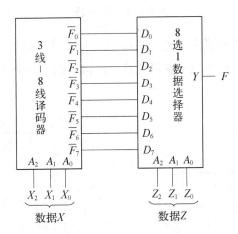

图 5-11 题 32 图

33. 试用与非门设计一个数据选择电路。S_1、S_0 为选择端,A、B 为数据输入端。数据选择电路的功能见表 5-2 数据选择电路可以反变量输入。

表 5-2 题 33 功能表

S_1	S_0	F
0	0	AB
0	1	$A+B$
1	0	$\overline{A \oplus B}$
1	1	$A \oplus B$

34. 试用两片双 4 选 1 选择器,接成一个 16 选 1 数据选择器。允许附加必要的逻辑门。

35. 试画出用 3 线-8 线译码器(74LS138)和门电路产生如下多输出函数的连接图。

$$\begin{cases} F_1 = AC \\ F_2 = \overline{A}\,\overline{B}C + A\overline{B}C + \overline{B}C \\ F_3 = AB + \overline{A}C \end{cases}$$

36. 试分析图 5-12 所示电路,写出输出函数 F 的逻辑表达式。

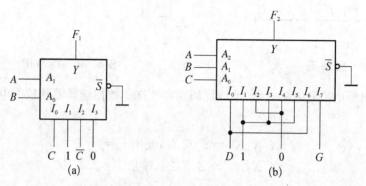

图 5-12 题 36 图

37. 试用 4 选 1 数据选择器实现逻辑函数 $F = \overline{A}\,\overline{B}\,\overline{C} + \overline{A}\,\overline{B}C + A\overline{B}\,\overline{C} + ABC$。

38. 试分析如图 5-13 所示组合逻辑电路的逻辑功能。图中 X_4、X_3、X_2、X_1 是输入端,Y_4、Y_3、Y_2、Y_1 是输出端。

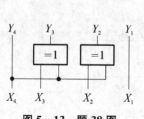

图 5-13 题 38 图

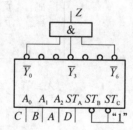

图 5-14 题 39 图

39. 3 线-8 线译码器电路如图 5-14 所示。

(1) 写出输出 Z 表达式;

(2) 卡诺图表示逻辑函数。

40. 设计一个全减器组合逻辑电路。

41. 设 B、Z 为 3 位二进制数,$B = B_2B_1B_0$ 为输入,$Z = Z_2Z_1Z_0$ 为输出,要求二者之间的关系如下:当 $B < 2$ 时,$Z = 1$;当 $2 \leqslant B \leqslant 5$ 时,$Z = B + 2$;当 $B > 5$ 时,$Z = 0$。请列出真值表和逻辑表达式。

42. 试用 8 选 1 数据选择器 74LS151 和必要的门电路设计一个四位二进制码偶校验的校验码产生电路。

43. 用与非门设计一个多功能运算电路,功能见表 5-3。

表 5 - 3　题 43 功能表

S_2	S_1	S_0	F
0	0	0	1
0	0	1	$A+B$
0	1	0	$\overline{AB}$
0	1	1	$A\oplus B$
1	0	0	$\overline{A\oplus B}$
1	0	1	AB
1	1	0	$A+B$
1	1	1	0

44. 试分析图 5 - 15 电路中当 A、B、C、D 单独一个改变状态时是否存在竞争-冒险现象？如果存在竞争-冒险现象，那么发生在其他变量为何种取值的情况？

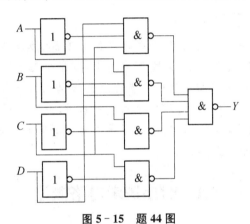

图 5 - 15　题 44 图

第6章

时序逻辑电路

🎯 **本章要点**

　　通过本章学习,熟悉触发器的功能,理解时序逻辑电路的基本概念、特点及工作原理,掌握时序逻辑电路的分析和设计方法。在章节安排上,首先简要介绍了时序逻辑电路的功能和结构特点及其表示方法;然后提出了触发器的概念,分析了 $R-S$、$J-K$、D、T 各触发器电路的结构与功能,为分析、设计时序逻辑电路奠定基础;最后分别介绍了时序逻辑电路分析和设计的一般步骤,通过对计数器、寄存器等常用时序逻辑电路的分析与设计,进一步加深了时序逻辑电路的分析与设计方法。

6.1　时序逻辑电路概述

　　时序逻辑电路(简称时序电路)是数字逻辑电路中的重要组成部分。在第 5 章中已讨论了组合逻辑电路,该电路的特点是输出状态仅决定于当时的输入状态,而与该信号作用前的原来的状态无关,这也是组合逻辑电路在逻辑功能上的特点,即电路没有记忆性。时序逻辑电路,任何时刻的输出状态不仅取决于当时的输入状态,而且与该输入信号作用前的原来的状态有关,或者说,电路现在的状态是现在的输入和先前的状态记忆并反馈到输入端共同作用的结果。

6.1.1　时序逻辑电路的结构特点

　　时序逻辑电路逻辑功能上的特点,决定了时序逻辑电路在结构上的特点:电路中包含存储元件——通常由触发器构成;存储元件的输出和电路输入之间存在着反馈连接。因此,可以把时序逻辑电路用图 6-1-1 框图表示,通常由组合逻辑电路和存储电路两部分构成。

　　其中,组合逻辑电路由逻辑门电路组成,存储电路由

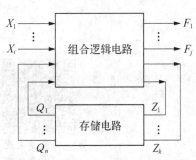

图 6-1-1　时序电路的一般方框图

具有记忆功能的触发器组成,存储电路的作用就是记住先前的状态并反馈至输入端,与输入信号共同决定组合逻辑电路的输出。

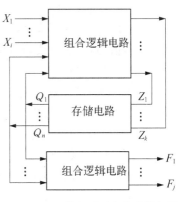

根据时序逻辑电路的输出与它的状态、输入关系的区别,可分为米勒(Mealy)模型和莫尔(Moore)模型。其中,米勒模型电路的输出与它的现态、输入都有关系,如图 6-1-1 所示;而莫尔电路的输出仅与现态有关,如图 6-1-2 所示。$X(X_1,X_2,\cdots,X_i)$ 代表输入信号;Z $(Z_1,Z_2,\cdots,Z_k)$ 代表存储电路的输入信号;$F(F_1,$ $F_2,\cdots,F_j)$ 代表输出信号;$Q(Q_1,Q_2,\cdots,Q_n)$ 代表存储电路的输出信号。

图 6-1-2　莫尔型时序电路的框图

6.1.2　时序逻辑电路的表示方法

在分析时序逻辑电路时,因为存储电路的存在,使得时序逻辑电路任一时刻的输出不仅取决于该时刻的输入有关,而且还与电路的原来状态有关,因此时序逻辑电路的分析要比组合逻辑电路复杂,描述方法也有所不同。时序逻辑电路的描述方法,一般有逻辑函数表达式、状态转换表、状态转换图和时序图等表示方法。

1. 逻辑函数式

用逻辑函数表达式来描述时序逻辑电路时,从图 6-1-1 可以得到输出与输入之间的关系。

输出方程:
$$F(t_n)=f\big[X(t_n),Q(t_n)\big] \tag{6-1}$$

状态方程:
$$Q(t_{n+1})=g\big[Z(t_n),Q(t_n)\big] \tag{6-2}$$

驱动方程:
$$Z(t_n)=h\big[X(t_n),Q(t_n)\big] \tag{6-3}$$

式中,f、g、h 代表函数,t_n、t_{n+1} 表示相邻的两个离散时间。因为 Q 是存储电路(通常是触发器)的状态输出端,式(6-2)称为状态方程,式(6-1)称为输出方程,式(6-3)称为驱动方程。

2. 状态转换表

反映输入 X、现态 $Q(t_n)$、输出 $F(t_n)$、次态 $Q(t_{n+1})$ 间对应关系的表格称为状态转换真值表(简称状态表)。

将任何一组输入变量及电路初态(现态)的取值代入状态方程和输出方程,即可得到电路的次态和输出值。所得到的次态又成为新的初态,和这时的输入变量取值一起,再代入状态方程和输出方程进行计算,又可得到一组新的次态和输出值。如此继续下去,把这些计算结果列成真值表的形式,就得到了状态转换表。

3. 状态转换图

为了更形象地表示时序逻辑电路的逻辑功能,通常将状态转换表用一种直观的形式来表示,反映电路状态转换的规律及相应的输入、输出取值的几何图形图,这就是状态转换图。图 6-1-3 为某时序电路的状态转

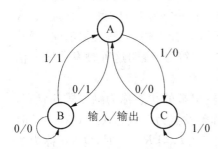

图 6-1-3　状态转换图

换图,以小圆圈表示电路的各个状态,圆圈中填入存储单元的状态值,圆圈之间用箭头表示状态转换的方向,在箭头旁注明输入变量取值和输出值,输入和输出用斜线分开,斜线左方代表输入值,斜线右方代表输出值。

4. 时序图

为了便于通过实验方法检查时序电路的功能,在时钟序列脉冲作用下,电路的输入信号、存储电路的状态、输出信号随时间变化的波形图称为时序图。

以上四种表示方法从不同侧面描述了时序逻辑电路的逻辑功能,它们本质上是相同的,相互之间可以转换。就如同在第5章分析组合逻辑电路中,用时序图、逻辑函数表达式、真值表来描述组合逻辑电路的逻辑功能一样,可以互相转换。

6.2 触发器

组合逻辑电路的基本单元电路是逻辑门(与、或、非门)。时序逻辑电路由组合逻辑电路和存储电路组成,而存储电路通常由触发器组成,所以触发器是构成时序逻辑电路的基本单元电路之一。

触发器是能够存储一位二进制数的逻辑电路,是时序逻辑电路的基本单元电路。触发器具有两个稳定状态(用二进制数的1或0表示),根据不同的输入信号可以将输出置为1或0状态。触发器有以下3种分类方法:

(1) 触发器按照逻辑功能的不同,可分为 R-S 触发器、D 触发器、J-K 触发器、T 触发器、T' 触发器等。

(2) 触发器按照电路结构的不同,可分为同步触发器、主从触发器、维持阻塞触发器、边沿触发器等。

(3) 触发器按照有无时钟脉冲来分,可分为有基本触发器(无时钟触发器)和时钟控制触发器。

6.2.1 基本 R-S 触发器

6.2.1.1 由与非门构成的基本 R-S 触发器

1. 电路的结构

基本 R-S 触发器电路是由两个与非门通过正反馈闭环连接而构成的,即由两个与非门交叉直接耦合而成的,如图 6-2-1 所示。

基本 R-S 触发器有两个输出端,一个标为 Q,另一个标为 $\bar{Q}$,在正常情况下,这两个输出端总是逻辑互补,即一个为 0 时,另一个为 1。$\bar{R}$ (reset,置 0 端)和 $\bar{S}$ (set,置 1 端)为触发器的输入端,$\bar{R}$ 和 $\bar{S}$ 符号上面的"—"符号,表明这种触发器输入信号为低电平时有效。

通常将 Q 这个输出端的状态称为触发器的状态,如 $Q=1(\bar{Q}=0)$ 时称触发器为 1 状态,$Q=0(\bar{Q}=1)$ 时称触发器为 0 状态。所以,当 $\bar{R}=0$ 时,$Q=0$ 称为触发器置 0 状态(简称 0 状态);当 $\bar{S}=0$ 时,$Q=1$ 称为触

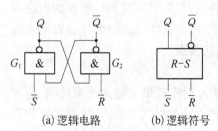

(a) 逻辑电路   (b) 逻辑符号

图 6-2-1 用与非门构成的基本
R-S 触发器

发器置 1 状态(简称 1 状态)。

2.基本原理分析

(1)当 $\overline{R}=1$、$\overline{S}=1$ 时,触发器状态不变

若触发器处于 1 状态,那么这个状态一定是稳定的。因为 $Q=1$,使门 G_1 输入端必然全为 1,则 $\overline{Q}$ 一定为 0($\overline{Q}=0$)。同时,由于 $\overline{Q}=0$,使门 G_1 输入端有 0,则 Q 一定为 1($Q=1$)。所以,这种情况下 $Q=1$、$\overline{Q}=0$ 都是稳定的。

如果触发器处于 0 态,同理可以得到 $Q=0$、$\overline{Q}=1$ 都是稳定的。这说明触发器在未接收到低电平输入信号时,一定处于两个状态中的一个状态,无论处于哪个状态都是稳定的,所以说触发器具有两个稳态。

(2) 当 $\overline{R}=0$、$\overline{S}=1$ 时,触发器状态被置 0

若触发器的原始状态(称为初态)Q 为 1、$\overline{Q}$ 为 0 时,由于 $\overline{R}=0$、$\overline{S}=1$,门 G_2 因输入端有 0 而使 $\overline{Q}$ 由 0 变 1,使门 G_1 输入端变为全 1,Q 必然由 1 翻转为 0。

若触发器初态 Q 为 0、$\overline{Q}$ 为 1 时,由于 $\overline{R}=0$、$\overline{S}=1$,门 G_2 因输入端有 0 而使 $\overline{Q}$ 不变($\overline{Q}=1$),Q 也不变($Q=0$)。通过以上分析知道,当 $\overline{R}=0$、$\overline{S}=1$ 时,触发器状态始终为 0($Q=0$),称为置 0。

(3) 当 $\overline{R}=1$、$\overline{S}=0$ 时,触发器状态被置 1

若触发器初态 Q 为 0、$\overline{Q}$ 为 1 时,由于 $\overline{R}=1$、$\overline{S}=0$,门 G_1 因输入端有 0 而使 Q 从 0 翻转为 1,门 G_2 因为输入端全为 1 而使 $\overline{Q}$ 由 1 翻转为 0,即触发器从 0 态翻转到了 1 态。

若触发器初态 Q 为 1、$\overline{Q}$ 为 0 时,由于 $\overline{R}=1$、$\overline{S}=0$,门 G_1 因输入端有 0 而使 Q 不变($Q=1$),$\overline{Q}$ 也不变($\overline{Q}=0$)。通过以上分析知道,当 $\overline{R}=1$、$\overline{S}=0$ 时,触发器状态始终为 1($Q=1$),称为置 1。

(4) 当 $\overline{R}=0$、$\overline{S}=0$ 时,触发器状态失去互补性

当 $\overline{R}=0$、$\overline{S}=0$ 时,即在 $\overline{R}$、$\overline{S}$ 端同时加低电平,则 $Q=\overline{Q}=1$。这种情况破坏了 Q 和 $\overline{Q}$ 的逻辑互补性,会引起触发器的下一状态有可能不确定(如在 $\overline{S}$ 和 $\overline{R}$ 端的低电平信号同时撤销后,若下一个触发信号为 $\overline{R}=1$、$\overline{S}=1$,由于门电路延迟时间的随机性和离散性,最后究竟稳定在哪个状态不确定),此时触发器状态称为不定状态,在实际使用时应避免这种情况。

根据以上分析,图 6-2-1 所示基本 R-S 触发器的特性见表 6-2-1。$\overline{S}=\overline{R}=1$ 时,触发器保持原状态不变,称为保持功能;$\overline{S}=1$、$\overline{R}=0$ 时,触发器置 0,称为置 0 功能;$\overline{S}=0$、$\overline{R}=1$ 时,触发器置 1,称为置 1 功能;$\overline{S}=0$、$\overline{R}=0$ 时,触发器状态称为不定状态,触发器处于失效状态。

表 6-2-1　与非门组成的基本 R-S 触发器特性表

输入信号		输出状态		功能说明
$\overline{S}$	$\overline{R}$	Q	$\overline{Q}$	
1	1	状态不变		保持(记忆)功能
1	0	0	1	置 0 功能
0	1	1	0	置 1 功能
0	0	1	1	不定(失效)状态

从以上分析可以知道,R-S 触发器在输入低电平信号作用下,触发器可以从一个稳态转换到另一个稳态,这里应注意两点:

① 当电路进入新的稳定状态后,即使撤销了在 $\overline{R}$ 端或 $\overline{S}$ 端所加的低电平输入信号,使 $\overline{R}=\overline{S}=1$,触发器翻转后的状态也能够稳定地保持。

② 要让触发器从一个稳态翻转为另一个稳态,所加的输入信号必须"适当"。"适当"是指从 1 态转换到 0 态,必须使 $\overline{S}=1$,$\overline{R}$ 先由 1→0,再由 0→1 的负脉冲,因此 $\overline{R}$ 被称为置 0 端或复位端(reset);从 0 态转换到 1 态,必须使 $\overline{R}=1$,$\overline{S}$ 先由 1→0,再由 0→1 的负脉冲,因此 $\overline{S}$ 端称为置 1 端或置位端(set)。

基本 R-S 触发器对触发信号要求不是很严格的,只要负脉冲的持续时间大于两个门的传输延迟时间,待两个输出端 Q 和 $\overline{Q}$ 都翻转完毕,电路就会稳定在新的状态。触发信号消失了(即 $\overline{R}=\overline{S}=1$),电路靠两个门的输出端对输入端的互锁反馈稳定在新状态上,这就是触发器具有记忆功能的根本原因。

根据触发器具有两个稳态并能在适当信号触发下翻转的性质,顾名思义,其全称应是"双稳态触发器"。这既说明了它有"两个稳态",又说明两个稳态的转换需要"触发"。由于基本 R-S 触发器的触发信号是采用脉冲信号,故属于脉冲控制触发。

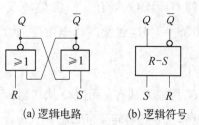

图 6-2-2　用或非门构成的基本 R-S 触发器
(a) 逻辑电路　　(b) 逻辑符号

6.2.1.2　由或非门构成的 R-S 触发器

基本 R-S 触发器也可以用或非门构成,如图 6-2-2所示。它具有与图 6-2-1电路同样的功能,只不过触发输入端需要用高电平来触发,用 R 和 S 来表示,它的特性表见表 6-2-2,本质上与表 6-2-1是一致的。

表 6-2-2　或非门组成的基本 R-S 触发器的特性表

输入信号		输出状态		功能说明
S	R	Q	$\overline{Q}$	
1	1	0	0	不定(失效)状态
1	0	1	0	置1功能
0	1	0	1	置0功能
0	0	状态不变		保持(记忆)功能

【例 6-2-1】 已知由与非门构成的基本 R-S 触发器的 $\overline{R}$、$\overline{S}$ 端输入信号,波形如图6-2-3 所示,请画出 Q 和 $\overline{Q}$ 端的波形。

解:(1)一般先设初始状态 Q 为 0(也可以设为 1)。

(2) 根据给定输入信号波形画出相应输出端 Q 的波形,如图 6-2-3 所示,这种波形图称为时序图,可直观地显示触发器的工作情况。

在画波形图时,如遇到触发器输入条件 $\overline{R}=\overline{S}=0$,而此后又同时出现 $\overline{R}=\overline{S}=1$,则 Q 和 $\overline{Q}$ 为不定状态,用

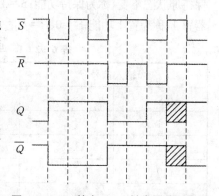

图 6-2-3　基本 R-S 触发器波形举例

斜实线或虚线注明,以表示触发器处于失效状态,直至下一个 $\bar{S}$ 或 $\bar{R}$ 有确定输出的脉冲作用为止。

6.2.2 同步触发器

基本 R-S 触发器的触发方式,由输入信号直接触发,直接控制。即当输入信号一出现,输出状态就可能随之而发生变化,触发器状态的转换没有一个统一的节拍,这在数字逻辑系统中会带来许多的不便。在实际工作或计算机中,要求触发器按统一的节拍进行状态更新。

基本 R-S 触发器属于异步或无时钟触发器,为了实现触发器按一定的节拍动作,于是产生了同步式触发器,它属于时钟触发器。这种触发器有两种输入端:一种是决定其输出状态的信号输入端(如 R-S 触发器的 R 和 S,又称为驱动输入);另一种是决定其动作时间的时钟脉冲(clock pulse)输入端,简称 CP。采用时钟脉冲 CP 来控制触发器,使触发器状态的改变与时钟脉冲同步的触发器称为同步触发器。时钟脉冲 CP 实际上是一串固定频率的脉冲信号,一般是矩形波。

同步触发器的状态更新时刻,受 CP 输入控制;触发器更新为何种状态,由触发输入信号决定。

6.2.2.1 同步 R-S 触发器

同步 R-S 触发器由基本 R-S 触发器和用来引入 R、S 及时钟脉冲 CP 的两个与非门而构成的,如图 6-2-4(a)所示,其逻辑符号如图 6-2-4(b)所示。

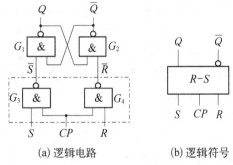

1. 同步 R-S 触发器的基本工作原理

分析图 6-2-4 电路可知,当 $CP=0$ 时,G_3、G_4 与非门输出均为高电平,即由 G_1、G_2 两个与非门构成的基本 R-S 触发器的两个输入端均为高电平,按照前面讨论的基本 R-S 触发器的原理,此时同步 R-S 触发器的状态 Q 保持不变,故同步 R-S 触发器不动作;当 $CP=1$ 时,G_3、G_4 与非门的输出由输入 R、S 决定,同步 R-S 触发器的输入、输出之间的逻辑关系见表 6-2-3,其功能与"或非门构成的基本 R-S 触发器"相同。

(a) 逻辑电路   (b) 逻辑符号

图 6-2-4 同步 R-S 触发器

表 6-2-3 同步 R-S 触发器($CP=1$)特性表

输入信号		输出状态		功能说明
S	R	Q	$\bar{Q}$	
0	0	状态不变		保持(记忆)功能
0	1	0	1	置 0 功能
1	0	1	0	置 1 功能
1	1	1	1	不定(失效)状态

从以上的分析可以得出,同步 R-S 触发器的时钟脉冲 CP 只控制触发器的状态允许变化的时间,触发器的状态的改变由输入端 R、S 决定。触发脉冲到来前触发器的状态称触发器的现态(present state),用 Q^n 表示,触发脉冲到来后触发器的状态称触发器的次态(next state),用 Q^{n+1} 表示,表 6-2-3 可用现态次态的形式来表达,见表 6-2-4,表中的不定(失效状态)用 × 表示。

表 6-2-4 同步 R-S 触发器现态次态表示的特性表

输　　入		现　态	次　态	功能说明
S	R	Q^n	Q^{n+1}	Q^{n+1}
0	0	0	0	保持(记忆)功能)
0	0	1	1	
0	1	0	0	置 0 功能
0	1	1	0	
1	0	0	1	置 1 功能
1	0	1	1	
1	1	0	×	不定(失效状态)
1	1	1	×	

现态 Q^n 与次态 Q^{n+1} 是触发器的两个重要概念,请读者加以区别。显然,在同步 R-S 触发器中,次态 Q^{n+1} 是输入信号 R 和 S 及现态 Q^n 的函数,即 $Q^{n+1} = F(R, S, Q^n)$。

2. 同步 R-S 触发器的描述方法

描述同步触发器逻辑功能的方法,除前面介绍的特性表(功能表)、逻辑符号图、时序图(波形图)以外,还可用特性方程、状态转换图来表示其逻辑功能。

(1) 特性表

同步 R-S 触发器的特性表见表 6-2-3,其功能与基本 R-S 触发器相同,但只能在 $CP = 1$ 到来时状态才能翻转。

(2) 特性方程

由表 6-2-4 可知,将 Q^{n+1} 作为输出变量,把 S、R 和 Q^n 作为输入变量填入如图 6-2-5 卡诺图中,经化简后可得出特性方程为

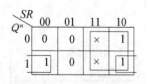

图 6-2-5 Q^{n+1} 卡诺图

$$\begin{cases} Q^{n+1} = S + \bar{R}Q^n \\ R \cdot S = 0 \end{cases} \tag{6-4}$$

式中,$R \cdot S = 0$ 是指不允许将 R 和 S 同时取为 1,称为约束条件。

(3) 状态转换图

将触发器两个稳态 0 和 1 用两个圆圈表示,用箭头表示由现态到次态的转换方向,在箭头旁边用文字符号及其相应信号表示实现转换所必备的输入条件,这种图称为状态转换图。其实,状态转换图与真值表是统一的,它是真值表的直观形象表示。同步 R-S 触发器的状态转换如图 6-2-6 所示。

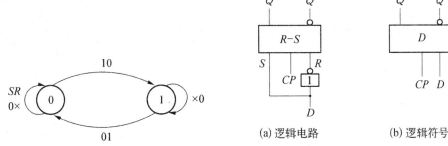

图6-2-6 同步 R-S 触发器的状态转换图   图6-2-7 同步 D 触发器

6.2.2.2 其他同步触发器介绍

同步 R-S 触发器的状态由输入端 R、S 决定,可以实现置0、置1、保持(记忆)三种功能。但是,当 $R=S=1$ 时,触发器的下一状态不确定,为了避免这种情况的发生,在 R-S 触发器的特性方程中,通过约束条件 $R\cdot S=0$ 来表示。在实际应用中,连接 R-S 触发器的 R、S 信号是随机产生的,$R=S=1$ 不可避免,必须从电路结构上进行改进。

1. 同步 D 触发器

同步 R-S 触发器有一个问题,就是 R、S 不能同时为1,为解决这个问题,可以在同步 R-S 触发器电路的 R 端加一个非门,再将输入信号命名为 D,使 $R\cdot S=0$,如图6-2-7所示称为 D 触发器。同步 D 触发器的特性表见表6-2-5,其特性方程为

$$Q^{n+1}=D \tag{6-5}$$

表6-2-5 同步 D 触发器特性表

输　入	现态	次态	功能说明
D	Q^n	Q^{n+1}	Q^{n+1}
0 0	0 1	0 0	置1功能
1 1	0 1	1 1	置0功能

2. 同步 J-K 触发器

在同步 R-S 触发器的基础上,增加 J、K 输入端及两条反馈线可组成同步 J-K 触发器,使 $R\cdot S=0$,如图6-2-8所示。同步 J-K 触发器的特性表见表6-2-6,其特性方程为

$$Q^{n+1}=J\overline{Q}^n+\overline{K}\,Q^n \tag{6-6}$$

表6-2-6 同步 J-K 触发器特性表

输　入		现态	次态	功能说明
J	K	Q^n	Q^{n+1}	Q^{n+1}
0 0	0 0	0 1	0 1	保持(记忆)功能)

输　入		现态	次态	功能说明
0	1	0	0	置0功能
0	1	1	0	
1	0	0	1	置1功能
1	0	1	1	
1	1	0	1	状态翻转功能
1	1	1	0	

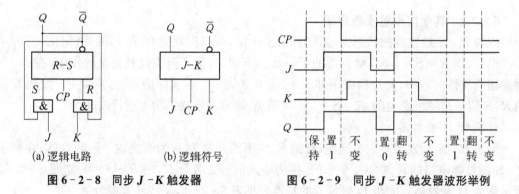

(a) 逻辑电路　　　　(b) 逻辑符号

图 6-2-8　同步 J-K 触发器

图 6-2-9　同步 J-K 触发器波形举例

【例 6-2-2】 已知同步 J-K 触发器的 J、K 端输入信号及 CP 时钟信号,波形如图 6-2-9 所示,请画出 Q 端的波形。

解:(1) 一般先设初始状态 Q 为 0(也可以设为 1)。

(2) 根据给定输入信号波形画出相应输出波形,如图 6-2-9 所示。

6.2.3　主从触发器

对触发器加时钟脉冲 CP 控制,其目的就是要确定触发器状态变化的时刻。因此,当一个时钟触发脉冲作用时,要求触发器的状态只能翻转 1 次。但是,同步触发器(以 R-S 触发器为例),虽然能按一定的时间节拍进行状态动作,但在 $CP=1$ 期间,随着输入 R、S 发生变化,同步触发器的状态可能发生两次或两次以上的翻转,这种现象称为空翻,如图 6-2-10 所示。欲保证在 $CP=1$ 期间输出只变化 1 次,则要求在 $CP=1$ 期间,不允许 R 和 S 的输入信号发生变化。空翻会造成节拍的混乱和系统工作的不稳定,这是同步触发器的一个缺陷。

要避免触发器空翻,必须严格限制 CP 的脉宽,一般将 CP 脉宽限制在门电路的传输延迟时间之内。显然,这种要求是较为苛刻的,在实际应用中是不切实际的。为了克服空翻现象,实现触发器状态的可靠翻转,必须对触发器电路结构进一步改进,于是就产生了多种结构的触发器,如主从触发器、边沿触发器、维持阻塞触发器等。由于篇幅有限,本文仅针对主从触发器展开讨论,其他类型的触发器虽然

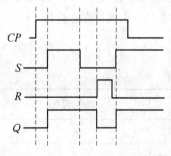

图 6-2-10　同步 R-S 触发器的空翻现象波形举例

原理不同,但结果是相同的,请读者查阅相关资料。

主从触发器的电路结构由主触发器和从触发器两部分组成,采用主、从触发的工作方式。主从触发器的状态更新时刻,只受 CP 脉冲的边沿控制;触发器更新为何种状态,由触发输入信号决定。

1. 主从 R-S 触发器

主从 R-S 触发器由两个同步 R-S 触发器构成,一个称为主触发器(master),另一个称为从触发器(slave),构成主、从结构,如图 6-2-11 所示。加在主触发器上的时钟脉冲 CP 经过非门后再加到从触发器上,即主、从两个触发器所要求的时钟信号相位相反。

当 $CP=1$ 时,主触发器打开,主触发器的状态根据 R、S 而变化,而从触发器保持原有的状态不变。

当 CP 由高电平下降到低电平时,主触发器封闭,无论 R、S 如何变化,在 $CP=0$ 期间主触发器的状态不再改变,从触发器在 $CP=0$ 期间始终保持打开,并跟随主触发器的输出而变化状态。

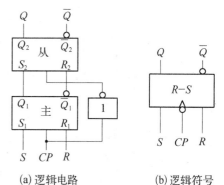

(a) 逻辑电路 (b) 逻辑符号

图 6-2-11 主从 R-S 触发器

在 CP 的一个变化周期中,从触发器输出状态只在 $CP=0$ 的开始时刻,即在 CP 的下降边沿发生变化。图 6-2-11(b)所示为主从 R-S 触发器的逻辑符号,时钟信号 CP 输入端的三角形表示触发器的边沿特性,圆圈表示时钟信号为下降边沿触发。

所以,就主从触发器的整体来说,其输出状态在 $CP=1$ 脉冲期间是不会发生变化的,因而避免了空翻现象。表 6-2-7 为主从 R-S 触发器特性表,↓表示 CP 的下降边沿,触发器状态的翻转只发生 CP 的下降边沿,Q^n 表示现态,Q^{n+1} 表示次态。

表 6-2-7 主从 R-S 触发器的特性表

CP	R	S	Q^n	Q^{n+1}	功能说明
↓	0	0	0	0	$Q^{n+1}=Q^n$
↓	0	0	1	1	保持
↓	0	1	0	1	$Q^{n+1}=1$
↓	0	1	1	1	置1
↓	1	0	0	0	$Q^{n+1}=0$
↓	1	0	1	0	置0
↓	1	1	0	×	不定(失效状态)
↓	1	1	1	×	

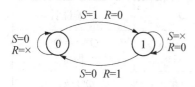

图 6-2-12 主从 R-S 触发器的状态转换图

主从 R-S 触发器的特性方程与式(6-4)相同,为

$$\begin{cases} Q^{n+1}=S+\overline{R}Q^n \\ R \cdot S=0 \end{cases}$$

其状态转换图如图 6-2-12 所示。

2. 主从 D 触发器

在主从 R-S 触发器的基础上,即可构成主从 D 触发

器,如图 6-2-13 所示。对于主从 D 触发器来说,在 CP 下降边沿到来之前的瞬间,若 $D=0$,则当 CP 下降为 0 时,触发器的次态 Q^{n+1} 为 0;如果 $D=1$,则次态 Q^{n+1} 为 1。主从 D 触发器的特性方程与式(6-5)相同为 $Q^{n+1}=D$,主从 D 触发器的特性表见表 6-2-8,其状态转换图如图 6-2-14 所示。图 6-2-13(b)所示为主从 D 触发器逻辑符号,下降边沿触发。必须指出,主从 D 触发器也可以用其他形式的结构(如用两个同步 D 触发器构成),实现上升边沿的主从 D 触发器,在逻辑符号的 CP 端不加圆圈,以示区别,请读者注意辨识。

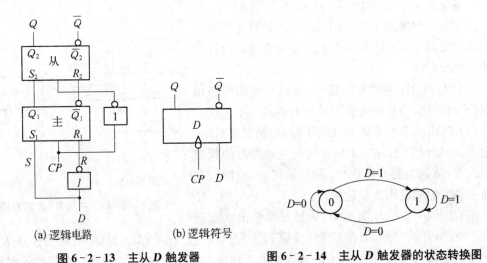

(a) 逻辑电路	(b) 逻辑符号
图 6-2-13 主从 D 触发器	图 6-2-14 主从 D 触发器的状态转换图

表 6-2-8 主从 D 触发器的特性表

CP	D	Q^n	Q^{n+1}	功能说明
↓	0	0	0	置 0
↓	0	1	0	
↓	1	0	1	置 1
↓	1	1	1	

3. 主从 J-K 触发器

在主从 R-S 触发器的基础上,增加 J、K 输入端及两条反馈线,可构成 J-K 触发器,如图 6-2-15 所示。根据 R-S 触发器的特性方程,可得到主从 J-K 触发器的特性方程,与式(6-6)相同 $Q^{n+1}=J\overline{Q^n}+\overline{K}Q^n$。主从 J-K 触发器的逻辑符号如图 6-2-15(b)所示,功能特性表如表 6-2-9 所示,状态转换图如图 6-2-16 所示。

表 6-2-9 主从 J-K 触发器的特性表

CP	J	K	Q^n	Q^{n+1}	功能说明
↓	0	0	0	0	$Q^{n+1}=Q^n$ 保持
↓	0	0	1	1	
↓	0	1	0	0	$Q^{n+1}=0$ 置 0
↓	0	1	1	0	

续表

CP	J	K	Q^n	Q^{n+1}	功能说明
↓ ↓	1 1	0 0	0 1	1 1	$Q^{n+1}=1$ 置 1
↓ ↓	1 1	1 1	0 1	1 0	$Q^{n+1}=\overline{Q^n}$ 翻转

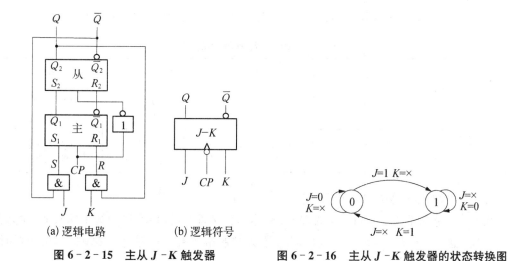

(a) 逻辑电路　　　(b) 逻辑符号

图 6-2-15　主从 J-K 触发器　　　　图 6-2-16　主从 J-K 触发器的状态转换图

【例 6-2-3】 已知主从 J-K 触发器的 J、K 端输入信号及 CP 时钟信号,波形如图 6-2-17 所示,请画出 Q 端的波形。

解:(1) 一般先设初始状态 Q 为 0(也可以设为 1)。

(2) 根据给定输入信号波形画出相应输出,注意下降边沿触发。

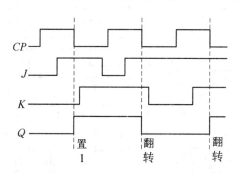

图 6-2-17　主从 J-K 触发器波形举例

4. T 触发器

在时序逻辑电路中,为了描述方便经常使用一种 T 触发器。其实在集成触发器产品中不存在 T 触发器,而是由其他类型的触发器连接而成。例如在主从 J-K 触发器中,令 $J=K=T$,就可实现 T 触发器功能,T 触发器的特性方程为 $Q^{n+1}=\overline{T}Q^n+T\overline{Q^n}=T\oplus Q^n$。

T 触发器的逻辑符号如图 6-2-18 所示,根据 T 触发器的特性方程,可列出 T 触发器的特性表见表 6-2-10,其状态转换图如图 6-2-19 所示。对于 T 触发器来说,当 $T=0$ 时,触发器保持原状态不变;当 $T=1$ 时,触发器将随 CP 的到来而翻转。

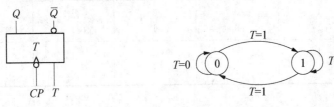

图 6-2-18 T 触发器逻辑图   图 6-2-19 T 触发器的状态转换图

表 6-2-10 T 触发器的特性表

CP	T	Q^n	Q^{n+1}	说明
↓	0	0	0	$Q^{n+1}=Q^n$
↓	0	1	1	保持功能
↓	1	0	1	$Q^{n+1}=\overline{Q}^n$
↓	1	1	0	翻转功能

5. 关于触发器 $\overline{S}_d$ 和 $\overline{R}_d$ 端子的说明

集成电路触发器带有 $\overline{S}_d$ 和 $\overline{R}_d$ 的端子,$\overline{S}_d$ 称为直接置 1 端(也称异步置 1 端),$\overline{R}_d$ 称为直接置 0 端(也称异步置 0 端)。直接(异步)置数控制端不受 CP 信号的影响,即 $\overline{S}_d=0$ 时,$Q=1$;$\overline{R}_d=0$ 时,$Q=0$。

【例 6-2-4】 已知集成电路主从 J-K 触发器的 J、K、$\overline{S}_d$、$\overline{R}_d$ 端输入信号及 CP 时钟信号,波形如图 6-2-20 所示,请画出 Q 端的波形。

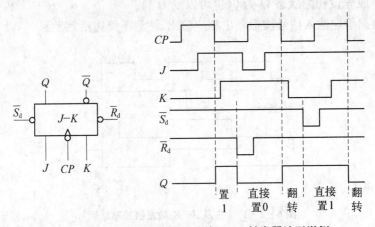

图 6-2-20   带有直接控制端的 J-K 触发器波形举例

解:(1) 一般先设初始状态 Q 为 0(也可以设为 1)。

(2) 根据给定输入信号波形画出相应输出,注意下降边沿触发,在主从 J-K 触发器的逻辑符号中,$\overline{S}_d$ 和 $\overline{R}_d$ 的输入端的圆圈表示低电平有效。

触发器按逻辑功能的不同可分为 R-S 触发器、J-K 触发器、D 触发器、T 触发器,它们分别有各自的特性方程。在实际应用中,有时可以将一种类型的触发器转换为另一种类型的触发器来使用。例如:将 J-K 触发器转换成 D 触发器,令 $D=J$、$K=\overline{D}$,由此可得到转换后的 D 触发器;将 J-K 触发器转换成 R-S 触发器,令 $S=J$、$R=K$,可以得到转换后的 R-S 触发器;将 J-K 触发器转换成 T 触发器,令 $T=J$、$T=K$,可以得到转换后的 T 触发器。

必须指出,触发器 CP 信号的触发边沿分上升边沿触发和下降边沿触发,请读者注意逻辑符号 CP 端的圆圈,有圆圈表示下降边沿触发,无圆圈表示上升边沿触发。

6.3 时序逻辑电路的分析与设计

6.3.1 时序逻辑电路的分析方法

分析时序逻辑电路,就是要找出给定时序逻辑电路的逻辑功能。具体而言,就是通过分析电路找出在输入信号和时钟信号作用下,电路状态和电路输出的变化规律。时序逻辑电路的分析通常按如下步骤进行:

(1) 分析时序逻辑电路的结构。

明确时序逻辑电路的输入、输出变量,弄清楚电路中的触发器类型,判定时序逻辑电路是同步时序电路还是异步时序电路?

(2) 写出时钟方程、驱动方程(也称激励方程)。

触发器的 J、K、D、T、R、S 称为驱动信号(也称激励信号),CP 为时钟信号,这些信号均为触发器的输入信号,写出这些输入信号的逻辑表达式。

(3) 写出状态方程。

就是将各触发器的驱动方程代入相应触发器的特性方程,分别求出各触发器的状态方程(相应触发器的次态 $Q^{n+1}=?$)。

(4) 写出输出方程。

根据电路结构,写出输出方程。

(5) 画出状态转换表。

将时序逻辑电路的输入变量及电路的初始状态代入状态方程和输出方程,求出电路的次态值和相应的输出值。用表格的形式,将输入变量、初始状态、次态值、输出值列成一个表。

(6) 画出状态转换图。

将状态转换表用图的形式表示,反映电路状态转换的规律及相应的输入、输出取值的几何图形图。

(7) 画出时序图。

(8) 分析逻辑功能。

无论多么复杂的时序逻辑电路,只要遵循以上分析步骤去做,都可以分析出它的逻辑功能。

【例 6-3-1】 试分析图 6-3-1 所示时序逻辑电路的逻辑功能,画出时序图。

解:(1) 电路由 3 个 J-K 触发器构成,上升边沿触发;3 个触发器的时钟由同一个 CP

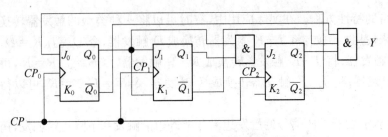

图 6-3-1 J-K 触发器构成的时序逻辑电路

信号推动,触发器状态的转换发生在同一时刻,是一个同步时序逻辑;Y 为电路的输出信号。

（2）写出时钟方程、驱动方程(也称激励方程)。

$$\begin{cases} J_0 = \bar{Q}_2^n \\ k_0 = 1 \end{cases} \begin{cases} J_1 = Q_0^n \\ k_1 = Q_0^n \end{cases} \begin{cases} J_2 = Q_1^n Q_0^n \\ k_2 = 1 \end{cases}$$

由于该电路是同步时序逻辑电路,各个时钟信号连在一起,时钟方程就不用列出。

（3）写出状态方程。

将驱动方程代入 $J-K$ 触发器的特性方程 $Q^{n+1} = J\bar{Q}^n + \bar{K}Q^n$ 得到电路的状态方程。

$$Q_0^{n+1} = J_0 \bar{Q}_0^n + \bar{k}_0 Q_0^n = \bar{Q}_2^n \bar{Q}_0^n$$

$$Q_1^{n+1} = J_1 \bar{Q}_1^n + \bar{k}_1 Q_1^n = Q_0^n \bar{Q}_1^n + \bar{Q}_0^n Q_1^n = Q_1^n \oplus Q_0^n$$

$$Q_2^{n+1} = J_2 \bar{Q}_2^n + \bar{k}_2 Q_2^n = \bar{Q}_2^n Q_1^n Q_0^n$$

（4）写出输出方程。

$$Y = Q_2^n \bar{Q}_1^n \bar{Q}_0^n$$

（5）画出状态转换表。

按从左到右的顺序,将输入变量、现态、次态、输出变量列成一个表,见表 6-3-1(本例中没有输入变量)。先将左边的输入变量、现态的所有可能组合列出来,建议按顺序从最小到大排序(如从 000~111),然后逐项代入状态方程,得到次态值、输出值。

表 6-3-1 状态转换表

CP 顺序	现态			次态			输出
CP	Q_2^n	Q_1^n	Q_0^n	Q_2^{n+1}	Q_1^{n+1}	Q_0^{n+1}	Y
1	0	0	0	0	0	1	0
2	0	0	1	0	1	0	0
3	0	1	0	0	1	1	0
4	0	1	1	1	0	0	0
5	1	0	0	0	0	0	1
6	1	0	1	0	1	0	0
7	1	1	0	0	0	0	0
8	1	1	1	0	0	0	0

（6）画出状态转换图。

根据状态转换表，画出状态转换图，在转换图中以圆圈表示电路的各个状态，以箭头表示状态转换的方向。同时在箭头旁注明状态转换前的输入变量值/输出值，通常输出写在斜线的下方，如图 6-3-2 所示。

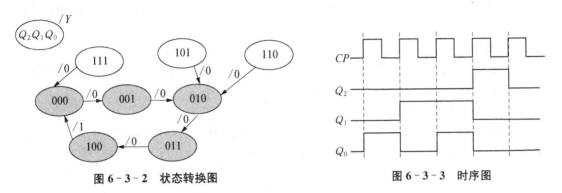

图 6-3-2　状态转换图　　　　　　图 6-3-3　时序图

（7）画出时序图（设触发器初始状态为 0）。

根据状态转换表，画出时序图（又称波形图），如图 6-3-3 所示。

（8）分析逻辑功能。

这是对电路逻辑功能的总结与描述，从状态图可知，每经过 5 个脉冲电路状态循环一次，从 000 开始计数到 100 最大时，输出 Y 为 1；由 100 回到 000 时，输出 Y 变为 0。这是一个同步五进制加法计数器，具有自启动特性，Y 为进位位。

1. 关于状态转换图中的一些基本概念

（1）有效状态、无效状态

状态转换图中的每一个状态通过代码构成，电路在编码中有的代码被用到，有的代码没有用到，被用到代码的状态称为有效状态。在例 6-3-1 中，000～100 代码在编码中用到，所构成的状态称为有效状态；而 101、110、111 代码在编码中没有用到（在时序图中不会出现），所构成的状态称为无效状态（也称偏离状态）。

（2）有效循环、无效循环

正常情况下，电路能周而复始地在有效状态中循环，称为有效循环，构成有效循环的状态一定是有效状态。在例 6-3-1 中，000～100 五个有效状态构成有效循环。反之，无效状态构成的循环称为无效循环（也称死循环），如图 6-3-4 所示某电路的状态转换图中，000～100 构成有效循环，而 101、110、111 构成的循环为无效循环（死循环）。

（3）自启动

电路因某种原因（如干扰作用），一旦落入无效状态后，如果在 CP 脉冲作用下能回到有效循环中，返回到有效状态，称自启动，说明该电路具有自启动特性。在例 6-3-1 中，从图 6-3-2 可以看出，电路一旦落入到无效状态 101、110、111 中的任意一个，经过一个 CP 脉冲作用能回到有效循环中。

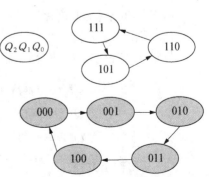

图 6-3-4　某电路的状态转换图

一旦落入偏离状态后,就会进入无效循环(死循环),即使经过 CP 作用,也不能回到有效循环中,称该电路无自启动特性。从图 6-3-4 可以看出,电路一旦落入到无效状态 101、110、111 中的任意一个,都不能回到有效循环中。凡不能自启动的电路,肯定存在无效循环。

2. 关于同步时序逻辑电路和异步时序逻辑电路的结构特点

根据电路中触发器的动作特点的不同,时序逻辑电路可分同步时序逻辑电路和异步时序逻辑电路。

(1)同步时序逻辑电路

电路中各触发器的状态变化都与同一输入时钟同步。如图 6-3-1 所示 CP 端由同一时钟推动,各触发器同时翻转。

(2)异步时序逻辑电路

电路中各触发器状态的翻转不同时发生,有的触发器的时钟靠其他信号推动,有的无时钟只靠输入信号经内部电路后去推动,如图 6-3-5 所示。

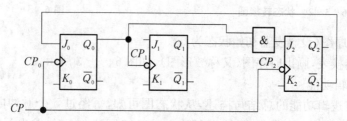

图 6-3-5 异步时序逻辑电路

异步时序逻辑电路的分析方法原则上与同步时序逻辑电路分析方法相同,但必须注意:
① 各触发器的动作时刻是不同的,必须写出每个触发器的时钟方程。
② 必须注意各触发器的触发边沿。

【例 6-3-2】 试分析图 6-3-5 所示异步时序逻辑电路的逻辑功能,画出时序图。

解:(1)电路由 3 个 J-K 触发器构成,下降边沿触发;触发器状态的变化发生在不同时刻,是一个异步时序逻辑电路。

(2)写出时钟方程、驱动方程(也称激励方程)。

$$\begin{cases} J_0 = \bar{Q}_2^n \\ k_0 = 1 \\ CP_0 = CP \end{cases} \quad \begin{cases} J_1 = 1 \\ k_1 = 1 \\ CP_1 = Q_0^n \end{cases} \quad \begin{cases} J_2 = Q_1^n Q_0^n \\ k_2 = 1 \\ CP_2 = CP \end{cases}$$

由于该电路是异步时序逻辑电路,时钟方程必须列出。

(3)写出状态方程。

将驱动方程代入 J-K 触发器的特性方程 $Q^{n+1} = J\bar{Q}^n + \bar{K}Q^n$ 得到电路的状态方程

$$Q_0^{n+1} = J_0 \bar{Q}_0^n + \bar{k}_0 Q_0^n = \bar{Q}_2^n \bar{Q}_0^n \qquad CP_0 \downarrow (CP \downarrow)$$

$$Q_1^{n+1} = J_1 \bar{Q}_1^n = \bar{Q}_1^n \qquad CP_1 \downarrow (Q_0^n \downarrow)$$

$$Q_2^{n+1} = J_2 \bar{Q}_2^n + \bar{k}_2 Q_2^n = \bar{Q}_2^n Q_1^n Q_0^n \qquad CP_2 \downarrow (CP \downarrow)$$

(4)写出输出方程。

该电路没有输出信号,这一步不必列出。

（5）画出状态转换表。

按从左到右的顺序，将输入变量、现态、次态、输出变量列成一个表，见表6-3-2（本例中没有输入、输出变量）。将左边现态值的所有可能组合列出来，按顺序从最小到大排序（如从000～111），然后逐项代入状态方程得到次态值（仅当触发器时钟有下降边沿时）。此时要注意触发器时钟有没有下降边沿，没有下降边沿时触发器状态保持不变。

表6-3-2 状态转换表

CP顺序	现　态			次　态					
CP	Q_2^n	Q_1^n	Q_0^n	Q_2^{n+1}	Q_1^{n+1}	Q_0^{n+1}	CP_2	CP_1	CP_0
1	0	0	0	0	0	1	↓		↓
2	0	0	1	0	1	0	↓	↓	↓
3	0	1	0	0	1	1	↓		↓
4	0	1	1	1	0	0	↓	↓	↓
5	1	0	0	0	0	0	↓		↓
6	1	0	1	0	1	0	↓	↓	↓
7	1	1	0	0	1	0	↓		↓
8	1	1	1	0	0	0	↓	↓	↓

（6）画出状态转换图。

根据状态转换表，画出状态转换图，在转换图中以圆圈表示电路的各个状态，以箭头表示状态转换的方向。由于本题没有输入、输出变量，所以箭头旁没有标注，如图6-3-6所示。

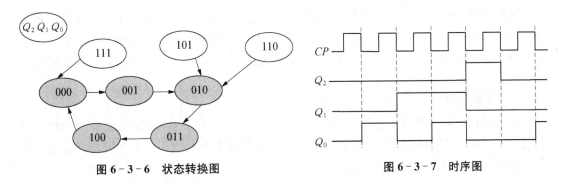

图6-3-6 状态转换图　　　　　图6-3-7 时序图

（7）画出时序图（设触发器初始状态为0）。

根据状态转换表，画出时序图（又称波形图），如图6-3-7所示。

（8）分析逻辑功能。

这是一个异步五进制加法计数器，具有自启动特性。

6.3.2 时序逻辑电路的设计方法

设计是分析的逆过程，要求设计者根据给出的具体逻辑问题，设计出满足要求的逻辑电路,所设计出的逻辑电路应力求最简洁。

当选用小规模集成电路设计时序逻辑电路时,电路最简的标准是所用的触发器和门电路的数目最少,而且触发器和门电路的输入端数目也为最少。而当使用中大规模集成电路设计时序电路时,电路最简的标准则是使用的集成电路数目最少,种类最少,而且互连线也最少。

本节将介绍用小规模集成电路设计时序电路的方法,时序逻辑电路的设计一般按如下步骤进行:

(1) 分析给定的逻辑问题,确定输入变量、输出变量及电路的状态数。

(2) 定义输入、输出逻辑状态含义,并将电路状态顺序编号。

(3) 按题意列出电路的状态转换表或画出原始状态转换图。

(4) 确定触发器的类型及数目,如果要设计出的时序电路有 M 个状态,则触发器的个数为 n,则 $2^{n-1} < M < 2^n$。

(5) 选择状态编码,进行状态分配。对所选择的编码要便于记忆和识别,并且遵循一定的规律。

(6) 由状态编码列出状态转换真值表或各触发器的状态卡诺图,求状态方程、输出方程。

(7) 根据状态方程及所选触发器类型的特性方程形式,求各触发器的驱动方程。

(8) 按照驱动方程式画出逻辑电路图。

(9) 检查所设计的电路能否自启动。

检查是否自启动,对无效状态代入状态方程,求出状态与输出,完成状态转换图,并判断是否能自启动。如果电路不能自启动,则需要修改设计使之能自启动。

【例 6 - 3 - 3】 试设计一个带有进位输出的同步六进制加法计数器。

解: (1) 分析设计要求。

计数器的工作特点是在时钟信号操作下自动地依次从一个状态转为下一个状态。所以计数器没有输入逻辑信号,只有进位输出信号。可见,计数器是属于摩尔模型的一种简单时序电路。取进位信号为输出逻辑变量 C,同时规定有进位输出时 $C = 1$,无进位输出时 $C = 0$。

(2) 画原始状态图。

六进制计数器应该有 6 个状态,若分别用 S_0、S_1、$\cdots$、S_5 表示,则按题意即可画出如图 6 - 3 - 8(a)所示的电路原始状态转换图。因为六进制计数器必须用 6 个不同的状态表示输入的时钟脉冲数,所示状态已不能再化简。

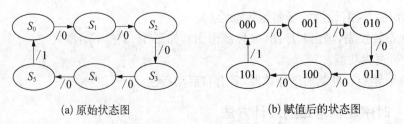

(a) 原始状态图   (b) 赋值后的状态图

图 6 - 3 - 8   状态转换图

（3）确定触发器的数目、类型，进行状态赋值。

六进制计数器的状态数为 6，根据表达式 $2^{n-1}<M<2^n$ 应选 3 个触发器（$n=3$）。触发器类型可以选用 J-K 触发器或 D 触发器。

因本题无特殊要求，取自然二进制数 $000\sim101$ 为 S_0、S_1、$\cdots$、S_5 的赋值，赋值后的状态转换图如图 6-3-8(b)所示。

（4）求状态方程、驱动方程、输出方程。

根据图 6-3-8(b)，画出表示次态逻辑函数和进位输出函数的卡诺图——次态卡诺图，如图 6-3-9 所示。计数器正常工作时不会出现 110、111 状态，因此将 110、111 做约束项处理，在卡诺图中用"×"表示。

由图 6-3-9 分解出各次态卡诺图及输出卡诺图，如图 6-3-10 所示。写出的状态方程的形式应与所选用的触发器特性方程的形式相似，以便于状态方程和特性方程对比，求出驱动方程。

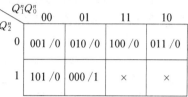

图 6-3-9　次态卡诺图

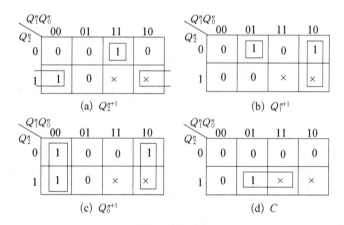

图 6-3-10　分解后的次态卡诺图

对于 J-K 触发器，其特性方程为 $Q^{n+1}=J\bar{Q}^n+\bar{K}Q^n$，故

$$\begin{cases} Q_2^{n+1}=\bar{Q}_2^n Q_1^n Q_0^n+Q_2^n \bar{Q}_0^n \\ Q_1^{n+1}=\bar{Q}_2^n \bar{Q}_1^n Q_0^n+Q_1^n \bar{Q}_0^n \\ Q_0^{n+1}=\bar{Q}_0^n \\ C=Q_2^n Q_0^n \end{cases}$$

将状态方程与触发器的特性方程比较，求得驱动方程为

$$\begin{cases} J_2=Q_1^n Q_0^n & k_2=Q_0^n \\ J_1=\bar{Q}_2^n Q_0^n & k_1=Q_0^n \\ J_0=1 & k_0=1 \end{cases}$$

（5）根据驱动方程和输出方程画出逻辑图，如图 6-3-11 所示。

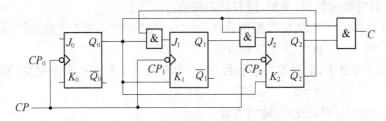

图 6-3-11　由 J-K 触发器构成的同步六进制加法计数器

（6）为验证电路的逻辑功能是否正确，可将 000 作为初始状态代入状态方程依次计算次态值，所得状态转换表见表 6-3-3。

表 6-3-3　状态转换表

CP 顺序	现　态			次　态			输出
CP	Q_2^n	Q_1^n	Q_0^n	Q_2^{n+1}	Q_1^{n+1}	Q_0^{n+1}	C
1	0	0	0	0	0	1	0
2	0	0	1	0	1	0	0
3	0	1	0	0	1	1	0
4	0	1	1	1	0	0	0
5	1	0	0	1	0	1	0
6	1	0	1	0	0	0	1
7	1	1	0	1	1	1	0
8	1	1	1	0	0	0	1

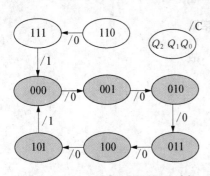

图 6-3-12　同步六进制加法计数器状态转换图

最后还应检查电路能否自启动。将有效循环之外的二个无效状态 110、111 分别代入各状态方程中计算，所得次态对应为 111、000，故电路能自启动。电路完整的状态转换图如图 6-3-12 所示。

【例 6-3-4】　设计一个串行数据检测器。要求连续输入三个或三个以上的 1 时输出为 1，其他输入情况下输出为 0。

解：首先进行逻辑抽象，画出状态转换图。

设电路没有输入 1 以前的状态为 S_0，输入一个 1 以后的状态为 S_1，连续输入两个 1 以后的状态为 S_2，连续输入三个或三个以上 1 以后的状态为 S_3，那么电路应有四个不同的状态。现以 X 表示输入数据，以 Y 表示数据检测器的输出，以 S^n 表示电路的现态，以 S^{n+1} 表示电路的次态，即可得到表 6-3-4 所示的状态转换表和如图 6-3-13 所示的状态转换图。

表 6 - 3 - 4 状态转换表

S^{n+1}/Y X S^n	0	1
S_0	$S_0/0$	$S_1/0$
S_1	$S_0/0$	$S_2/0$
S_2	$S_0/0$	$S_3/1$
S_3	$S_0/0$	$S_3/1$

由状态转换表进行状态化简。比较一下 S_2 和 S_3 两个状态便可发现,在同样的输入条件下它们转换到同样的次态,而且转换后得到同样的输出。因此 S_2 和 S_3 为等价状态,可以合并为一个。

从物理概念上也不难理解,因为当电路处于 S_2 状态时表明已经连续送入了两个 1。这时只要输入再为 1,就表明是连续输入三个 1 的情况了,无须再设置一个电路状态。据此就得出了图 6 - 3 - 14 的最简状态转换图。

输入/输出

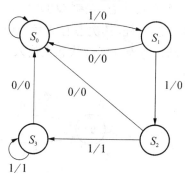

图 6 - 3 - 13 状态转换图

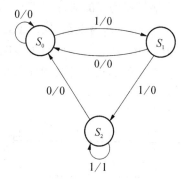

图 6 - 3 - 14 最简状态转换图

在电路状态数 $M=3$ 的情况下,根据状态分配的方法,应取触发器个数 $n=2$。

取触发器状态 Q_1Q_0 的 00、01、10 分别代表 S_0、S_1、S_2,并选定用 J - K 触发器组成这个检测电路。为了能画出逻辑电路图,必须求得每个触发器的驱动方程。为此可以根据设定的状态转换 $00(S_0)\rightarrow01(S_1)\rightarrow10(S_2)\rightarrow00(S_0)$ 画出触发器次态的卡诺图。这里,以输入 X 和触发器现态(Q_1^n、Q_0^n)为逻辑变量,其卡诺图如图 6 - 3 - 15 所示。

由图 6 - 3 - 15 化简可以得到状态方程

$$\begin{cases} Q_1^{n+1}=XQ_1^n+XQ_0^n=XQ_1^n+XQ_0^n(Q_1^n+\bar{Q}_1^n)=(XQ_0^n)\bar{Q}_1^n+XQ_1^n \\ Q_0^{n+1}=X\bar{Q}_1^n\bar{Q}_0^n \end{cases}$$

由上式得驱动方程

$$\begin{cases} J_1=XQ_0^n \quad \mathrm{k}_1=\bar{X} \\ J_0=X\bar{Q}_1^n \quad \mathrm{k}_0=1 \end{cases}$$

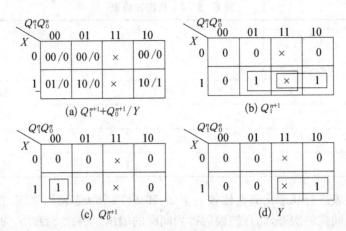

图 6 - 3 - 15　电路的次态卡诺图

得输出方程

$$Y = XQ_1^n$$

根据驱动方程与输出方程,得到图 6 - 3 - 16 所示的电路逻辑图。检验电路的自启动特性,在由两个触发器构成的时序电路中已用上了 3 个有效状态,仅剩 $Q_2^n Q_1^n = 11$ 为无效状态。若以 $Q_2^n Q_1^n = 11$ 作为现态,代入上述简化后的状态方程,其次态有 $X = 0$、$Q_1^{n+1} Q_0^{n+1} = 00$,$X = 1$,$Q_1^{n+1} Q_0^{n+1} = 10$。由此可见该电路能自启动。考虑到无效状态在输入作用下能自启动的情况,其完整的状态转换图如图 6 - 3 - 17 所示。

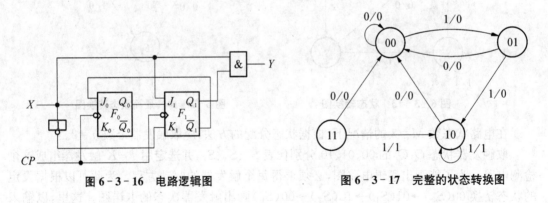

图 6 - 3 - 16　电路逻辑图　　　　　　　图 6 - 3 - 17　完整的状态转换图

6.4　计数器

"计数"就是对时钟脉冲个数的累计,实现计数功能的数字逻辑电路称为计数器(counter)。计数器是最常用的时序逻辑电路,在计算机中得到广泛应用,它不仅能用于对时钟脉冲的计数,还可以用于定时、分频及进行数字运算等。计数脉冲可以是周期性脉冲,也可以是非周期性脉冲,通常加在计数器的时钟输入端,作为计数器的时钟脉冲。

计数器的种类按计数器中触发器翻转的时序异同分类,可分为同步计数器和异步计数器。

(1)同步计数器:各触发器受同一时钟脉冲控制,各触发器状态的翻转同步更新。

(2)异步计数器:触发器状态的翻转不是同时发生的,有先有后。

按计数器在计数过程中数码的变化规律分类,可分为加法计数器、减法计数器和可逆计数器。

(1)加法计数器:计数器随计数脉冲的不断输入递增计数。

(2)减法计数器:计数器随计数脉冲的不断输入递减计数。

(3)可逆计数器:计数器在外加控制信号的作用下,随计数脉冲的不断输入既可以加法计数也可以进行减法计数,也称为加/减计数器。

按计数器的计数容量(计数长度)来分,可分为 2^n 进制计数器(也称二进制计数器)和 N 进制计数器(也称任意进制计数器)。

(1) 2^n 进制计数器:电路有 2^n 个状态态, n 位二进制计数器共有 2^n(如 2、4、8、16、32…)个状态。

(2) N 进制计数器:电路有 N 个状态($N \neq 2^n$), n 位二进制计数器有 N 个状态($N < 2^n$),如五进制计数器、七进制计数器、十进制计数器。

为了方便教学,下面以同步计数器、异步计数器为例,来说明计数器的电路结构及工作原理。

6.4.1　同步 2^n 进制计数器

1. 同步 2^n 进制加法计数器

【例 6 - 4 - 1】　分析图 6 - 4 - 1 所示 2^3 进制同步加法计数器电路功能与结构。

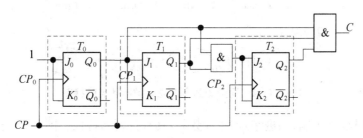

图 6 - 4 - 1　同步 2^3 进制加法计数器

解:(1)图 6 - 4 - 1 所示电路由 3 个 J - K 触发器构成,且 $J = K$,所以图中 3 个 J - K 触发器实际上构成了 3 个 T 触发器,上升边沿触发,是一个同步时序逻辑电路。

(2)写出时钟方程、驱动方程(也称激励方程)。

$$T_0 = 1 \quad T_1 = Q_0^n \quad T_2 = Q_1^n Q_0^n$$

同步时序逻辑电路,各个时钟信号连在一起,时钟方程就不用列出。

(3)写出状态方程。

将驱动方程代入 T 触发器的特性方程 $Q^{n+1} = T \oplus Q^n$ 得到电路的状态方程:

$$Q_0^{n+1} = \bar{Q}_0^n$$

$$Q_1^{n+1} = Q_0^n \oplus Q_1^n$$

$$Q_2^{n+1} = Q_1^n Q_0^n \oplus Q_2^n$$

（4）写出输出方程。

$$C = Q_2^n Q_1^n Q_0^n$$

（5）画出状态转换表，见表 6-4-1。

表 6-4-1　2^3 进制同步加法计数器状态转换表

CP 顺序	现　　态			次　　态			输出
CP	Q_2^n	Q_1^n	Q_0^n	Q_2^{n+1}	Q_1^{n+1}	Q_0^{n+1}	C
1	0	0	0	0	0	1	0
2	0	0	1	0	1	0	0
3	0	1	0	0	1	1	0
4	0	1	1	1	0	0	0
5	1	0	0	1	0	1	0
6	1	0	1	1	1	0	0
7	1	1	0	1	1	1	0
8	1	1	1	0	0	0	1

（6）画出状态转换图，如图 6-4-2 所示。

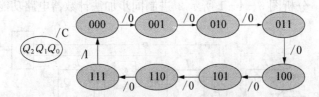

图 6-4-2　同步 2^3 进制加法计数器状态转换图

这是一个同步 2^3 进制（八进制）加法计数器，具有自启动特性。同步 2^3 进制加法计数器的电路结构为，用 3 个 T 触发器构成 $T_0=1$、$T_1=Q_0$、$T_2=Q_1 Q_0$、$C=Q_2 Q_1 Q_0$。

从图 6-4-1 中不难总结出同步 2^n 进制计数器的电路结构，即用 n 个 T 触发器构成 2^n 进制加法计数器，其中 $T_0=1$、$T_1=Q_0$、$T_2=Q_1 Q_0$、$\cdots T_{n-1}=Q_{n-2}\cdots Q_1 Q_0$，$C=Q_{n-1}\cdots Q_2 Q_1 Q_0$。

【例 6-4-2】　试设计一个同步 2^4 进制（十六进制）加法计数器的时序逻辑电路。

解：根据以上分析，2^4 进制（十六进制）加法计数器应由 4 个 T 触发器构成，如图 6-4-3 所示，请读者画出其状态转换图。

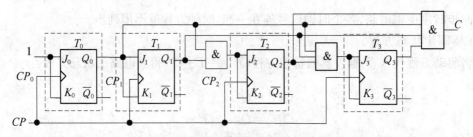

图 6-4-3　同步 2^4 进制加法计数器

2. 同步 2^n 进制减法计数器

假如将图 6-4-2 中状态的编码变成反码,即将状态图中的状态 $Q_2Q_1Q_0$ 换成 $\bar{Q}_2\bar{Q}_1\bar{Q}_0$,则图 6-4-2 状态转换图就变成如图 6-4-4 所示的状态图,显然这是一个减法计数器状态转换图。根据以上思路,只要将图 6-4-1 电路结构中的触发器输出端 Q 与 $\bar{Q}$ 互换,就构成了同步减法计数器电路,如图 6-4-5 所示。

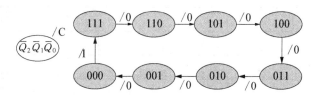

图 6-4-4　减法计数器状态转换图

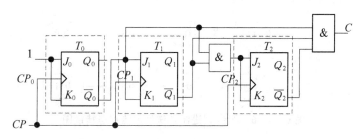

图 6-4-5　同步 2^3 进制减法计数器电路

【例 6-4-3】 分析图 6-4-5 所示同步 2^3 进制减法计数器电路功能与结构。

解:(1)写出驱动方程。

$$T_0=1 \quad T_1=\bar{Q}_0^n \quad T_2=\bar{Q}_1^n\bar{Q}_0^n$$

(2)写出状态方程。

将驱动方程代入 T 触发器的特性方程 $Q^{n+1}=T\oplus Q^n$ 得到电路的状态方程

$$Q_0^{n+1}=\bar{Q}_0^n$$
$$Q_1^{n+1}=\bar{Q}_0^n\oplus Q_1^n$$
$$Q_2^{n+1}=\bar{Q}_1^n\bar{Q}_0^n\oplus Q_2^n$$

(3)写出输出方程。

$$C=\bar{Q}_2^n\bar{Q}_1^n\bar{Q}_0^n$$

(4)画出状态转换表,见表 6-4-2。

表 6-4-2　同步 2^3 进制减法计数器状态转换表

CP 顺序	现　　态			次　　态			输出
CP	Q_2^n	Q_1^n	Q_0^n	Q_2^{n+1}	Q_1^{n+1}	Q_0^{n+1}	C
1	0	0	0	1	1	1	1

续表

CP 顺序	现 态			次 态			输出
2	0	0	1	0	0	0	0
3	0	1	0	0	0	1	0
4	0	1	1	0	1	0	0
5	1	0	0	0	1	1	0
6	1	0	1	1	0	0	0
7	1	1	0	1	0	1	0
8	1	1	1	1	1	0	0

(5) 画出状态转换图,如图 6-4-6 所示。

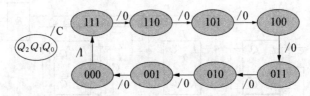

图 6-4-6 同步 2^3 进制减法计数器状态转换图

这是一个同步 2^3 进制(八进制)减法计数器,C 为借位,具有自启动特性。根据同步 2^3 进制减法计数器的电路结构,可以推广到同步 2^n 进制减法计数器,即用 n 个 T 触发器构成同步 2^n 进制减法计数器,其中 $T_0=1$、$T_1=\overline{Q}_0$、$T_2=\overline{Q}_1\,\overline{Q}_0$、$\cdots T_{n-1}=\overline{Q}_{n-2}\cdots\overline{Q}_1\,\overline{Q}_0$,$C=\overline{Q}_{n-1}\cdots\overline{Q}_2\,\overline{Q}_1\,\overline{Q}_0$。

3. 同步 2^n 进制可逆计数器

在实际应用中往往需要一个既能实现加法又能实现减法的计数器——可逆计数器。从以上分析的同步 2^n 进制加法计数器以及同步 2^n 进制减法计数器电路结构中,找出其中的变化规律,利用所学知识,设计出符合要求的可逆计数器。下面以同步 2^3 进制可逆计数器电路设计为例,推广到同步 2^n 进制可逆计数器。

【例 6-4-4】 设计一个同步 2^3 进制加/减计数器(可逆计数器)。

解:(1) 分析同步 2^n 进制加法计数器(图 6-4-1)和同步 2^n 进制减法计数器(图 6-4-5)的电路结构,不难发现,假如在 T 触发器的前后级之间加入一个转换电路(转换模

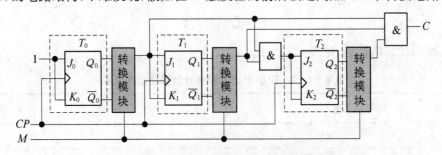

图 6-4-7 同步 2^3 进制可逆计数器逻辑结构

块),外加一个控制信号 M。当 $M=1$ 时,使 $T_0=1$、$T_1=Q_0$、$T_2=Q_1Q_0$;当 $M=0$ 时,使 $T_0=1$、$T_1=\overline{Q}_0^n$、$T_2=\overline{Q}_1^n \overline{Q}_0^n$,则可以实现可逆计数,其电路逻辑图如图 6-4-7 所示。

(2) 转换模块的设计。

表 6-4-3　转换模块功能表

功能	控制信号	输出
	M	Y
加法	1	I_0
减法	0	I_1

转换模块要实现的逻辑功能,实际上是一个 2 选 1 数据选择器,属于组合逻辑电路设计。图 6-4-8 为转换模块逻辑框图,表 6-4-3 为转换模块逻辑功能表。则逻辑函数为

$$Y=M \cdot I_0 + \overline{M} \cdot I_1 = \overline{\overline{M \cdot I_0} \cdot \overline{\overline{M} \cdot I_1}}$$

转换模块逻辑电路如图 6-4-9 所示。

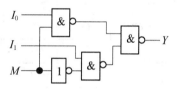

图 6-4-8　转换模块逻辑框图　　　　图 6-4-9　转换模块逻辑电路

(3) 将转换模块电路插入图 6-4-7 中(I_0 接 Q、I_1 接 $\overline{Q}$),即可画出同步 2^3 进制可逆计数器完整的逻辑电路图。根据同步 2^3 进制可逆计数器的电路结构,用 n 个 T 触发器、n 个转换模块,可以推广到同步 2^n 进制可逆计数器。

6.4.2　异步 2^n 进制计数器

1. 异步 2^n 进制加法计数器

【例 6-4-5】 分析图 6-4-10 所示 2^3 进制异步加法计数器电路功能与结构。

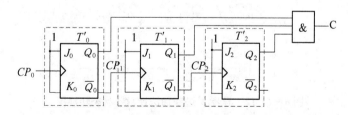

图 6-4-10　上升沿触发的异步 2^3 进制加法计数器电路

解:(1) 图 6-4-10 电路由 3 个 J-K 触发器构成,且 $J=K=1$,所以图中 3 个 J-K 触发器实际上构成了 3 个 T' 触发器($T=1$ 时的 T 触发器,称为 T' 触发器),T' 触发器的特性方程为 $Q^{n+1}=\overline{Q}^n$,上升边沿触发,是一个异步时序逻辑电路,输出方程 $C=Q_2^n Q_1^n Q_0^n$。

（2）从图 6-4-10 可以看出，最低位 Q_0（即第 1 位）每来一个 CP_0 脉冲就变化 1 次（翻转 1 次）；次低位 Q_1（即第 2 位）在每来两个 CP_0 脉冲翻转 1 次，且当 Q_0 从 1 跳为 0 时，Q_1 翻转；高位 Q_2（即第 3 位）是每来 4 个 CP_0 脉冲翻转 1 次，且当 Q_1 从 1 跳为 0 时，Q_2 翻转。其时序图如图 6-4-11 所示。

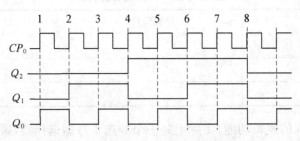

图 6-4-11 异步 2^3 进制加法计数器时序图

（3）从时序图可以画出状态转换表，见表 6-4-4。

表 6-4-4 异步 2^3 进制加法计数器状态转换表

CP 顺序	现 态			次 态					
CP_0	Q_2^n	Q_1^n	Q_0^n	Q_2^{n+1}	Q_1^{n+1}	Q_0^{n+1}	CP_2	CP_1	CP_0
1	0	0	0	0	0	1			↑
2	0	0	1	0	1	0		↑	↑
3	0	1	0	0	1	1			↑
4	0	1	1	1	0	0	↑	↑	↑
5	1	0	0	1	0	1			↑
6	1	0	1	1	1	0		↑	↑
7	1	1	0	1	1	1			↑
8	1	1	1	0	0	0	↑	↑	↑

（4）画出状态转换图，如图 6-4-12 所示。

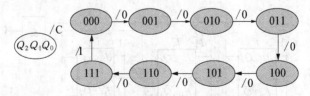

图 6-4-12 异步 2^3 进制加法计数器状态转换图

这是一个异步 2^3 进制（八进制）加法计数器，具有自启动特性。异步 2^3 进制加法计数器的电路结构为，用 3 个 T' 触发器构成。从图 6-4-10 中很容易总结出异步 2^n 进制计数器的电路结构，即用 n 个 T' 触发器可以构成 2^n 进制加法计数器，$C=Q_{n-1}\cdots Q_2 Q_1 Q_0$。

必须指出，图 6-4-10 是用上升沿触发器构成的计数器，低位 $\overline{Q}$ 端引出进位信号作为相邻高位的时钟脉冲；如果用下降沿触发构成计数器，则要用低位 Q 端引出进位信号作为相邻高位的时钟脉冲,如图 6-4-13 所示,请读者自行分析。

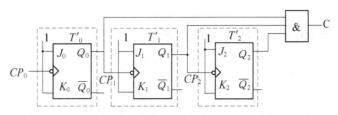

图 6-4-13 下降沿触发的异步 2^3 进制加法计数器电路

由图 6-4-10 可知,如果 CP_0 的频率为 F_0,那么 Q_0、Q_1、Q_2 的频率分别为 $(1/2)f_0$、$(1/4)f_0$、$(1/8)f_0$,说明计数器具有分频作用,也称分频器。对于图 6-4-10 和图 6-4-13 所示电路来说,每经过一级 T' 触发器,输出脉冲的频率就被二分频,即相对于 CP_0 的频率而言,各级依次称为二分频、四分频、八分频。2^n 进制计数器的循环长度称为计数器的模 N ($N = 2^n$)。

2. 异步 2^n 进制减法计数器

与"同步 2^n 进制减法计数器"的分析方法相同,将异步 2^n 进制加法计数器中触发器输出端 Q 与 $\overline{Q}$ 互换,就构成了异步减法计数器电路。即用 T' 触发器构成 2^n 进制减法计数器时,将低位触发器的一个输出送至相邻高位触发器的 CP 端,但是与 2^n 异步加法计数相反,对下降沿动作的 T' 触发器来说,要由低位 $\overline{Q}$ 端引出作为相邻高位 CP 输入;对上升沿动作的 T' 触发器来说要由低位 Q 端引出作为相邻高位 CP 输入。图 6-4-14、图 6-4-15 为异步 2^3 进制减法计数器电路,图中 $C = \overline{Q}_2 \overline{Q}_1 \overline{Q}_0$ 为借位信号。

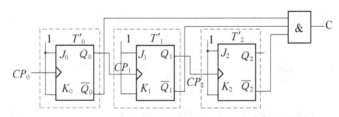

图 6-4-14 上升沿触发异步 2^3 进制减法计数器电路

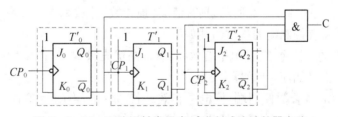

图 6-4-15 下降沿触发异步 2^3 进制减法计数器电路

比较图 6-4-10 及图 6-4-14(或图 6-4-13 及图 6-4-15),参照"同步 2^n 进制可逆计数器"的设计方法,也可以设计一个异步 2^n 进制可逆计数器,请读者自行分析。

从以上分析可知,异步计数器电路结构较为简单,但由于它的时钟信号是逐级传递的,因而计数速度受到限制,工作频率不能太高。而同步计数器时钟信号同时触发计数器中的所有触发器,各个触发器的翻转与时钟信号同步,是并行产生的,所以这种计数器输入脉冲的最短周期为一级触发器的传输延迟时间(t_{pd}),即 $T_{min}=1t_{pd}$,与异步计数器相比,工作速度较快,工作频率较高。

6.4.3 常用中规模集成计数器及应用

以上介绍的计数器电路都是用触发器构成的,对初学者了解其工作原理是很有益处的。

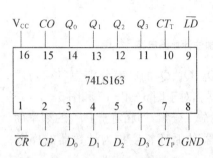

图 6-4-16 74LS163 的外部引脚图

计数器是常用的时序逻辑电路,在数字系统中得到了广泛应用,在实际工程应用中,通常用集成电路计数器来设计应用电路。下面介绍几种最常用的中规模集成计数器。

1. 74LS163 可预置同步计数器

74LS163 是一个中规模集成计数器电路,其外部引脚如图 6-4-16 所示,内部具有 4 个触发器构成的同步计数器电路,具有可预置数、保持和同步清零等功能。通常称为可预置同步二进制计数器。

表 6-4-5 74LS163 计数器功能表

工作方式	输入						输出
	$\overline{CR}$	CP	CT_P	CT_T	$\overline{LD}$	D_i	Q_i
清零	0	↑	X	X	X	X	0
预置数	1	↑	X	X	0	0	0
	1	↑	X	X	0	1	1
计数	1	↑	1	1	1	X	计数
保持	1	X	0	X	1	X	Q_i
	1	X	X	0	1	X	Q_i

该计数器的输入信号有清零信号 $\overline{CR}$,使能信号 CT_P、CT_T,置数信号 $\overline{LD}$,时钟输入信号 CP,数据输入 $D_0 \sim D_3$;输出信号有数据输出 $Q_0 \sim Q_3$,进位输出 CO。

该计数器功能见表 6-4-5 所示,具有清零、预置数、计数和保持 4 种功能的同步 2^4 进制加法计数器,现将各控制端的作用简述如下:

(1)清零:$\overline{CR}$ 同步清零端,低电平有效,具有最高优先级别。当 $\overline{CR}=0$ 且有 CP 上升沿时,不管其他控制信号如何,计数器清零。

(2)预置数:$\overline{LD}$ 预置数控制端,低电平有效。若 $\overline{CR}=1$,当 $\overline{LD}=0$ 时,输入一个 CP 上升沿,则不管其他控制端如何,计数器将 $D_3 \sim D_0$ 置入 $Q_3 \sim Q_0$。

(3)计数:CT_T、CT_P 计数控制端,高电平有效。若 $\overline{CR}=\overline{LD}=1$,当 $CT_P=CT_T=1$ 时,在 CP 上升沿触发下实现同步 2^4 进制计数加法计数。

(4)保持:若 $\overline{CR}=\overline{LD}=1$,当 CT_P 和 CT_T 中至少有一个为 0 时,CP 将不起作用,计数器保持原状态不变,即 $CT_T \cdot CT_P=0$ 时各触发器状态不变。

(5)进位输出:$CO=Q_3Q_2Q_1Q_0 \cdot CT_T$,即当计数到 $Q_3Q_2Q_1Q_0=1111$,且使能信号

$CT_T=1$ 时,CO 产生一个高电平进位信号。

2. 74LS161 可预置同步计数器

上面介绍的 74LS163 同步计数器,它的输出只在时钟上升沿到来时发生变化,如当 $\overline{CR}=0$ 时,只有 CP 时钟上升沿时,计数器才清零。在某些实际应用中,要求有异步清零功能(当 $\overline{CR}=0$ 时,计数器清零),74LS161 具有这一功能。

74LS161 与 74LS163 的外部引脚完全相同,逻辑功能也基本相同,所不同的是 $\overline{CR}$ 是与触发器的异步清零端相连接的,是异步清零,即只要 $\overline{CR}=0$,计数器 $Q_0 \sim Q_3$ 就被置零。

3. 用集成计数器实现 2^n 进制计数电路设计

【例 6-4-6】 用一片 74LS163 实现 2^4(16 进制)加法计数器。

解:(1)74LS163 内部由 4 个触发器构成的加法计数器,上升边沿触发,故一片 74LS163 能实现 2^4 进制加法计数器。

(2)所设计的 2^4 进制加法计数器如图 6-4-17 所示。$\overline{CR}$、$\overline{LD}$ 无效,接高电平 1;CT_T、CT_P 计数控制端有效,接高电平 1;由于 $\overline{LD}$ 无效,所以数据输入 $D_0 \sim D_3$ 也不起作用,图中 X 表示任意处理。

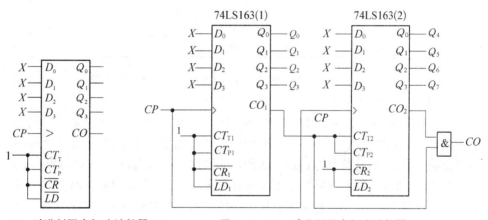

图 6-4-17 2^4 进制同步加法计数器　　　图 6-4-18 2^8 进制同步加法计数器

【例 6-4-7】 用两片 74LS163 实现 2^8(256 进制)加法计数器。

解:(1)实现 2^8 加法计数器,需要 8 个触发器,所以必须用两片 74LS163 才能实现。

(2)所设计的 2^8 进制加法计数器如图 6-4-18 所示,CO 为进位信号。两片 74LS163 级联工作时的功能表见表 6-4-6。

表 6-4-6 两片 **74LS163** 计数器级联功能表

CP	74LS163(2)							74LS163(1)						CO
	$\overline{Q_7}$	$\overline{Q_6}$	$\overline{Q_5}$	$\overline{Q_4}$	CT_{T2}	CT_{P2}	CO_2	$\overline{Q_3}$	$\overline{Q_2}$	$\overline{Q_1}$	$\overline{Q_0}$	CO_1	
↑	0	0	0	0	0	0	0	0	0	0	0	0	0
↑	0	0	0	0	0	0	0	0	0	1	0	0	0
↑			...			...	...			...		...	0
↑	0	0	0	0	1	1	0	1	1	1	1	0	0

续表

CP	74LS163(2)							74LS163(1)					CO
	$\bar{Q}_7$	$\bar{Q}_6$	$\bar{Q}_5$	$\bar{Q}_4$	CT_{T2}	CT_{P2}	CO_2	$\bar{Q}_3$	$\bar{Q}_2$	$\bar{Q}_1$	$\bar{Q}_0$	CO_1	
↑	0	0	0	1	0	0	0	0	0	0	0	0	0
↑	0	0	0	1	0	0	0	0	0	0	1	0	0
↑			…			…	…			…		…	0
↑	0	0	0	1	1	1	0	1	1	1	1	1	0
↑	0	0	1	0	0	0	0	0	0	0	0	0	0
↑	0	0	1	0	0	0	0	0	0	0	1	0	0
↑			…			…	…			…			0
↑			…			…	…			…			0
↑	1	1	1	0	1	1	0	1	1	1	1	1	0
↑	1	1	1	1	0	0	0	0	0	0	0	0	0
↑	1	1	1	1	0	0	1	0	0	0	1	0	0
↑			…			…				…			0
↑	1	1	1	1	1	1	1	1	1	1	1	1	1
↑	0	0	0	0	0	0	0	0	0	0	0	0	0

在例 6-4-6、例 6-4-7 中,若将 74LS163 换成 74LS161 电路完全一样,请读者考虑。

4. 用集成计数器实现 N 进制计数电路设计

在计数脉冲的驱动下,计数器中循环的状态个数称为计数器的模数。如用 N 来表示,n 位二进制计数器的模数为 $N = 2^n$(n 为构成计数器的触发器个数)。此处所说的 N 进制计数器是指 $N \neq 2^n$,也称为任意进制计数器,如七进制、十三进制、六十进制等。

构成 N 进制计数器电路的方法大致分三种:第一种是利用触发器直接构成的;第二种是用集成计数器构成;第三种是用移位寄存器构成。本节只讨论用集成计数器构成的 N 进制计数器。

下面介绍用集成计数器构成的 N 进制计数器的两种方法,并行预置法和同步清零法。

(1) 预置法:就是利用 74LS163 的"预置端"功能,将某时刻的输出状态,变成"预置数"状态。

(2) 同步清零法:就是利用 74LS163 的"同步清零"端功能(或利用 74LS161 的"异步清零"端功能),将某时刻的输出状态清零。

N 进制计数器有三种情况(以 4 位二进制计数器为例):

(1) 计数器从 0000 开始计数,到某一输出状态(非 1111)结束。

(2) 计数器从某一状态(非 0000)开始计数,到输出 1111 状态结束。

(3) 计数器从某一状态(非 0000)开始计数,到另一输出状态(非 1111)结束。

【例 6-4-8】 用一片 74LS163 实现十三进制加法计数器,计数状态从 0000～1100。

解:(1) 本题属于 N 进制计数器第一种情况,可采用预置法。当输出 1100 时,通过与非门使 $\overline{LD} = 0$,下一个 CP 上升边沿来到时,计数器将 $D_3 \sim D_0 = 0000$ 置入 $Q_3 \sim Q_0 = 0000$,使计数器输出回到 0000。

(2) 所设计的十三进制加法计数器如图 6-4-19 所示,C 为进位信号。

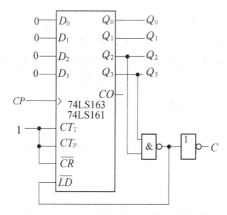

图 6 - 4 - 19　预置法十三进制计数器

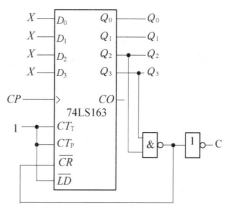

图 6 - 4 - 20　清零法十三进制计数器

（3）由于计数器从 0000 开始计数，也可采同步清零法。当输出 1100 时，通过与非门使 $\overline{CR}=0$，下一个 CP 上升边沿来到时，使计数器输出清零，如图 6 - 4 - 20 所示。

（4）状态图如图 6 - 4 - 21 所示。

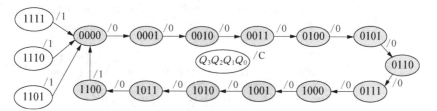

图 6 - 4 - 21　十三进制同步加法计数器状态图

【例 6 - 4 - 9】　用一片 74LS163 实现十三进制加法计数器，计数状态：$0011 \rightarrow 0100 \rightarrow 0101 \rightarrow 0110 \rightarrow 0111 \rightarrow 1000 \rightarrow 1001 \rightarrow 1010 \rightarrow 1011 \rightarrow 1100 \rightarrow 1101 \rightarrow 1110 \rightarrow 1111 \rightarrow 0011$。

解：（1）本题属于 N 进制计数器第二种情况，只能采用预置法。当输出 1111 时，$\overline{LD}=0$，当下一个 CP 上升沿来到时，计数器将 $D_3 \sim D_0 = 0011$ 置入 $Q_3 \sim Q_0 = 0011$，使计数器输出回到 0011。

（2）所设计的十三进制加法计数器如图 6 - 4 - 22 所示，CO 为进位信号。

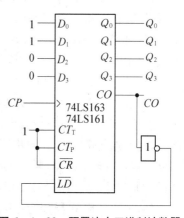

图 6 - 4 - 22　预置法十三进制计数器

（3）状态图如图 6 - 4 - 23 所示。

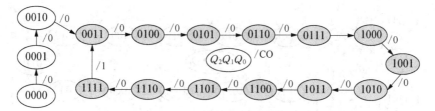

图 6 - 4 - 23　十三进制同步加法计数器状态图

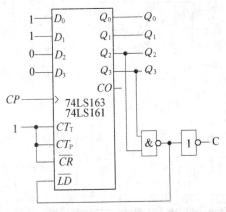

图 6-4-24　预置法十进制计数器

【例 6-4-10】　用一片 74LS163 实现十进制加法计数器，计数状态：$0011 \rightarrow 0100 \rightarrow 0101 \rightarrow 0110 \rightarrow 0111 \rightarrow 1000 \rightarrow 1001 \rightarrow 1010 \rightarrow 1011 \rightarrow 1100 \rightarrow 0011$。

解：(1) 本题属于 N 进制计数器第三种情况，只能采用预置法。当输出 1100 时，通过与非门使 $\overline{LD}=0$，下一个 CP 上升边沿来到时，计数器将 $D_3 \sim D_0 = 0011$ 置入 $Q_3 \sim Q_0 = 0011$，使计数器输出回到 0011。

(2) 所设计的十进制加法计数器如图 6-4-24 所示，C 为进位信号。

(3) 状态图如图 6-4-25 所示

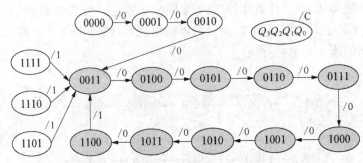

图 6-4-25　十进制同步加法计数器状态图

【例 6-4-11】　用一片 74LS161 实现十三进制加法计数器，计数状态从 $0000 \sim 1100$。

解：(1) 74LS161 与 74LS163 功能基本相同，当采用预置法时，由于没有用到清零端 $\overline{CR}$，所以其设计方法与 74LS163 完全相同，如图 6-4-19 所示。

(2) 由于计数器从 0000 开始计数，也可采用异步清零法。由于 74LS161 为异步清零，即当 $CR=0$ 时，计数器立即清零，这一点与 74LS163 同步清零不同。所以，在取输出状态反馈时，不能取 1100，要取 1100 的下一个状态(1101)，再通过与非门使 $\overline{CR}=0$，计数器清零。

(3) 用 74LS161 异步清零法设计的十三进制加法计数器如图 6-4-26 所示，C 为进位信号。状态图如图 6-4-27 所

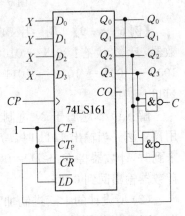

图 6-4-26　清零法设计十三进制计数器

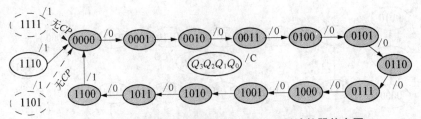

图 6-4-27　用 74LS161 清零法设计十三进制计数器状态图

示,其中偏离状态 1101、1111 无须 CP 信号立即回零,图中用"虚线"表示。

通过以上举例可以得出:采用"预置法"时 74LS161 与 74LS163 完全相同;采用"清零法"时,74LS163 为同步清零,74 LS161 为异步清零,请读者注意总结。

5. 74LS190 可逆计数器

74LS190 是异步预置数的同步 BCD 码十进制可逆计数器,内部包含 4 个触发器,具有异步预置数及加/减计数功能,图 6 - 4 - 28 所示为 74LS190 外部引脚图。所谓异步预置数,是指当 $\overline{LD}$ 预置数控制端低电平有效时,不管其他控制信号及 CP 信号,计数器将 $D_3 \sim D_0$ 置入 $Q_3 \sim Q_0$。

该计数器的输入信号有预置数信号 $\overline{LD}$,低电平有效;计数控制信号 $\overline{CT}$,低电平时允许计数,高电平计数器保持状态不变;加/减控制信号 $\overline{U}/D$,低电平加法,高电平减法;时钟输入信号 CP,数据输入 $D_0 \sim D_3$。输出信号有数据输出 $Q_0 \sim Q_3$;溢出信号由 CO/BO 和 $\overline{RC}$ 表示。

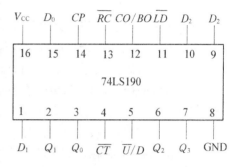

图 6 - 4 - 28　74LS190 的外部引脚图

表 6 - 4 - 7 为 74LS190 可逆计算器功能表,具有预置数、加/减计数和保持 4 种功能,现将各控制端的作用简述如下:

(1) 预置数:$\overline{LD}$ 预置数控制端,低电平有效,当 $\overline{LD}=0$ 时,则不管其他信号如何,计数器将 $D_3 \sim D_0$ 置入 $Q_3 \sim Q_0$。

(2) 加计数:若 $\overline{LD}=1$ 且 $\overline{CT}=0$,当 $\overline{U}/D=0$ 时,在 CP 上升沿触发下实现同步 2^4 进制计数加法计数。

(3) 减计数:若 $\overline{LD}=1$ 且 $\overline{CT}=0$,当 $\overline{U}/D=1$ 时,在 CP 上升沿触发下实现同步 2^4 进制计数减法计数。

(4) 保持:若 $\overline{LD}=1$,当 $\overline{CT}=1$ 时,CP 将不起作用,计数器保持原状态不变。

表 6 - 4 - 7　74LS190 计数器功能表

工作方式	输入					输出
	$\overline{LD}$	$\overline{U}/D$	$\overline{CT}$	CP	D_i	Q_i
预置数	0	X	X	X	0	0
	0	X	X	X	1	1
加计数	1	0	0	↑	X	加计数
减计数	1	1	0	↑	X	减计数
保　持	1	X	1	X	X	Q_i

74LS190 可以多片级联在同步工作,低位片计数器的 $\overline{RC}$ 接到高位片计数器的允许输入端 $\overline{CT}$,这样当计数器计数到最大(或最小)时,才允许高位片计数器计数,否则不允许计数。正常情况下 CO/BO 输出低电平,当计数器作加法计数到 1001 时(或减法计数到 0000 时)CO/BO 输出高电平(高电平维持到下一个数或计数器被预置数或 $\overline{U}/D$ 的状态被改变),相

当于进位(借位)信号。

CO/BO 信号作为 $\overline{RC}$ 的使能信号,当 $CO/BO=1$ 且 $\overline{CT}=0$ 时,$\overline{RC}$ 输出跟随时钟信号变化,可作多片级联时高位片的时钟信号或允许端的信号,从而使计数器在级联时简化设计。

6.5 寄存器

可以寄存二进制代码的器件称为寄存器。寄存器由触发器组成,它是计算机中最基本的逻辑部件。通常寄存器具有以下四种功能:

(1) 寄存数码:将数据以二进制数码形式存放在寄存器内,并保留数码不变。

(2) 清除数码:可以将数码寄存器中所寄存的原始数码清除。将构成寄存器的所有触发器置零端联在一起,当置零端有效时,寄存器将全部清零。

(3) 接收数码:在接收时序信号的作用下,能将外部输入数码接收到寄存器中。

(4) 输出数据:在输出时序信号的控制下,能将数码寄存器中的数码输出。

(5) 数码移位:有些寄存器还具有移位功能,能将寄存器中的数码移位。

6.5.1 寄存器工作原理

寄存器的功能是存储二进制代码,它由具有存储功能的触发器构成。因为一个触发器只有 0 和 1 两个状态,只能存储 1 位二进制代码,所以 n 个触发器构成的寄存器能存储 n 位二进制代码。寄存器还应有执行数据接收和清除命令的控制电路,控制电路一般是由逻辑门电路构成的。按照接收数码的方式不同,寄存器有双拍工作方式和单拍工作方式两种。

1. 双拍工作方式的寄存器

图 6-5-1 为由四个基本 R-S 触发器构成的四位寄存器,它接收代码分两步(双拍)进行。

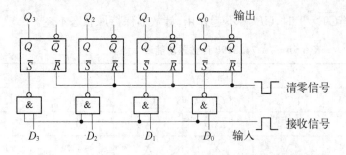

图 6-5-1 双拍工作方式的寄存器

① 第一步,先用"清零"负脉冲信号将所有触发器置 0。

② 第二步,再用"接收"信号正脉冲把控制门(与非门)打开,使数据 $D_3D_2D_1D_0$ 存入触发器。凡是输入数据为 1 的位,相应与非门一定会给出一个负脉冲将对应的基本 R-S 触发器置 1;数据输入为 0 的位,相应与非门无负脉冲输出,对应的触发器保持 0 状态不变。寄存器的内容从 $Q_3 \sim Q_0$ 触发器的输出端读出。

双拍工作方式的优点是电路简单,缺点是每次接收数据都必须给两个控制脉冲,不仅操作不够方便,而且限制了电路的工作速度。

2.单拍工作方式的寄存器

图 6-5-2 所示是由四个 D 触发器构成的四位寄存器,当 CP 正脉冲接收指令到达时,将数据 $D_3 \sim D_0$ 置入触发器,输出 $Q_3 \sim Q_0$ 将分别随 $D_3 \sim D_0$ 而变。这种寄存器电路不需要去除原来存储的数据,只要 $CP=1$ 到达,新的数据就会存入,所以称为单拍工作方式。

在图 6-5-1、图 6-5-2 中,因为接收数据时所有各位都是同时输入,输出的数据也是同时读出,所以称为并行输入、并行输出方式。

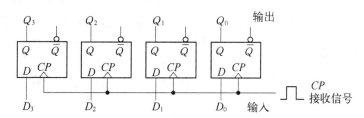

图 6-5-2　D 触发器构成的单拍工作方式寄存器

6.5.2　移位寄存器

移位寄存器不但具有存储代码的功能,而且具有移位功能。移位功能就是使寄存器里存储的代码在移位指令脉冲的作用下左移或右移。移位寄存器可以用于存储代码,也可用于数据的串行/并行转换、数据的运算和数据的处理等。

1.单向移位寄存器

图 6-5-3 是 D 触发器构成的左移移位寄存器。低位存储器的输出端 Q 依次接到高一位数据输入端 D,仅由最低位触发器的输入端 D 接收外来的串行输入代码 $D_3 D_2 D_1 D_0$。最低位触发器的输入端 D 为串行输入端,$Q_3 \sim Q_0$ 为并行输出端,Q_3 为串行输出端。

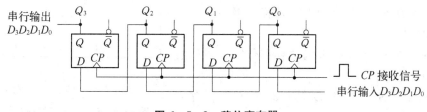

图 6-5-3　移位寄存器

（1）串行输入/并行输出

现在分析将数据 $D_3 D_2 D_1 D_0$ 从高位至低位送入移位寄存器的情况。设寄存器初始状态为 0000,先送入的是高位数据,那么当第 1 个 CP 上升沿到来后,寄存器状态为 $Q_3 Q_2 Q_1 Q_0 = 000 D_3$;第 2 个上升沿到达后,各触发器的状态都移入左边相邻的触发器,于是 $Q_3 Q_2 Q_1 Q_0 = 00 D_3 D_2$。依次类推,第 4 个 CP 上升沿到达后,$Q_3 Q_2 Q_1 Q_0 = D_3 D_2 D_1 D_0$,这时并行输出端的数码与输入的数据相对应,完成了将四位数码由串行输入转换为并行输出的过程。移位寄存器的移位过程也可以用图 6-5-4 的示意图来表示。

（2）串行输入/串行输出

图 6-5-3 电路也实现串行输入/串行输出过程,由上面分析可以知道,当第 4 个 CP

图 6-5-4 左移移位过程

上升沿到达后,$Q_3 Q_2 Q_1 Q_0 = D_3 D_2 D_1 D_0$,依次类推,如果要在 Q_3 端实现全部数据 $D_3 D_2 D_1 D_0$ 的串行输出,还需要等待 4 个 CP 上升边沿,实现 $D_3 D_2 D_1 D_0$ 的串行输出。所以,图 6-5-3 电路也称为串行输入、串行输出与并行输出的移位寄存器。

（3）用移位寄存器实现运算

移位寄存器除了可以实现数据的转换以外,还可以实现乘、除运算功能,在计算机编程中经常运用数据的移位来实现数据的乘或除,具有运算速度快,占用内存少等优点。

【例 6-5-1】 将数据 0110(相当于十进制 6)乘以 2(相当于十进制 12),或除以 2(相当于十进制 3)。

解:将数据 0110 存入寄存器,将数据左移移位,变成 1100,等效于原数据乘以 2,依次类推,在多位二进制的情况下,低位的数据向高位移位 n 位,等于原数据乘以 2^n。

反之,将数据 0110 存入寄存器,将数据右移移位,变成 0011,等效于原数据除以 2,依次类推,在多位二进制的情况下,高位的数据向低位移位 n 位,等于原数据除以 2^n。

2. 双向移位寄存器

既能实现数据左移又能实现数据右移的移位寄存器称为双向移位寄存器。74LS194 是常用的双向移位寄存器集成电路,可以实现左、右移位控制,并行数据输入,保持和清零等功能,图 6-5-5 为 74LS194 的引脚图。$D_0 \sim D_3$ 为并行输入端,$Q_0 \sim Q_3$ 为并行输出端,D_{SR} 右移串行输入端,D_{SL} 左移串行输入端,S_1、S_0 为操作模式控制端,$\overline{CR}$ 为直接清零端,CP 为时钟脉冲输入端。74LS194 功能见表 6-5-1。

当 $S_0 = 0$、$S_1 = 1$ 时,即为左移移位寄存器(注:从高位向低位移位);

当 $S_0 = 1$、$S_1 = 0$ 时,即为右移移位寄存器(注:从低位向高位移位);

当 $S_0 = 1$、$S_1 = 1$ 时,$Q^{n+1} = d$,具有并行存入功能;

当 $S_0 = 0$、$S_1 = 0$ 时,CP 不能输入(被封锁),触发器状态保持不变,寄存器具有保持功能。

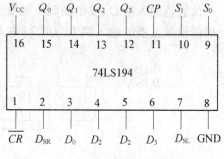

图 6-5-5 双向移位寄存器 74LS194

表 6-5-1 四位双向移位寄存器 74LS194 功能表

功能	输入										输出			
	清零	使能		串行输入		时钟	并行输入							
	$\overline{CR}$	S_0	S_1	D_{SL}	D_{SR}	CP	D_0	D_1	D_2	D_3	Q_0	Q_1	Q_2	Q_3
清零	0	×	×	×	×	×	×	×	×	×	0	0	0	0
送数	1	1	1	×	×	↑	d_0	d_1	d_2	d_3	d_0	d_1	d_2	d_3

续表

功能	清零	使能		串行输入		时钟	并行输入				输出			
	$\overline{CR}$	S_0	S_1	D_{SL}	D_{SR}	CP	D_0	D_1	D_2	D_3	Q_0	Q_1	Q_2	Q_3
右移	1	1	0	×	1	↑	×	×	×	×	1	Q_0^n	Q_1^n	Q_2^n
	1	1	0	×	0	↑	×	×	×	×	0	Q_0^n	Q_1^n	Q_2^n
左移	1	0	1	1	×	↑	×	×	×	×	Q_1^n	Q_2^n	Q_3^n	1
	1	0	1	0	×	↑	×	×	×	×	Q_1^n	Q_2^n	Q_3^n	0
保持	1	0	0	×	×	×	×	×	×	×	Q_0^0	Q_1^0	Q_2^0	Q_3^0

【例 6-5-2】 试分析图 6-5-6 所示电路的功能,并画出输出波形。

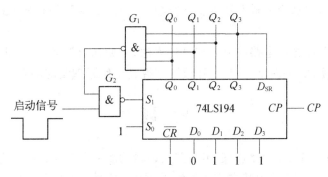

图 6-5-6　例 6-5-2 的电路图

解:① 当启动信号输入负脉冲时,使 G_2 输出为 1,则 $S_1=S_0=1$,寄存器执行并行输入功能,$Q_0Q_1Q_2Q_3=D_0D_1D_2D_3=0111$。

② 启动信号消除后,寄存器输出端 $Q_0=0$,使 G_1 输出为 1,G_2 输出为 0,则 $S_1S_0=01$,开始执行右移功能。

③ 在右移位过程中,因为 G_1 输入端总有一个为 0,所以能保证 G_1 输出为 1,G_2 输出为 0,维持 $S_1S_0=01$,向右移位不断进行下去,移位情况用表 6-5-2 及图 6-5-7 时序来说明。

表 6-5-2　例 6-5-2 电路的状态表

CP	D_{SR}	Q_0	Q_1	Q_2	Q_3
1	1	0	1	1	1
2	1	1	0	1	1
3	1	1	1	0	1
4	0	1	1	1	0
5	1	0	1	1	1

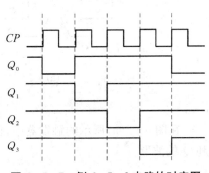

图 6-5-7　例 6-5-2 电路的时序图

由时序图可知,该电路是一个四相序列脉冲发生器,寄存器各输出端按固定时序轮流输出低电平脉冲。

小　结

本章首先介绍了时序逻辑的基本特点:时序逻辑电路在任一时刻的输出不仅与该时刻的输入有关,还和电路原来的状态有关,这是时序逻辑电路与组合逻辑电路的区别。在电路结构上是由组合逻辑电路和存储电路组成。时序逻辑电路的描述方法有方程组(由输出方程、驱动方程、状态方程组成)、状态转换表、状态转换图、时序图等。其中方程组是和电路结构直接对应的一种表达式;而状态转换表和状态转换图则给出了电路工作的全过程,使电路的逻辑功能一目了然;时序图的表示方法便于波形观察。

其次,从基本 R - S 触发器基础电路开始,引出了同步触发器、主从触发器。同步触发器具有空翻的缺点,主从边沿触发器克服了空翻,从一根主线引出了 R - S、D、J - K、T、T' 五种功能的触发器。

最后,介绍了时序逻辑电路的分析和设计方法,主要从计数器、寄存器两个方面进行了展开,列举了大量实例,举一反三,旨在让读者掌握其工作原理及使用方法。

习　题

1. 试比较时序逻辑电路和组合逻辑电路在逻辑功能上和电路结构上有何不同?

2. 根据图 6-1(a)所示的基本 R - S 触发器中,请画出下列各种情况下的 Q、$\overline{Q}$ 端的波形。

(1) $\overline{R}$ 端接地,$\overline{S}$ 端接图(b)脉冲;

(2) $\overline{R}$ 端悬空,$\overline{S}$ 端接图(b)脉冲;

(3) $\overline{R} = \overline{S}$,$\overline{S}$ 端接图(b)脉冲;

(4) $\overline{R}$ 端接图(c)脉冲,$\overline{S}$ 端接图(b)脉冲。

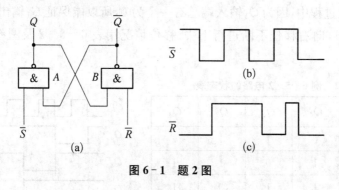

图 6-1　题 2 图

3. 在图 6-2(a)所示的触发器中,已知输入信号 R、S 的波形如图 6-2(b)所示,请画出 Q 和 $\overline{Q}$ 的波形。

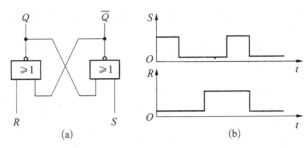

图 6-2 题 3 图

4. 图 6-3(a)所示是基本 R-S 触发器，输入信号 $\overline{R}$、$\overline{S}$ 的波形如图 6-3(b)所示，请画出 Q、$\overline{Q}$ 的波形。

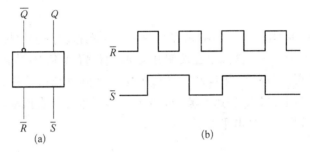

图 6-3 题 4 图

5. 在图 6-4(a)所示的 D 触发器中，CP、D、S_d、R_d 的波形如图 6-4(b)所示。试画出 Q、$\overline{Q}$ 的波形。

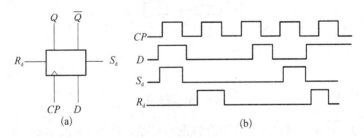

图 6-4 题 5 图

6. 在图 6-5(a)所示的触发器中，已知输入信号 a、b、c 的波形如图 6-5(b)所示，设起始态 $Q=0$，试画出 Q 和 $\overline{Q}$ 的波形。

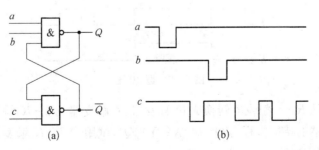

图 6-5 题 6 图

7. 试分析图 6-6 所示电路的逻辑功能,并与基本 R-S 触发器的逻辑功能进行比较。

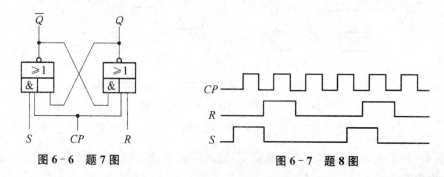

图 6-6 题 7 图   图 6-7 题 8 图

8. 在图 6-6 所示电路中,加上图 6-7 所示 CP、R、S 波形,画出 Q、$\overline{Q}$ 的波形,初始状态自定。

9. 基本 R-S 触发器的一个应用,就是用来消除手动按钮开关机械弹动而引起的不需要的输出脉冲。在图 6-8 中,试画出在按钮开关 K 由位置 A 到 B(或由 B 到 A)触点振动时触发器 Q、$\overline{Q}$ 端波形。[提示:当 K 由 A 到 B(或由 B 到 A)时,首先有一个延迟时间,K 既不指向 A,也不指向 B,当 K 到达 B 点(或 A 点)后,触发点将有振动,使 R(或 S)由高变低,又由低变高,最后稳定在高电平上。]

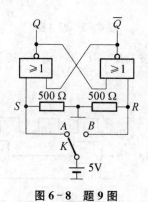

图 6-8 题 9 图

10. 在主从 J-K 触发器中(上升边沿触发),已给出图 6-9 所示的 CP、J、K 波形,触发器起始状态为 0,画出 Q、$\overline{Q}$ 波形。

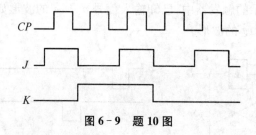

图 6-9 题 10 图

11. 试画出主从 R-S 触发器转换成 D 触发器、T 触发器及 J-K 触发器的电路。

12. 一个触发器的特征方程为 $Q^{n+1}=X\oplus Y\oplus Q^n$,试用① J-K 触发器;② D 触发器和必要的门电路分别实现这个触发器。

13. 在图 6 - 10 中,设各触发器起始时皆为零状态,画出 Q 端波形。

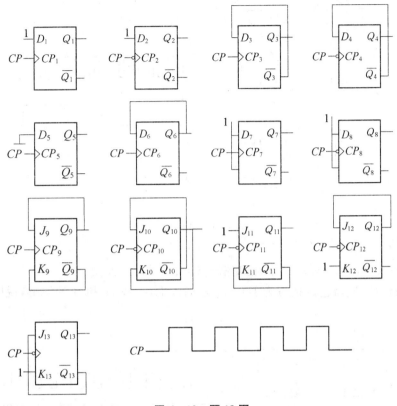

图 6 - 10　题 13 图

14. 在图 6 - 11(a)所示电路中,已知信号 A、B、R_D 的波形如图 6 - 11(b)所示,画出 Q_0、Q_1 端的波形。

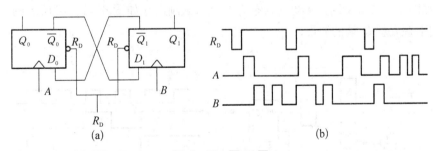

图 6 - 11　题 14 图

15. 写出图 6 - 12 所示各电路的次态函数(即 Q_0^{n+1}、Q_1^{n+1} 与现态 Q_0^n、Q_1^n 和输入变量 A、B 之间的函数),并画出图 6 - 12(b)所示给定信号的作用下 Q_0、Q_1 的电压波形。假定各触发器的初始状态均为 0。

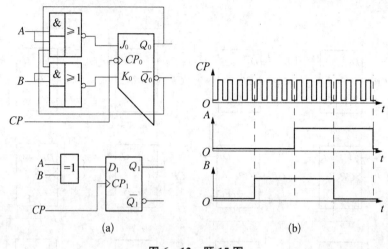

图 6-12 题 15 图

16. 在图 6-13(a)所示电路中,已知信号 CP、A 的波形如图 6-13(b)所示。试画出输出端 B 的波形(触发器起始状态为零)。A 是输入端,比较 A 和 B 的波形,说明此电路的功能。

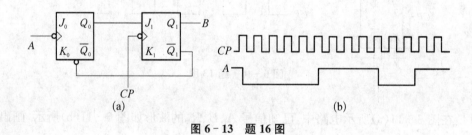

图 6-13 题 16 图

17. 如图 6-14(a)所示,其初始状态为 $Q=0$,试画出在如图 6-14(b)所示的 CP、J、K 信号作用下触发器 Q 端的波形。

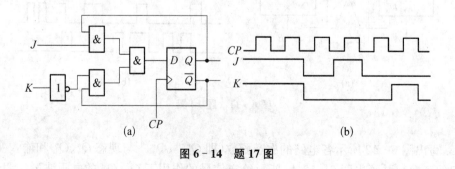

图 6-14 题 17 图

18. 试分析图 6-15 所示时序逻辑电路的逻辑功能,写出电路的驱动方程、状态方程和输出方程,画出电路的状态转换图,说明电路是否自启动。

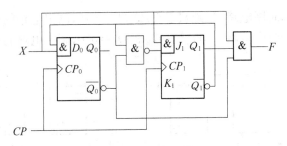

图 6-15 题 18 图

19. 试分析图 6-16 所示电路的功能。要求写出时钟方程、驱动方程、状态方程并画出状态转换图。

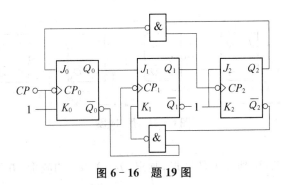

图 6-16 题 19 图

20. 若在图 6-17(a)所示电路的输入端输入图 6-17(b)所示的波形,试画出 Q 和 $\overline{Q}$ 端的波形。

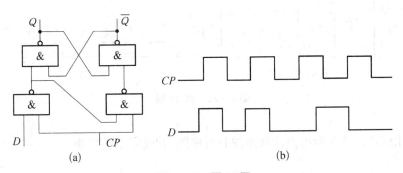

(a)   (b)

图 6-17 题 20 图

21. 电路如图 6-18(a)所示,CP、A 的波形如图 6-18(b)所示,触发器初态为零,画出 Q_0、Q_1 的波形图。

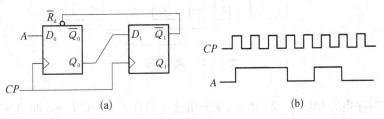

(a)   (b)

图 6-18 题 21 图

22. 图 6-19 所示时序电路,起始状态 $Q_2Q_1Q_0=010$,画出电路的时序图。

23. 图 6-20 所示时序电路,起始状态 $Q_2Q_1Q_0=000$,画出电路的时序图。

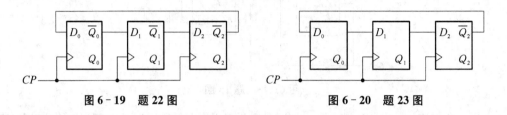

图 6-19　题 22 图　　　　　　　图 6-20　题 23 图

24. 画出图 6-21 所示电路的时序图和状态图,起始状态 $Q_3Q_2Q_1Q_0=1000$。

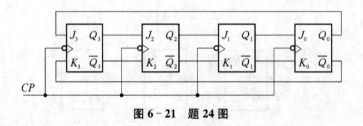

图 6-21　题 24 图

25. 试对应图 6-22(b)所示 CP 波形,画出 Q_0、Q_1、Q_2 的波形,并说明图 6-22(a)所示电路的功能。

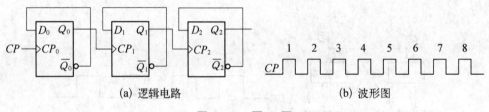

(a) 逻辑电路　　　　　　　(b) 波形图

图 6-22　题 25 图

26. 画出图 6-23 所示电路的状态图和时序图,并说明逻辑功能。

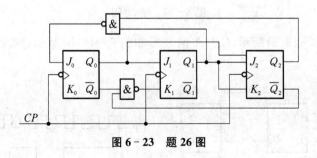

图 6-23　题 26 图

27. 已知时序电路如图 6-24 所示,试分析该电路在 $C=1$ 和 $C=0$ 时电路的逻辑功能。

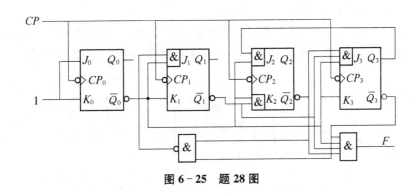

图 6 - 24   题 27 图

28. 试分析图 6 - 25 所示的时序逻辑电路,写出电路的驱动方程、状态方程和输出方程,画出电路的状态转换图,说明电路能否自启动。

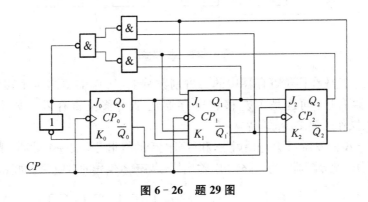

图 6 - 25   题 28 图

29. 试问图 6 - 26 所示电路的计数长度 N 是多少? 能自启动吗?

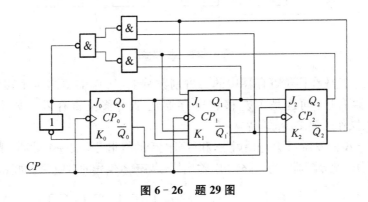

图 6 - 26   题 29 图

30. 试用 J - K 触发器和逻辑门设计一个同步七进制加法计算器。

31. 试用 74LS163 实现一个十一进制计数器。

32. 用两片 74LS163 实现三十六进制加法计数器。

33. 试用 74LS161 实现一个十三进制计数器。

34. 画出图 6 - 27 所示的电路的状态图和时序图。

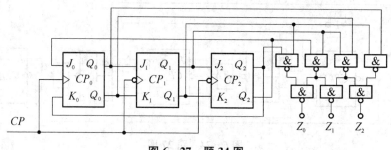

图 6-27 题 34 图

35. 用 J-K 触发器设计一个同步七进制计数器。

36. 用 D 触发器和门电路设计一个同步十一进制加法计算器,并检查设计的电路能否自启动。

37. 试设计一个同步四进制可逆计数器。

38. 设图 6-28(a)、(b)中移位寄存器保存的原始信息为 $Q_3 Q_2 Q_1 Q_0 = 1010$,试问下一个时钟脉冲后,它保存什么样的信息? 多少个时钟脉冲作用后,信息循环一周?

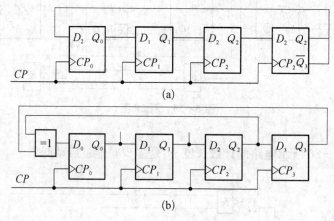

图 6-28 题 38 图

39. 欲将一个存放在移位寄存器中的二进制数乘上 $(16)_{10}$ 需要多少个移位脉冲? 若高位在移位寄存器右边,问这是个左移位寄存器还是右移位寄存器? 如果时钟频率是 50 kHz,完成该操作需要多少时间?

40. 试用 J-K 触发器(下降边沿触发)和尽可能少的与非门构成一个脉冲分配器(画出其完整的逻辑电路图)。此分配器共有 4 路输出,输出信号与输入信号的对应关系如图 6-29 所示。

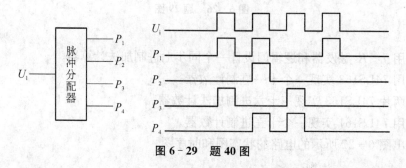

图 6-29 题 40 图

41. 设计一个步进电动机用的三相六状态脉冲分配器。如果用 1 表示线圈导通,用 0 表示线圈截止,则三个线圈 A、B、C 的状态转换图应如图 6-30 所示。在正转时,控制输入端 M 为 1,反转时 M 为 0。

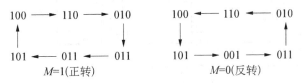

图 6-30 题 41 图

42. 根据图 6-31 所示状态转换图设计时序电路,并能完成图示的功能。

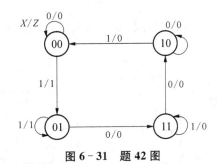

图 6-31 题 42 图

43. 用二进制异步计数器从零计数到下列十进制数,需要多少个触发器?

(1) 12　　(2)60　　(3)160

44. 试用状态转换图(或时序表)分析图 6-32 所示的时序电路,确定它是几进制计数器,并进行自启动校验。

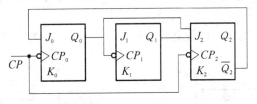

图 6-32 题 44 图

45. 设计一个可控制计数器,由 $J-K$ 触发器构成,如果控制线 $X=1$,则状态按 000→011→110→000 变化;如果 $X=0$,则按状态 000→010→100→110→000 变化。

46. 用 74LS161 设计一个十进制加法计数器,计数规律:0000→0001→0010→0011→0100→0101→0110→0111→1000→1001→0000,允许用与、或、非逻辑门。

47. 用 74LS161 设计一个十一进制加法计数器,计数规律:0101→0110→0111→1000→1001→1010→1011→1100→1101→1110→1111→0101,允许用与、或、非逻辑门。

48. 请用两片 74LS161 构成一个一百八十三(183)进制计数器,画出电路,标出输入输出端,可以附加必要的逻辑门电路(计数规律从 0 开始)。

49. 图 6-33 所示时序逻辑电路,所有触发器的初始状态都为"0"。分析该时序逻辑电路的功能(要求有分析过程,做出状态表,画出状态图),并说明自启动特性。在 CP 脉冲信号的作用下,试画出输出端 Z 波形。

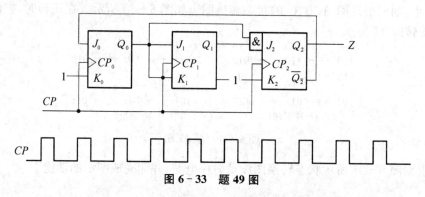

图 6-33 题 49 图

50. 图 6-34 所示电路为多少进制计数器? 画出状态转换图。

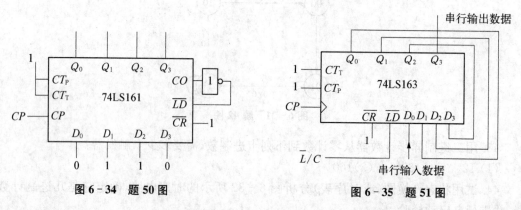

图 6-34 题 50 图

图 6-35 题 51 图

51. 用 74LS163 构成的电路如图 6-35 所示。试分别说明电路控制端 L/C 为 1 或为 0 时该电路的功能。

52. 试分析图 6-36 所示的计数器在 $C=1$ 和 $C=0$ 时各为几进制。

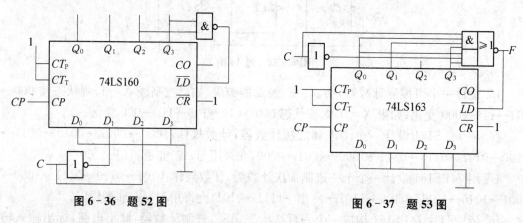

图 6-36 题 52 图

图 6-37 题 53 图

53. 图 6-37 所示电路是可变进制计数器。试分析当控制变量 $C=1$ 和 $C=0$ 时电路各为几进制计数器。

54. 图 6-38 所示电路是由两片同步十进制计数器 74LS160 组成的计数器,试分析这是多少进制的计数器,两片之间是几进制。

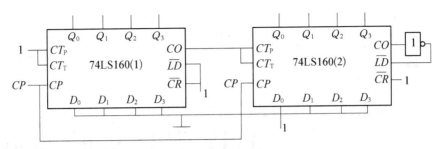

图 6-38 题 54 图

55. 试用 74LS163 实现余 3 码计数器。

56. 试设计一个可控进制的计算器,当输入控制变量 $C=0$ 时工作在五进制,$M=1$ 时工作在十五进制。请标出计数输入端和进位输出端。

57. 试用同步十进制计数器芯片 74LS160 设计一个三百六十五进制的计数器。要求各数位间为十进制关系。允许附加必要的门电路。

58. 试设计一个数字钟电路。要求能用七段数码管显示从 0 时 0 分 0 秒到 23 时 59 分 59 秒之间的任一时刻。

59. 试用同步十进制计数器 74×160 和 8 线-3 线优先编码器 74×148 设计一个可控分频器。要求在控制信息 A、B、C、D、E 分别为 1 时分频比对应为 $1/2$、$1/3$、$1/4$、$1/5$、$1/6$。

60. 图 6-39 所示为移位寄存器型计数器,试画出它的状态转换器,说明这是几进制计数器,能否自启动。

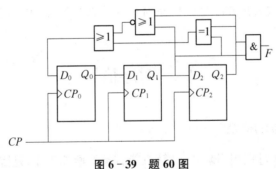

图 6-39 题 60 图

61. 用 4 位二进制计数器 74LS161 分别构成 8421 BCD 码、余 3 BCD 码、5421 BCD 码计数器。

扫一扫见本章
习题参考答案

第7章

时序信号与脉冲波形

⊕ **本章要点**

时序信号在计算机系统及电子类系统应用中占据重要的地位,本章通过 I^2C 总线协议来了解时序信号的基本概念,通过对 I^2C 通信时序图的解析,了解时序信号产生的原理,时序信号的工作过程及作用。从时序信号引出脉冲波形,介绍脉冲波形的特性,重点介绍脉冲波形产生及变换的三种常用电路:多谐振荡器、单稳态触发器、施密特触发器。最后介绍555定时器的工作原理,并用555定时器分别构成多谐振荡器、单稳态触发器、施密特触发器应用电路。

7.1 时序信号

7.1.1 时序信号的概念

计算机系统的工作过程相当复杂,计算机能有条不紊地工作,是因为计算机对各种操作信号的产生时间、稳定时间、撤销时间及相互之间的关系都有严格的要求。对操作信号施加时间上的控制称为时序,有了严格的时序控制,才能保证计算机各功能部件协调工作。

计算机指令系统中每条指令的操作均由一个微操作序列完成,这些微操作是在控制信号作用下执行的。即指令的执行过程是按时间顺序进行的,也即计算机的工作过程都是按时间顺序进行的,时序系统的功能是为指令的执行提供各种操作定时信号。

例如,图 6 - 5 - 2 所示的寄存器,其数据传送的过程:首先将数据 $D_3 \sim D_0$ 加在各触发器的信号输入端,而控制信号加在触发器的 CP 时钟端。为保证数据能可靠地送入到寄存器中,必须要求数据信号 $D_3 \sim D_0$ 在控制信号到来之前已经稳定。当 CP 时钟信号上升边沿到来时,各触发器输入端信号 $D_3 \sim D_0$ 送入寄存器中,其工作

图 7 - 1 - 1　寄存器时序信号

时序如图 7-1-1 所示。这种数据信号的操作与 CP 时钟在时间上的控制称为时序,有了严格的时序控制,才能保证将数据送入到寄存器。

7.1.2 时序信号举例

为了进一步理解时序的概念,以 I²C 总线工作时序为例进行介绍。I²C(inter-integrated circuit)是由 Philips 公司开发的一种双向两线制同步串行总线通信协议,两根线分别定义为 SDA(串行数据线)和 SCL(串行时钟线),都为双向输入/输出线。只需要两根线即可实现连接于总线上器件之间的信息传送,占用集成电路的引脚少,硬件实现简单,系统可扩展性强,在计算机系统中得到广泛应用。以下就 I²C 数据通信中的开始和停止、有效数据位置、应答时序进行介绍,旨在让读者了解时序的工作过程。

1. 开始和停止

I²C 总线采用两根线进行通信,SDA 线传输数据信号,SCL 线传输时钟控制信号。数据传输什么时候"开始"? 什么时候"停止"? 必须有严格的时序来控制。图 7-1-2 所示为 I²C 总线"开始"和"停止"时序信号。I²C 总线定义:在 SCL 为高电平时,SDA 从高电平到低电平的跳变定义为"开始";在 SCL 为高电平时,SDA 从低电平到高电平的跳变定义为"停止"。

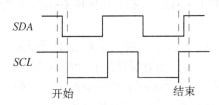
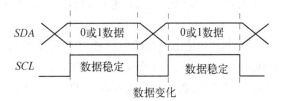

图 7-1-2 I²C 总线开始和停止时序   图 7-1-3 I²C 总线数据有效时序

2. 有效数据的位置

数据"1"和"0"以脉冲电平的"高"和"低"在 SDA 线上变化,如何正确可靠地读取 SDA 线上的数据? I²C 总线定义 SCL 的上升边沿读取数据,为了保证 SDA 线上的数据可靠,要求在 SCL 为高电平时 SDA 线上的数据必须是稳定的。也就是说,在 SCL 的低电平或在 SCL 变成高电平之前,SDA 线上的数据是可以变化的,计算机也就在这个时段将数据放到 SDA 线上。

3. 应答

计算机中的数据以一个字节(8 位)为单位,但是 SDA 线上的数据只能一位一位地传送,那么当一个字节(8 位)的数据全部传输完毕后,SDA 线上的第 9 位就定义为"应答"位。应答信号的作用:当向接收机写数据的时候,写完一个字节后,接收机会返回一个应答信号,告诉发送机是否写成功;当发送机收到"应答"信号后,表示写成功了。SDA 线上的低电平定义为应答 ACK 信号,如图 7-1-4 所示。

通过以上分析可知,I²C 总线能通过两根线传送数据,是因为 I²C 总线有一套严格的时序控制信号。同样的道理,计算机之所以能够准确、迅速、有条不紊地工作,是因为在 CPU 中有一个时序信号产生器。计算机一旦被启动,在时钟脉冲的作用下,CPU 开始取指令并执行指令,操作控制器就利用定时脉冲的顺序和不同的脉冲间隔,有条理、有节奏地指挥机器各个部件按规定时间动作,规定在这个脉冲到来时做什么,在那个脉冲到来时又做什么。

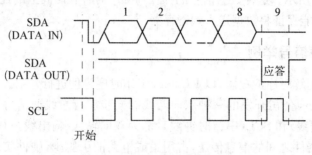

图 7-1-4 I²C 总线应答时序

7.2 脉冲波形的产生与变换

7.2.1 脉冲的基本概念

所谓脉冲,是指短时间内出现的电压或电流。或者说间断性的电压或电流叫作脉冲电压或脉冲电流。广义地讲,按非正弦规律变化的电压或电流称为脉冲电压或脉冲电流。

脉冲波形是指突变的电压或电流的波形,如图 7-2-1 所示。在数字系统中用得最多的波形是矩形波,矩形波有周期性与非周期性两种。数字信号的波形就是脉冲波形,正因为如此,有时候把数字电路也叫作脉冲电路。但一般情况下,脉冲电路着重研究脉冲信号的产生、转换、放大、测量等;数字电路着重研究构成数字电路各单元之间的逻辑关系。

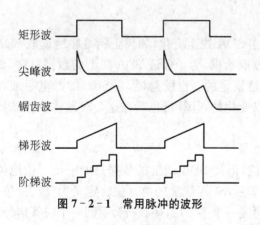

图 7-2-1 常用脉冲的波形

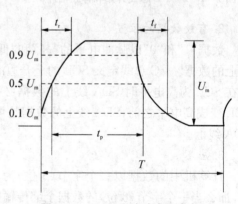

图 7-2-2 矩形脉冲电压参数

7.2.2 矩形脉冲的参数

很明显,前面所述的时序信号就是矩形脉冲波形。理想的矩形脉冲波形其边沿就像矩形的边沿呈 90°,实际的矩形脉冲波形其前沿和后沿都有延迟,如图 7-2-2 所示。为了表征矩形脉冲信号的特性,常用一些参数来描述,现以矩形脉冲电压为例:脉冲幅度 U_m——脉冲电压变化的最大值;脉冲宽度 t_p——脉冲前沿 $0.5U_m$ 至脉冲后沿 $0.5U_m$ 的一段时间,又称脉冲持续时间;脉冲周期 T——周期性脉冲信号,前后两次出现的时间间隔;重复频率 f(1/

T)——单位时间内脉冲重复的次数;上升时间 t_r——由 $0.1U_m$ 上升到 $0.9U_m$ 所需的时间;下降时间 t_f——由 $0.9U_m$ 下降到 $0.1U_m$ 所需的时间。

通常用 q(百分比)表示脉冲的占空比,占空比 $q = t_P/T$,如果 $q = 50\%$,则称为方波。

7.2.3 脉冲波形的产生与变换

矩形脉冲在数字系统中作为时序信号,作用于系统的各个部分,波形的好坏关系到整个系统的工作状况。如何获取脉冲波形? 获得脉冲波形的方法主要有两种:利用脉冲振荡电路产生;通过整形电路对已有的波形进行整形、变换,使之符合系统的要求。

1. 多谐振荡器

多谐振荡器是能够产生矩形脉冲波的自激振荡器,在接通电源后,不需外加输入信号,就能自动地产生矩形波。矩形波中除基波外,还包括许多高次谐波。因此,这类振荡器称为多谐振荡器。多谐振荡器无稳态,只有两个暂稳态(所谓暂稳态是指不能长久保持的状态)。因此多谐振荡器又称无稳态电路。常见的有由 TTL 门电路和 CMOS 门电路组成的 RC 多谐振荡器。

(1) 由 TTL 门电路构成的多谐振荡器

如图 7 - 2 - 3 所示 RC 环形多谐振荡器由三个 TTL 与非门(G_1、G_2、G_3)、两个电阻(R、R_S)和一个电容 C 组成。电阻 R_S 是与非门 G_3 的限流保护电阻,一般取 100 Ω 左右;R、C 为定时器件,R 的值要小于与非门的关门电阻,一般在 700 Ω 以下,否则电路无法正常工作。此时,由于 RC 的值足够大,从 u_{i2} 到 u_{i3} 的传输时间主要由 RC 的参数决定,故门延迟时间 t_{pd} 可以忽略不计。

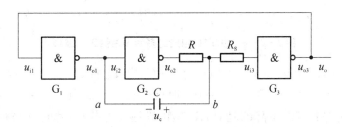

图 7 - 2 - 3 由 TTL 组成的多谐振荡器

① 工作原理分析

多谐振荡器有两个暂稳态,现假设门电路电压传输特性曲线理想化,且设 $U_H = 3$ V(高电平电压),$U_L = 0.3$ V(低电平电压),$U_{TH} = 1.4$ V(阈值电压),$u_C = u_{ba}$,忽略各门自身的延迟时间 t_{pd},如图 7 - 2 - 4 所示。

(a) 设 $t = 0$ 时,$u_{o3} = u_{i1} = U_H$,则 $u_{o1} = u_{i2} = U_L$、$u_{o2} = U_H$,设电容器 C 未被充电,所以 $u_C = 0$ V、$u_{i3} = u_C + u_{o1} = U_L$,如图 7 - 2 - 4 所示。

(b) 当 $t > 0$ 时,由于 $u_{o2} > u_{o1}$,所以 $u_{o2} = U_H$,经 R、C、u_{o1} 端使电容器 C 正向充电,u_C 和 u_{i3} 随之增大[$u_{i3}(\infty) = U_H$],但只要 $u_{i3} < U_{TH}$,则 $u_{o3} = U_H$ 不变。直到 $t = t_1$ 时,u_{i3} 上升到 U_{TH}(并有继续上升的趋势)时,G_3 由截止变为导通,u_{o3} 由 U_H 变为 U_L,u_{o1} 由 U_L 变为 U_H,u_{o2} 由 U_H 变为 U_L。第一暂稳态结束,进入第二暂稳态。此时,因为 $u_C(t_1)$ 不能跳变,所以 $u_{i3}(t_1) = u_C + \Delta U_{o1} \approx U_{TH} + U_H$。

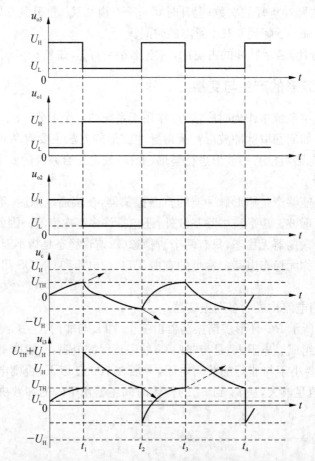

图 7-2-4 由 TTL 组成的多谐振荡器工作波形

(c) 当 $t > t_1$ 时,因为 $u_{o1} > u_{o2}$,所以 u_{o1} 经过 C、R、u_{o2} 端使电容器 C 反向充电,u_C 及 u_{i3} 随之减小[$u_{i3}(\infty) = -(U_H - U_L) + U_H \approx 0$],但只要 $u_{i3} > U_{TH}$,则 $u_{o3} = U_L$ 不变。直到 $t = t_2$ 时,u_{i3} 下降到 U_{TH} 并有继续下降的趋势,使 G_3 由导通变为截止,此时 u_{o3} 由 U_L 变成 U_H,u_{o1} 由 U_H 变成 U_L,u_{o2} 由 U_L 变成 U_H,第二暂稳态结束,又进入下一个暂稳态。因为 $u_C(t_2)$ 不能跳变,所以 $u_{i3}(t) = u_C + \Delta u_{o1} \approx U_{TH} - U_H$。

(d) 当 $t > t_2$ 时,电路内部变化情况与 $t > 0$ 时类似,差别在于电容器端电压 u_C 及 u_{i3} 起始值 $u_{i3}(t_2)$ 不再是零,而是 $U_{TH} - U_H$。当 $t = t_3$ 时,情形与 $t = t_1$ 相同。

(e) 当 $t > t_3$ 时,情形与 $t > t_1$ 类似。

从以上分析可知:振荡器从第一暂稳态翻转到第二暂稳态,接着又从第二暂稳态翻转回到第一暂稳态,如此不断循环往复,在输出端输出连续的矩形波信号。

② 脉冲宽度 t_W 及周期 T 的估算

脉冲宽度分为充电(t_{W1})和放电(t_{W2})两部分,根据 RC 电路基本原理,充电时:

$$t_{W1} = \tau \ln \frac{u_C(\infty) - u(t_2)}{u_C(\infty) - U_T} \approx 1.1\tau = 1.1RC$$

同理,求得

$$t_{w2} \approx 1.2\tau = 1.2RC$$

故脉冲周期

$$T = t_{w1} + t_{w2} \approx 2.3RC$$

从以上分析看出,要改变脉宽和周期,可以通过改变定时元件 R 和 C 来实现。

(2) CMOS 门电路组成的多谐振荡器

由 CMOS 非门电路组成的多谐振荡器如图 7-2-5 所示。CMOS 门电路的阻抗高,输入电流很小,所以对电阻 R 的选择基本上没有限制。其原理分析与 TTL 门电路组成的多谐振荡器类似,在此不再详细分析。

(3) 石英晶体多谐振荡器

由 TTL 逻辑门及 RC 元器件等组成的多谐振荡器,其输出信号的幅值稳定性较好,但频率稳定性较差。因此,在对频率稳定性要求较高的数字系统中,不能满足要求,需要改进电路。

用石英晶体组成的多谐振荡器具有很高频率稳定性,图 7-2-6 所示由石英晶体组成的多谐振荡器电路,电路中的电阻 R_1 和 R_2 使两个门电路 G_1 和 G_2 工作在线性放大区(见图 4-4-5 电压传输曲线中的 BC 段)。

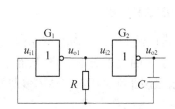

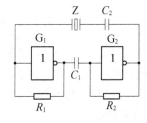

图 7-2-5　由 CMOS 组成的多谐振荡器　　图 7-2-6　石英晶体多谐振荡器

① 设电路接通电源时,门电路 G_1 的输出为高电平,门电路 G_2 的输出为低电平,在不考虑石英晶体作用的情况下,G_1 门输出的高电平通过电阻 R_1 对电容 C_2 充电,使 G_1 门输入端的电压逐步增大至高电平,使 G_1 门输出跳变成低电平。

② 与此同时,电容 C_1 通过电阻 R_2 放电(开始时由于电容两端电压不能突变,G_2 门输入端为高电平),使 G_2 门输入端的电压逐步减少至低电平,使 G_2 门输出跳变成高电平。

③ 由此,实现 G_1 门输出从高电平跳变成低电平,G_2 门输出从低电平跳变成高电平的一次翻转,电路周而复始地翻转产生方波信号输出。

石英晶体 Z 在电路中相当于一个选频网络,当电路的振荡频率等于石英晶体的固有频率 f_0 时,晶体的等效阻抗最小,信号最容易通过,而其他频率的信号均被晶体严重衰减。即频率 f_0 的信号最容易通过石英晶体 Z 和 C_2 所在的支路,并形成正反馈,促进电路产生振荡,输出方波信号。因此,电路的振荡频率只取决于与晶体结构有关的谐振频率 f_0,与 R 和 C 的大小无关。

对于 TTL 门电路,在调试使用时,若因故停振可以适当调节 R_1、R_2,图中电阻 R_1 和 R_2 的取值一般为 $0.8\sim2\ \text{k}\Omega$(关门电阻 $R_{\text{OFF}} = 0.8\ \text{k}\Omega$,开门电阻 $R_{\text{ON}} = 2.2\ \text{k}\Omega$,电阻值取开门电阻和关门电阻之间,使门电路工作在电压传输曲线的 BC 段,这一段为线性区)。对于

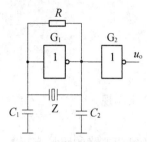

图 7-2-7 CMOS 组成的石英晶体多谐振荡器

CMOS 门电路,电路中的电阻 R_1 和 R_2 的取值为 10～100 MΩ。

当用 CMOS 逻辑门构成石英晶体多谐振荡器电路时,电路结构更加简单如图 7-2-7 所示,图中 C_1、C_2 为微调电容一般取 3～30 pF,R 取 10～100 MΩ;G_2 门是波形整形电路,将 G_1 门输出的正弦波信号整形变换成方波信号输出,输出信号的频率为石英晶体的固有频率 f_0。

图 7-2-7 所示多谐振荡器电路输出的方波信号,通过分频器可以得到各种频率信号。以组成电子钟所需的秒信号发生器为例,设 $f_0=32\ 768$ Hz,通过 15 次分频就可以得到 1 Hz 秒脉冲信号,如图 7-2-8 所示。

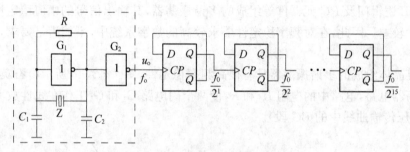

图 7-2-8 利用分频器产生秒信号

用门电路与 RC 器件组成的多谐振荡器频率稳定度约为 10^{-2},而石英晶体组成的多谐振荡器一般频率稳定度小于 10^{-6}。由于石英晶体制作工艺的改进成本下降,从而使石英晶体振荡器得到了更广泛的应用,目前计算机系统中的多谐振荡器都采用石英晶体多谐振荡器。

2. 单稳态触发电路

单稳态触发电路与多谐振荡器的不同之处在于单稳态触发电路只有一个暂稳态,另一个是稳态。在外加触发信号作用下,单稳态触发电路能够从稳态翻转到暂稳态,经过一段时间又能自动返回到稳态,电路处于暂稳态的时间是单稳态触发电路输出脉冲的宽度,其大小取决于电路本身的参数,而与触发信号无关。

单稳态触发电路的基本电路形式通常由与非门(或非门)及 RC 电路组成。与非门(或非门)作为开关元件,而 R 和 C 为定时电路元件。

由 TTL 门电路组成的单稳态触发电路按定时元件的连接方式不同,有微分型和积分型两类。

(1) 微分型单稳态触发电路

微分型单稳态触发电路的组成如图 7-2-9 所示,由两个 TTL 与非门 G_1 和 G_2 组成。G_1 到 G_2 采用 RC 微分电路耦合,G_2 到 G_1 直接耦合。R_1 和 C_1 组成输入微分电路,用来对输入的较宽的脉冲信号进行微分,将宽脉冲变成窄脉冲。另外,为能使电路可靠地工作,电阻 R 应小于与非门的关门电阻 R_{OFF}(约为 0.8 kΩ),R_1 应大于与非门的开门电阻 R_{ON}(约为 2.2 kΩ)。

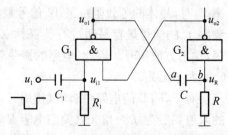

图 7-2-9 微分型单稳态触发电路的组成

① 工作原理

（a）稳态：接通电源,无触发信号（u_i 为高电平）,电路处于稳态。此时 G_1 导通,u_{o1} 为低电平；G_2 截止,u_{o2} 为高电平。

（b）当 u_i 在 t_1 时刻负跳变时,电路触发翻转,u_{o1} 由低电平跳变为高电平,由于电容两端电压不能突变,故 u_R 也立即一起上跳变为高电平。u_R 上跳的结果使 G_2 由截止变为导通,u_{o2} 由高电平跳变为低电平,并耦合到 G_1 输入端,保证了 G_1 截止,电路进入暂稳态。

（c）在暂稳态期间,u_{o1} 的高电平将不断对电容 C 充电,其充电回路如图 $7-2-10$ 所示。电容电压 u_{ab} 不断上升,u_R 不断下降,在 t_2 时刻,当下降到阈值电压 U_{TH}（1.4 V,也称门槛电压）时,门 G_2 将由导通变为截止,u_{o2} 由低电平跳变为高电平,耦合到 G_1 输入端,使 G_1 迅速由截止变为导通。相应的 u_{o1} 由高电平跳变为低电平,u_R 随着下降,由 1.4 V 跳变为负值,至此,暂稳态结束。

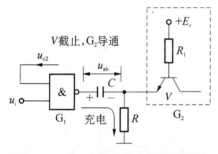

图 $7-2-10$ 电容 C 充电回路示意图

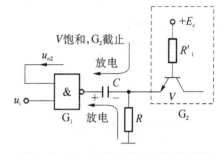

图 $7-2-11$ 电容 C 放电回路示意图

（d）暂稳态结束后,电容 C 放电,放电回路如图 $7-2-11$ 所示。C 放电的结果使 u_R 由负值逐渐增大,慢慢恢复到初始稳态,工作波形如图 $7-2-12$ 所示。

② 主要参数估算

（a）输出脉冲宽度 t_W 的大小取决于电容 C 充电的快慢,即暂稳态维持时间的长短。

$$t_W \approx R \cdot C$$

（b）恢复时间 t_R 的大小取决于电容 C 放电的快慢。

$$t_R = (3 \sim 5)(R /\!/ R'_1) \cdot C$$

（c）输出信号的频率为

$$f_{max} \leqslant 1/(t_W + t_R)$$

（2）积分型单稳态触发电路

积分型单稳态触发电路如图 $7-2-13$ 所示,也由两个 TTL 与非门组成。G_1 到 G_2 采用 RC 积分电路耦合,u_{i1} 加至 G_1 和 G_2 输入端。

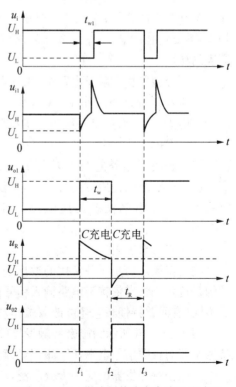

图 $7-2-12$ 微分型单稳态电路工作波形

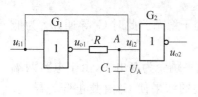

图 7‑2‑13 积分型单稳态
触发电路

① 工作原理

(a) 稳态。当电路的输入 u_{i1} 为低电平时,电路处于稳态,G_1 和 G_2 均关闭,u_{o1}、u_{i2}、u_{o2} 均为高电平。

(b) 暂稳态。在 t_1 时刻,当 u_{i1} 上跳变为高电平时,G_1 开通,u_{o1} 则跳变为低电平,由于电容 C 两端的电压 U_A 不能突变,所以 G_2 两个输入端均为高电平,u_{o2} 跳变为低电平。此后电路处于暂稳态。

(c) 暂稳态自动恢复到稳态过程。只要信号 u_{i1} 的高电平足够宽(至少要求大于输出脉冲宽度),在 $U_A > U_{TH}$(阈值电压)条件下,电容 C 将通过 R 和 G_1 放电。随着放电过程的不断进行,U_A 不断下降,直到下降到 U_{TH} 时,G_2 由导通变为关闭,u_{o2} 跳变为高电平。当 u_{i1} 跳变为低电平时,u_{o1} 变为高电平,电路再经过对 C 的充电过程,返回稳态。工作波形图如图 7‑2‑14 所示。

② 主要参数估算

(a) 输出脉冲宽度

$$t_W = RC \cdot \ln(U_H / U_{TH})$$

式中,U_H 为 TTL 的输出高电平。

(b) 恢复时间 t_R 由下式决定:

$$t_R = (3 \sim 5)RC$$

微分型单稳态触发电路要求窄脉冲触发,具有展宽脉冲宽度的作用;而积分型单稳态触发电路则相反,需要宽脉冲触发,输出窄脉冲,故有压缩脉冲宽度的作用。

在积分型单稳态触发电路中,由于电容 C 对高频干扰信号有旁路滤波作用,故与微分电路相比,抗干扰能力较强,对数字系统中呈尖峰脉冲形式的干扰反应迟钝。

单稳态集成电路它具有功能齐全、温度特性好、抗干扰能力强、使用方便等优点,广泛应用于数字系统中。常用单稳态集成电路:TTL 型的 74LS121、74LS221、74LS122、74LS123 和 CMOS 型的 CC4098、CC14528。

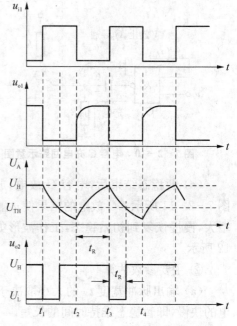

图 7‑2‑14 积分型单稳态触发电路波形图

3. 施密特触发器

施密特触发器是一种常用的波形变换电路,输出有两个稳定的状态,但与一般触发器不同的是这两个状态依赖于电路输入信号的幅值,即在进行状态变换时所需的触发信号电平不同(有回差特性);它还能改善输出波形,使输出电压波形的边沿变得很陡。

图 7‑2‑16 所示为施密特触发器的电压传输特性曲线及逻辑符号,U_{T+} 和 U_{T-} 为施密特触发器的触发信号电平,U_{T+} 称上限触发电平,U_{T-} 称下限触发电平,$\Delta U = U_{T+} - U_{T-}$ 称回差。施密特触发器的应用十分广泛,应用于波形的变换、整形、鉴别脉冲幅度等,还可以构成的多谐振荡器。

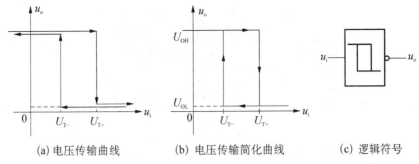

(a) 电压传输曲线　　　(b) 电压传输简化曲线　　　(c) 逻辑符号

图 7-2-15　施密特触发器

（1）波形变换与整形

如图 7-2-16 所示，施密特触发器可以将正弦波变换成数字系统所需的矩形波。

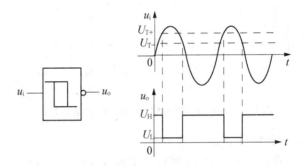

图 7-2-16　施密特触发器将正弦波变换为矩形波

如图 7-2-17 所示，施密特触发器能将边沿差且含有干扰的信号变换成边沿陡峭的矩形波信号。

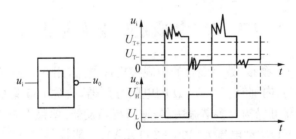

图 7-2-17　施密特触发器对波形整形

（2）幅度鉴别

如图 7-2-18 所示，u_i 为一串幅度不等的脉冲，需要去掉其中幅度较小的脉冲，而保留超过某一定值 U' 的脉冲；只需将该施密特触发器的 U^+ 设计为 U'，再将脉冲 u_i 接入，则其输出就是幅度鉴别后的波形。

（3）多谐振荡器

图 7-2-19 示出由施密特触发器构成的多谐振荡器及其输出波形。电路的工作过程：加上电源后，电容 C 上的电压为 0，输出 u_o 为高电平，u_o 的高电平通过电阻 R 对 C 充电，当 u_i 到达 U_{T+} 时，触发器触发翻转，u_o 输出为低电平；然后 C 经 R 到 u_o 放电，使 u_i 下降，当 u_i 下

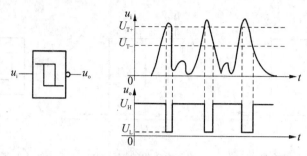

图 7-2-18 施密特触发器进行脉冲幅度鉴别

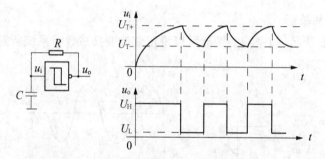

图 7-2-19 施密特触发器构成的多谐振荡器

降到 U_{T-} 时,电路又发生翻转,u_o 输出为高电平。

通过以上分析可以看到一个重要的现象:施密特触发器在输入电压上升的过程中,输出状态从低电平转换为高电平的触发电平 U_{T+} ;与输入电压下降过程中,输出状态从高电平转换为低电平的触发电平 U_{T-} 是不相同的,这种现象称回差(或滞后)现象。即 U_{T+} 上限触发电平 U_{T+} 与下限触发电平 U_{T-} 是不相同,回差 $\Delta U = U_{T+} - U_{T-}$ 。

7.3 555 集成定时器及应用

555 集成定时器属于模拟-数字混合的中规模集成电路,用 555 集成电路定时器可产生精确的时间延迟和振荡,内部有三个 5 kΩ 的电阻分压器,故称 555 集成定时器,简称 555。用 555 集成电路定时器可以构成多谐振荡器、施密特触发器、单稳态触发器。555 具有工作电压范围宽(4.5~18 V),驱动电流大(100~200 mA),并能提供与 TTL、MOS 电路相容的逻辑电平值等优点,在波形的产生与变换、测量与控制、电子玩具乐器、数字设备等方面得到了广泛应用。555 集成定时器产品有 TTL 型和 CMOS 型两类,产品型号的最后三位数码都是 555,其逻辑功能和外部引线排列完全相同。

7.3.1 555 定时器的电路结构

图 7-3-1(a)所示为 555 内部电路结构图,可分为五部分:分压电阻、比较电路、基本 R-S 触发器、开关电路、缓冲器。555 芯片外部有 8 个引脚,引脚名称及标号见图 7-3-1 (b)所示,图中 TH 为高触发端,$\overline{TR}$ 为低触发端,$\overline{R}_d$ 为异步清零端,D 为放电端,CO 为电压控制输入端,OUT 为输出端。

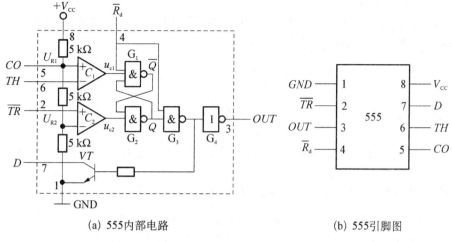

(a) 555内部电路　　　　　　　　　　(b) 555引脚图

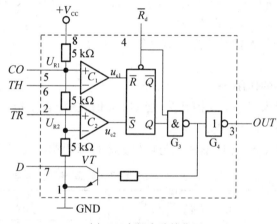

(c) 555内部电路简化图

图 7 - 3 - 1　集成定时器 555

图 7 - 3 - 1(a)中有三个 5 kΩ 的电阻串联构成分压电路,两端分别接于电源的正负极,分压点电压分别为 U_{R1} 和 U_{R2};C_1 和 C_2 为由两个运算放大器构成的比较电路,分别输出 u_{c1}、u_{c2};G_1、G_1 两个与非门构成一个基本 R-S 触发器,$\overline{R}_d$ 为异步清零端;VT 为集电极开路三极管,相当于一个受控开关;G_3 和 G_4 逻辑门构成缓冲器,用于提高电路的负载能力。为分析方便,可将图 7 - 3 - 1(a)用图 7 - 3 - 1(c)表示。

(1) 分压电阻的作用

三个 5 kΩ 电阻串联连接,两端分别接于电源的正极和负极,设电源电压为 $+V_{CC}$。

① 当 CO 悬空时,则

$$U_{R1}=\frac{2}{3}V_{CC}, U_{R2}=\frac{1}{3}V_{CC}$$

② 当 CO 外接电压 U_{CO} 时,则

$$U_{R1}=U_{CO}, U_{R2}=\frac{1}{2}U_{CO}$$

(2) 比较电路的作用

电压比较器 C_1 的同相端电压为 $U_{1+}=U_{R1}$，电压比较器 C_2 的反相端为电压 $U_{2-}=U_{R2}$。设 CO 端悬空，则：

① 比较器 C_1：当输入端 TH 的电压大于 $\frac{2}{3}V_{CC}$ 时，则 C_1 输出低电平，即 $u_{c1}=\overline{R}=0$；当输入端 TH 的电压小于 $\frac{2}{3}V_{CC}$ 时，则 C_1 输出高电平，即 $u_{c1}=\overline{R}=1$。

② 比较器 C_2：当输入端 $\overline{TR}$ 的电压大于 $\frac{1}{3}V_{CC}$ 时，则 C_2 输出高电平，即 $u_{c2}=\overline{S}=1$；当输入端 TH 的电压小于 $\frac{1}{3}V_{CC}$ 时，则 C_1 输出低电平，即 $u_{c2}=\overline{S}=0$。

当 CO 外加控制电压 U_{CO} 时，分析方法相同，只是比较点电压不同。一般情况下 CO 端悬空处理，此时通常在 CO 端外接 $0.01~\mu F$ 电容，作为电源滤波，起稳定 U_{R1} 电压的作用。

(3) 基本 R-S 触发器的作用

根据基本 R-S 触发器的特点：$\overline{R}=0$、$\overline{S}=1$ 时，$Q=0$；$\overline{R}=1$、$\overline{S}=0$ 时，$Q=1$；$\overline{R}=1$、$\overline{S}=1$ 时，Q 保持不变。

(4) 开关电路的作用

VT 三极管相当于一个受控开关，当 $Q=0$ 时，三极管基极高电平，VT 导通；$Q=1$ 时，三极管基极低电平，VT 截止。

综合以上功能，555 定时器输入与输出关系可以用功能表来描述，见表 7-3-1。

表 7-3-1　555 逻辑功能表（设 CO 悬空）

TH	$\overline{TR}$	$\overline{R}_d$	$\overline{R}$	$\overline{S}$	Q	OUT	开关管 VT
×	×	0	×	×	0	0	导通
$>2/3\,V_{CC}$	$>1/3\,V_{CC}$	1	0	1	0	0	导通
$<2/3\,V_{CC}$	$<1/3\,V_{CC}$	1	1	0	1	1	截止
$<2/3\,V_{CC}$	$>1/3\,V_{CC}$	1	1	1	不变	不变	维持原态

7.3.2　555 定时器典型应用

555 共有 8 个引出端，按照编号各端功能依次为① 接地端 GND；② 低触发输入端 $\overline{TR}$；③ 输出端 OUT；④ 复位端 $\overline{R}_d$；⑤ 电压控制端 CO（可改变比较器的基准电压，不用时外接 0.01 μF 电容接地）；⑥ 高触发输入端 TH；⑦ 放电端 D（外接电容器，开关三极管导通时，电容器由 D 经三极管放电）；⑧ 电源端 V_{CC}。

1. 555 定时器构成单稳态触发器

单稳态触发器只有一个稳定的输出状态，电路如图 7-3-2(a) 所示，R_i 和 C_i 为输入回路的微分环节，R 和 C 为定时元件，电路原理分析如下：

(1) 稳态：触发器处于复位状态，定时电容 C 已放电完毕，u_C 和 u_o 均为低电平。

(2) 触发翻转：在触发脉冲 u_i 的作用下，触发端可得到负的窄脉冲。当触发电平低于负

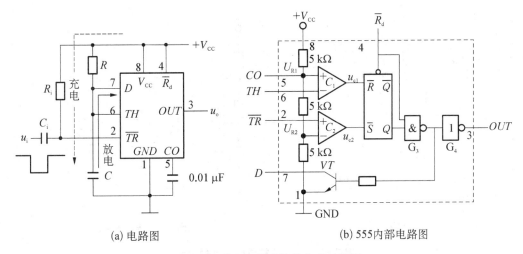

(a) 电路图　　　　　　　(b) 555内部电路图

图 7-3-2　555 构成的单稳态触发器

向门限电平 $\left(\frac{1}{3}V_{CC}\right)$ 时，比较器 C_2 输出 0，此时 $\overline{S}=0$、$\overline{R}=1$，使 $R\text{-}S$ 触发器 $Q=1$，输出 $u_o=1$，开关管 TV 截止，电路进入暂稳态，定时开始。

（3）暂稳态阶段：定时电容 C 充电，充电回路为 $+V_{CC}\rightarrow R\rightarrow C\rightarrow GND$，充电时间常数 $\tau=RC$，u_C 按指数规律上升，趋向 V_{CC}。

（4）自动返回：当电容上电压 u_C 上升到正向门限电平 $\left(\frac{2}{3}V_{CC}\right)$ 时，比较器 C_1 输出 0，此时 $\overline{S}=1$、$\overline{R}=0$ 使 $R\text{-}S$ 触发器 $Q=0$，输出 $u_o=0$，开关管 VT 饱和导通，定时结束。

（5）恢复阶段：定时电容 C 经 VT 放电，放电回路中没有电阻，所以 u_C 下降到低电平的速度很快，即放电时间很短，此时 $\overline{S}=1$、$\overline{R}=1$ 使 $R\text{-}S$ 触发器维持状态不变，$Q=0$，输出 $u_o=0$，开关管 VT 饱和导通，电路返回到稳态。

当第二个触发信号到来时，重复上述工作过程。其工作时序如图 7-3-3 所示。输出的脉冲宽度 t_p 等于定时电容 C 上电压 u_C 从零充到 $\frac{2}{3}V_{CC}$ 所需的时间。根据 RC 电路过渡过程的公式可求得 $t_p=1.1RC$。

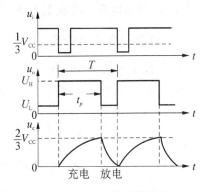

图 7-3-3　555 构成的单稳态触发器工作时序

由上式可以看出，脉冲宽度的大小与定时元 R 和 C 的大小有关，而与输入信号脉冲宽度及电源电压大小无关。调节定时元件，可以改变输出脉冲的宽度。

2. 555 定时器构成多谐振荡器

多谐振荡器没有稳态，用 555 构成的多谐振荡器电路组成如图 7-3-4 所示。定时元件比单稳态触发器多一个电阻，且 C_1 和 C_2 两个比较器的输入端（2 脚和 6 脚）连在了一起，电路原理分析如下：

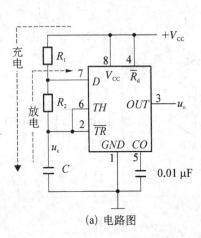

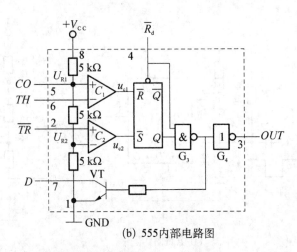

(a) 电路图   (b) 555内部电路图

图 7-3-4 555 构成的多谐振荡器

（1）第一暂稳态：电容 C 通过充电回路 $V_{CC} \rightarrow R_1 \rightarrow R_2 \rightarrow C \rightarrow GND$ 进行充电，充电时间常数 $\tau=(R_1+R_2)C$，电容 C 上电压 u_C 按指数规律上升（趋向 V_{CC}）。此时 $\bar{S}=0$、$\bar{R}=1$ 使 $R\text{-}S$ 触发器 $Q=1$，输出高电平 $u_o=1$，开关管 VT 截止。

（2）第一次自动翻转：当电容上电压 u_C 上升到 $\frac{2}{3}V_{CC}$ 时，充电结束。此时 $\bar{S}=1$、$\bar{R}=0$ 使 $R\text{-}S$ 触发器 $Q=0$，输出电压 u_o 变为低电平 $u_o=0$，开关管 VT 饱和导通。

（3）第二暂稳态：开关管 VT 饱和导通，电容通过放电回路 $C \rightarrow R_2 \rightarrow VT \rightarrow GND$ 放电，放电时间常数 $\tau=R_2C$，u_C 按指数规律下降（趋向 0），此时 $\bar{S}=1$、$\bar{R}=1$ 使 $R\text{-}S$ 触发器 Q 保持不变，输出电压暂稳在低电平。

（4）第二次自动翻转：当 u_C 下降到 $\frac{1}{3}V_{CC}$ 时，放电结束。此时 $\bar{S}=0$、$\bar{R}=1$ 使 $R\text{-}S$ 触发器 $Q=1$，输出 u_o 变为高电平 $u_o=1$，开关管 VT 截止，电容又开始充电，进入第一暂稳态，以后电路重复上述振荡过程。工作波形如图 7-3-5 所示。

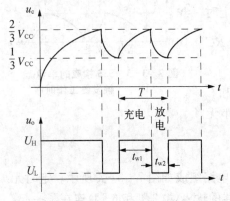

图 7-3-5 555 构成的多谐振荡器工作时序

根据 RC 电路充、放电公式计算得到

$$t_{W1}=0.7(R_1+R_2)C$$
$$t_{W2}=0.7R_2C$$
$$T=t_{W1}+t_{W2}=0.7(R_1+2R_2)C$$

占空比为

$$q=\frac{t_{W1}}{t_{W1}+t_{W2}}=\frac{R_1+R_2}{R_1+2R_2}$$

上式表明，图 7-3-4(a) 构成的多谐振荡器，不可能获得占空比为 0.5（方波）。为了获得占空比可调的多谐振荡器，可将图 7-3-4(a) 进行改进，改进后的电路组成如图 7-3-6 所示。充电回路通过 R_1、

V_1、C,放电回路通过 C、R_2、V_2,两者时间常数单独调节,即 t_{W1}、t_{W2} 可以单独控制,以实现任意占空比,当 $R_1 = R_2$ 时,占空比为 0.5,输出方波。

3.555 定时器构成施密特触发器

施密特触发器有两个稳定的输出状态,用 555 构成的施密特触发器如图 7-3-7(a)所示。当在输入端输入三角波时,在其输出端可得方波输出。此电路的正向门限电平为 $\dfrac{2}{3}V_{CC}$,负向门限电平为 $\dfrac{1}{3}V_{CC}$。另外,图中放电端(引脚 7)通过电阻 R 与另一个电源 $+V_{DD}$ 相连,u_{o1} 能够实现 OC 门输出(实现电平转移)。图 7-3-8 所示为 u_i、u_o 波形。

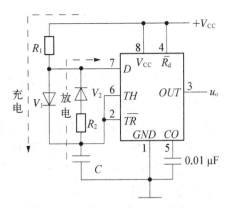

图 7-3-6　改进后的多谐振荡器电路

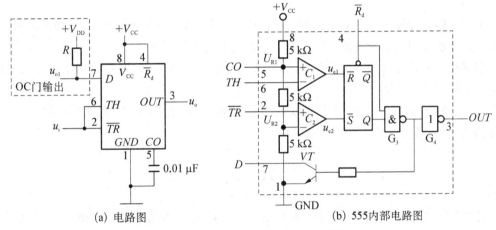

(a) 电路图　　　　(b) 555内部电路图

图 7-3-7　555 构成的施密特触发器

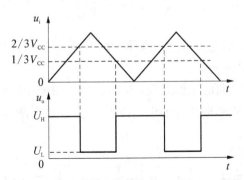

图 7-3-8　555 构成的施密特触发器工作时序

若在控制端(引脚 5)外加调节电压 U_{CO},就能改变内部比较器 C_1 和 C_2 的参考电压,达到调节回差电压的目的。

扫一扫见
本章实验

小 结

本章首先介绍了时序信号的概念,时序信号在计算机系统中作用。通过 I2C 总线协议对时序信号进行了展开,旨在希望读者能对时序信号的作用有一个较为清晰的认识。然而,时序信号实质上就是一串有规律的脉冲,从时序信号引出了脉冲波形,介绍了脉冲波形的特性,重点介绍脉冲波形产生及变换的三种常用电路:多谐振荡器、单稳态触发器、施密特触发器。最后介绍 555 定时器的工作原理,并用 555 定时器分别构成多谐振荡器、单稳态触发器、施密特触发器应用电路。

施密特触发器和单稳态触发器是最常用的两种整形电路。施密特触发器是电平触发的触发器,它输出的高低电平随输入信号的电平改变,所以它输出脉冲的宽度是由输入信号决定的,而且由于它的滞回特性和输出电平转换过程中正反馈的作用,使得输出电压波形的边沿得到明显的改善。

单稳态触发器输出信号的宽度则完全由电路参数决定,与输入信号无关,输入信号只起触发作用。所以单稳态触发器可以用于产生固定宽度的脉冲信号。

多谐振荡器是自激的脉冲振荡器,它不需要外加输入信号,只要接通供电电源,就自动产生矩形脉冲信号。

555 定时器是一种用途广泛的集成电路,除了能组成施密特触发器、单稳态触发器和多谐振荡器以外,还可以接成其他应用电路。

习 题

1. 555 定时器内部电路由几个部分组成? 在 555 定时器的哪几个引脚上外加电压,可以改变 555 定时器内部电压比较器的参考电压。

2. 是否可以利用 555 定时器组成的施密特电路来寄存一位二进制数? 请说明可以或不可以的理由。

3. 用电容充电过程中的三要素公式推导计算用 555 定时器构成的单稳态电路的延迟时间和多谐振荡器的振荡周期公式。

4. 试述图 7-1 所示电路的工作原理,其中 U_K 的作用是什么? 若 $R_1 = R_2 = 1\ \text{k}\Omega$,$C_1 = C_2 = 2\ \mu\text{F}$。试估算振荡频率,画出输出电压波形图,并在波形图上标出高、低电平值。

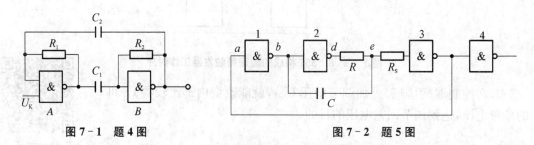

图 7-1 题 4 图   图 7-2 题 5 图

5. 具有 RC 延时环节的 TTL 与非门多谐振荡器如图 7-2 所示,若 $R = 500\ \Omega$、$R_S =$

$100\ \Omega$、$C=2\ 000\ pF$,要求:

(1) 画出 a、b、d、e 各点的电压波形;

(2) 计算振荡周期和振荡频率;

(3) 可否使 $R=0$? R_S最大允许多大?

6. 电路如图 7 - 3(a)所示,石英晶体的特性如图 7 - 3(b)所示。

(1) 画出输出 u_o的波形;

(2) 欲使振荡周期增加 10 倍,能否用将电容增大 10 倍的办法解决?

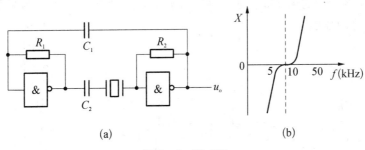

图 7 - 3 题 6 图

7. 在由 TTL 与非门组成的微分型单稳态电路如图 7 - 4 所示,已知 $C_P=50\ pF$,$R_P=10\ k\Omega$,$R=300\ W$,$C=4\ 700\ pF$,输入为方波,脉宽 $t_{WI}=5\ \mu s$,$U_{IH}=3.6\ V$,$U_{IL}=0.3\ V$。

(1) 画出 u_P、u_{o1}、u_{i2}、u_o的波形;

(2) 推导出输出脉冲宽度 t_W的公式,并算出 t_W的值;

(3) 估算允许的输入信号最高频率 f_{max};

(4) 对电阻 R、R_P的取值有什么要求? R_P、C_P的作用是什么? 可否省略?

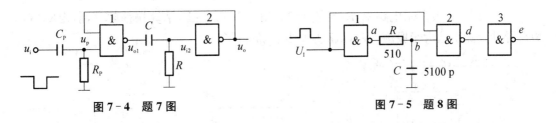

图 7 - 4 题 7 图   图 7 - 5 题 8 图

8. 由 TTL 与非门组成的积分型单稳态电路如图 7 - 5 所示,输入 U_1的宽度为 $20\ \mu s$ 的方波。已知 $R=510\ \Omega$、$C=5\ 100\ pF$,试画出 a、b、d、e 各点的电压波形,并求输出脉冲宽度 t_W。

9. 施密特触发器电路如图 7 - 6 所示,已知 $R_1=10\ k\Omega$,$R_2=1\ k\Omega$,$R_3=5\ k\Omega$,$u_{omax}=\pm E_C=\pm 10\ V$。

(1) 试说明电路的工作原理;

(2) 当 U_{REF}分别为 $0\ V$、$+3\ V$、$-3\ V$ 时,画出输出电压 u_o随输入电压 u_i变化的特性曲线。

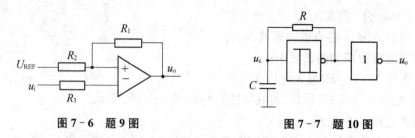

图 7-6 题 9 图   图 7-7 题 10 图

10. 定性画出图 7-7 所示电路中电容上电压 u_C 和输出电压 u_o 的波形。

11. 在图 7-8 所示的用 555 构成的施密特触发器中,当 u_i 为正弦波且幅度足够大时,试画出 u_{o1}、u_{o2} 对应的波形。

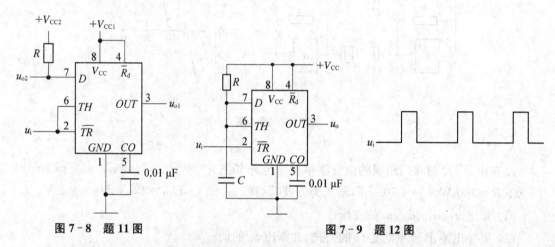

图 7-8 题 11 图   图 7-9 题 12 图

12. 在图 7-9 所示的用 555 构成的单稳态触发器中:

(1) R=50 kΩ、C=2.2 μF,估算输出脉冲宽度。

(2) 根据 u_i 的波形,画出 u_c、u_o 的波形。

13. 在图 7-10 所示电路中,$R_1=R_2=2.2$ kΩ、$C=2.2$ μF,估算振荡频率,假定 $\overline{R_d}$ 端的矩形脉冲其宽度远大于振荡周期,试对应画出 u_o 的波形。

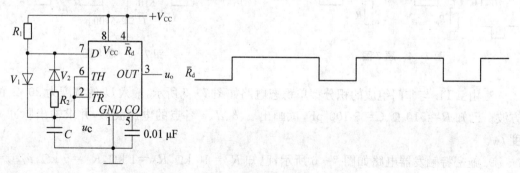

图 7-10 题 14 图

14. 电路如图 7-10 所示。

(1) 若将 V_2 短路,试问电路能正常工作吗? 为什么? 若能正常工作,试问振荡频率是多少?

(2) 若将 V_1 短路,试问电路能够正常工作吗? 为什么?

（3）若将 V_1 断开，试问电路能继续振荡吗？为什么？

15．图 7-11 为多谐振荡器及分配电路，设石英晶体 Z 的频率为 $f_0 = 32\,768$ kHz，请画出 u_0、Q_1、Q_2 的波形。

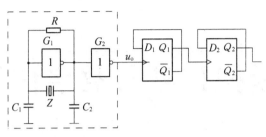

图 7-11　题 15 图

16．对 U_I 到 U_O 的电压波形变换要求如图 7-12(a)～(h)所示，试问要实现相应的变换，各应选用何种类型的电路？

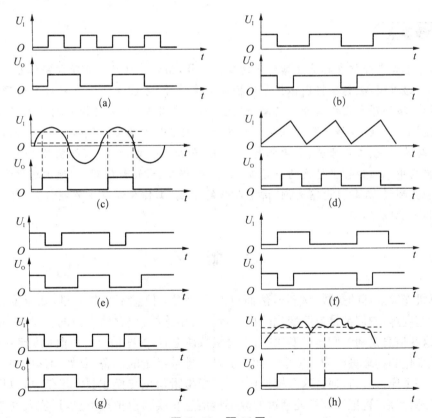

图 7-12　题 16 图

扫一扫见本章
习题参考答案

第8章
模拟信号与数字信号的转换

 **本章要点**

　　自然界中大部分信息都是连续变化的模拟信号,而计算机只能处理数字信号。所以,数字系统必须通过模/数转换将模拟信号转换成数字信号,才能送给计算机计算处理;然后再通过数/模转换还原成模拟信号。本章介绍数/模转换器和模/数转换器的基本工作原理及常用的典型电路,数/模转换器以权电阻网络和 T 型电阻网络数/模转换器为代表,讲述数/模转换电路的组成、工作原理、主要指标和应用,介绍集成电路数/模转换器 DAC0832。在模/数转换器中,介绍模/数转换的一般步骤:采样、保持、量化和编码,以逐次逼近型、并联比较型、双积分型模/数转换电路为例,讲述电路的组成、工作原理及主要指标,介绍集成电路模/数转换器 ADC0809。

8.1　概　述

　　计算机能够处理的是数字信号,然而自然界中很多信息不是数字量,如温度、声音、电压、电流、速度等,它们都是连续变化的物理量。所谓连续,包含两方面的含义:一是从时间上来说,这些信息是随时间连续变化的;二是从数值上看,这些信息的数值也是连续变化的。这些连续变化的物理量称为模拟量。计算机是处理数字量的设备,要处理这些模拟量信息就必须有一个模拟接口,通过这个模拟接口,将模拟量信息转换成数字量信息,以供计算机运算和处理;然后,再把计算机处理过的数字量信息转换为模拟量信息,以实现对被控对象的控制。

　　将数字量转换成相应模拟量的过程称为数字/模拟转换,简称数/模转换(digital to analog conversion),也称 D/A 转换;完成这种转换的装置称为 D/A 转换器,简称 DAC。反之,将模拟量转换成相应数字量的过程称为模拟/数字转换,简称模/数转换(analog to digital conversion),也称 A/D 转换;完成这种转换的装置称为 A/D 转换器,简称 ADC。

在第1章1.1.2节中已经介绍了一般嵌入式数字系统的结构,图8-1-1中的模拟输入通道和模拟输出通道就包含了 A/D 和 D/A。图8-1-1所示为计算机控制系统方框图,在生产或控制现场,有多种物理量,如温度、压力、流量等,它们先通过传感器转换成电信号(电流或电压),然后经过滤波放大后,送到 A/D 转换器,将模拟量转换成数字量,然后送给微型计算机处理。经过微型计算机处理后输出的数字信号又必须通过 D/A 转换器将数字信号转换为模拟信号,这个模拟信号经过一定调理后,由执行机构完成相关控制功能,形成一个计算机闭环自动控制系统。

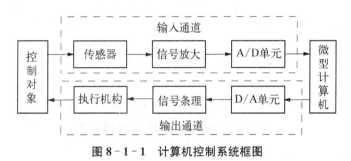

图 8-1-1　计算机控制系统框图

8.2　数/模转换器

8.2.1　D/A 转换器的工作原理

数字系统处理的信号一般是多位二进制信息。因此,D/A 转换器输入的数字信号是二进制数字量,输出模拟信号则是与输入数字量成正比的电压或电流。

D/A 转换器的组成如图8-2-1所示,图中寄存器用来暂时存放数字量 D。寄存器的输入可以是并行输入,也可以是串行输入,但输出只能是并行输出。n 位寄存器的输出分别控制 n 个模拟开关的接通或断开。每个模拟开关相当于一个单刀双掷开关,它们分别与电阻译码电路的 n 个支路相连。当输入数字量为 1 时,开关将参考电压 U_R 按位切换到电阻译码电路;当输入数字量为 0 时,开关接通到地,从而使电阻译码网络输出电压(或电流)的大小与输入数字量成正比。

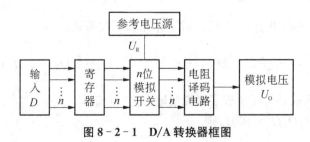

图 8-2-1　D/A 转换器框图

电阻译码电路是一个加权求和电路。它把输入数字量的各位按权变成相应的电流,再通过运算放大器转换成模拟电压 U_o。D/A 转换电路的种类很多,如权电阻 D/A 转换器、T型 D/A 转换器、开关树型 D/A 转换器等,这里仅介绍其中两种。

1. 权电阻 D/A 转换器

(1) 电路组成

图 8-2-2 所示为一个 4 位权电阻 D/A 转换电路图,它包括四部分:参考电压 U_R、电子开关、权电阻求和网络、运算放大器。

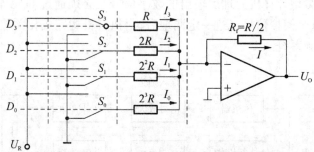

图 8-2-2　4 位权电阻 D/A 转换电路图

(2) 工作原理

图 8-2-2 为一个 4 位二进制数码的电路,4 位数字量 $D_3 D_2 D_1 D_0$,用 4 位二进制代码 D_3、D_2、D_1、D_0 分别控制电子开关 S_3、S_2、S_1、S_0。运算放大器构成负反馈结构,构成反相比例放大器(详见第 3 章 3.5.2 节)。

如果 $D_i = 1$,S_i 接 U_R;$D_i = 0$,S_i 接地。当 S_i 接 U_R 时,该支路中的电阻便得到电流,否则该支路得不到电流,各支路的总电流等于流过反馈电阻 R_f 的电流 I。

图 8-2-2 中的权电阻求和网络存在如下关系式:

$$I = \frac{U_R}{R}D_3 + \frac{U_R}{2R}D_2 + \frac{U_R}{4R}D_1 + \frac{U_R}{8R}D_0 = \frac{U_R}{R}\left(\frac{D_3}{2^0} + \frac{D_2}{2^1} + \frac{D_1}{2^2} + \frac{D_0}{2^3}\right)$$

$$= \frac{U_R}{2^3 R}(2^3 D_3 + 2^2 D_2 + 2^1 D_1 + 2^0 D_0)$$

这里,D_3、D_2、D_1、D_0 可能取 1 或 0。因为反馈电阻 R_f 为 $R/2$,所以

$$U_O = -I \times \frac{R}{2} = -\frac{U_R}{2^4}(2^3 D_3 + 2^2 D_2 + 2^1 D_1 + 2^0 D_0)$$

同理,对一个 n 位权电阻 D/A 转换器则存在如下关系式:

$$U_O = -\frac{U_R}{2^n}(2^{n-1} D_{n-1} + 2^{n-2} D_{n-2} + \cdots + 2^1 D_1 + 2^0 D_0) \qquad (8-1)$$

式(8-1)说明了输入数字量转换成了模拟量输出。

例如,对于 $D_3 D_2 D_1 D_0 = 1001$,则

$$U_O = -\frac{U_R}{2^4}(2^3 \times 1 + 2^2 \times 0 + 2^1 \times 0 + 2^0 \times 1) = -\frac{U_R}{2^4} \times 9$$

即模拟量输出 U_O 的大小直接与输入二进制数的大小成正比,其比例系数为 $\frac{U_R}{2^4}$,其中 U_R 为

参考电压。由于电路中的电阻数值是按照二进制不同的位权值进行匹配的,所以叫作权电阻求和网络。

(3)权电阻 D/A 转换器特点

权电阻 D/A 转换器的数字量各位同时转换,速度快,这种转换叫作并行数/模转换。这种转换器的位数越多,需要的权电阻越多,而且各个电阻的阻值差也越大。如 $n=9(10$ 位),最小的电阻 $R=10$ kΩ,则最大的电阻 $2^9R=5.12$ MΩ,阻值范围大,集成电路制造困难。而且转换的精度与各电阻有关,在阻值范围大的情况下要保证高精度,很难做到,因此权电阻 D/A 转换器用得很少。

2. T 型电阻网络 D/A 转换器

(1)T 型电阻网络结构

T 型电阻网络的基本结构如图 8-2-3 所示,这是一个四级 T 型网络,由电阻值为 R 和 $2R$ 的电阻构成 T 型。

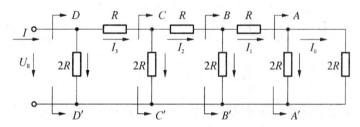

图 8-2-3 T 型电阻网络的基本结构

由图 8-2-3 可知,从节点 AA' 向右看的等效电阻值为 R,而由 BB'、CC'、DD' 各点向右看的等效电阻值也都是 R。因此有

$$I = \frac{U_R}{R}$$

$$I_3 = \frac{1}{2}I = \frac{U_R}{2R}$$

$$I_2 = \frac{1}{2}I_3 = \frac{1}{2} \times \frac{U_R}{2R}$$

$$I_1 = \frac{1}{2}I_2 = \frac{1}{2^2} \times \frac{U_R}{2R}$$

$$I_0 = \frac{1}{2}I_1 = \frac{1}{2^3} \times \frac{U_R}{2R}$$

这种网络可以类推到 n 级。

(2)T 型网络 D/A 转换器工作原理

图 8-2-4 是一个数字量输入为 4 位的 T 型网络 D/A 转换器原理图,图中的 T 型网络由 R 和 $2R$ 的电阻构成。

$D_3 \sim D_0$ 表示 4 位二进制输入信号,D_3 为高位,D_0 为低位。$S_3 \sim S_0$ 为 4 个电子模拟开关。当某一位数 $D_i=1$,即表示 S_i 接 1,这时相应电阻的电流 I_i 流向 I_{O1};当 $D_i=0$,即表示 S_i 接 0,则流过相应电阻的电流 I_i 流向 I_{O2} 到地。因此,运算放大器的输入电流 I_{O1} 由下式

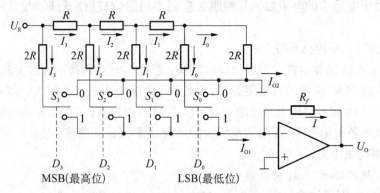

图 8-2-4 **T 型网络 D/A 转换器原理图**

决定：

$$I_{O1} = I_3 \times D_3 + I_2 \times D_2 + I_1 \times D_1 + I_0 \times D_0$$

$$= \frac{U_R}{2R} \times D_3 + \frac{1}{2} \times \frac{U_R}{2R} \times D_2 + \frac{1}{2^2} \times \frac{U_R}{2R} \times D_1 + \frac{1}{2^3} \times \frac{U_R}{2R} \times D_0$$

$$= \frac{U_R}{2^4 R}(2^3 D_3 + 2^2 D_2 + 2^1 D_1 + 2^0 D_0)$$

图 8-2-4 中的运算放大器接成反相比例放大器的形式，其输出电压 U_O 由下式决定：

$$U_O = -I_{O1} \times R_f$$

$$= -\frac{U_R}{2^4} \times \frac{R_f}{R}(2^3 D_3 + 2^2 D_2 + 2^1 D_1 + 2^0 D_0)$$

即输出的模拟电压 U_O 与输入的数字信号 $D_3 \sim D_0$ 的状态以及位权成正比。

若取 $R_f = R$，则 D/A 转换后的输出电压表示为

$$U_O = -\frac{U_R}{2^4}(2^3 D_3 + 2^2 D_2 + 2^1 D_1 + 2^0 D_0)$$

如果电阻网络由 n 级组成（$D_{n-1} D_{n-2} \cdots D_1 D_0$ 表示为 n 级），则 D/A 转换后的输出电压表示为

$$U_O = -\frac{U_R}{2^n}(2^{n-1} D_{n-1} + 2^{n-2} D_{n-2} + \cdots + 2^1 D_1 + 2^0 D_0) \tag{8-2}$$

式(8-2)说明了输入数字量转换成了模拟量输出。

（3）T 型网络 D/A 转换器特点

T 型网络 D/A 转换器的数字量各位同时转换，速度快。T 型网络中的电阻只有两种 R 和 $2R$，与转换器的位数无关。克服了权电阻 D/A 转换器阻值范围大的缺点，因此得到广泛应用。

8.2.2　D/A 转换器的主要技术指标

1. 分辨率

分辨率是指对输出最小电压的分辨能力。它用输入数码只有最低有效位为 1 时的输出

电压与输入数码为全 1 时输出满量程电压之比来表示,即

$$分辨率 = \frac{1}{2^n - 1} \tag{8-3}$$

例如,10 位 D/A 转换器的分辨率为 $\dfrac{1}{2^{10} - 1} = \dfrac{1}{1\,023} \approx 0.001$

如果输出模拟电压满量程为 10 V,那么 10 位 D/A 转换器能够分辨的最小电压为 10 V/1 023＝9.76 mV,而 8 位 D/A 转换器能分辨的最小电压为 10 V/255＝39 mV。可见 D/A 转换器的位数越多,分辨输出最小电压的能力越强,故有时也用输入数码的位数来表示分辨率,如 10 位 D/A 转换器的分辨率为 10 位($D_{n-1} D_{n-2} \cdots D_1 D_0$ 表示为 n 位)。

2. 绝对误差

绝对误差又称绝对精度,是指当输入数码为全 1 时所对应的实际输出电压与电路理论电压值之差。设计时,一般要求小于 $\dfrac{1}{2}$ LSB 所对应的输出电压值。因此,绝对误差与位数有关,位数 n 越多,LSB 越小,精度则越高。绝对精度是由 D/A 转换器的增益误差、零点误差、线性误差和噪声等综合因素引起的。

3. 转换速度

转换速度是指从输入数字信号起,到输出电流或电压达到稳态值所需要的时间。因此,也称输出建立时间,一般为几十纳秒至几微秒。一般位数越多,转换时间越长,也就是说精度与速度是相互矛盾的。

8.2.3　集成 D/A 转换器 DAC0832

集成 D/A 转换器芯片通常只将 T 型电阻网络、模拟开关等集成到一块芯片上,多数芯片中并不包含运算放大器。构成 D/A 转换器时要外接运算放大器,有时还要外接电阻。常用的 D/A 转换器芯片有 8 位、10 位、12 位、16 位等,下面介绍一种最常用 8 位 D/A 转换器 DAC0832。

1. DAC0832 内部结构及功能

DAC0832 的内部原理框图如图 8-2-5 所示,内部主要由三部分组成:两个 8 位寄存

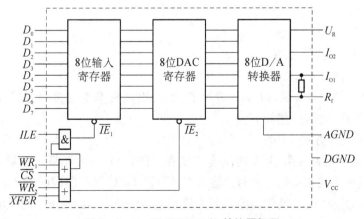

图 8-2-5　DAC0832 D/A 转换器框图

器,即输入寄存器和 DAC 寄存器,可以进行两次缓冲操作,使操作形式灵活多样;控制电路由 1 个与门和 2 个或门电路组成,实现对寄存器的多种控制;一个 8 位 D/A 转换器,由 T 型电阻网络组成,参考电压 U_R 和求和运算放大器需要外接。

2. DAC0832 的引脚使用说明

(1) $D_7 \sim D_0$:数字信号输入端,D_7 为最高位,D_0 为最低位。

(2) ILE:允许输入数据锁存,高电平有效。

(3) $\overline{CS}$:输入寄存器选通信号,低电平有效。

(4) $\overline{WR_1}$:输入寄存器写选通信号,低电平有效。

(5) $\overline{WR_2}$:DAC 寄存器写选通信号,低电平有效。

(6) $\overline{XFER}$:数据传送信号线,低电平有效。

(7) $\overline{LE_1}$:输入寄存器的锁存信号,当 $\overline{LE_1}=1$ 时,输入寄存器的状态随输入数据的状态而变化;而 $\overline{LE_1}=0$ 时,则锁存输入的数据,由图中可见,$\overline{LE_1}=ILE \cdot (\overline{CS}+\overline{WR_1})$,因此输入寄存器状态由 ILE、$\overline{WR_1}$、$\overline{CS}$ 共同决定。

(8) $\overline{LE_2}$:DAC 寄存器的锁存信号,当 $\overline{LE_2}=0$ 时,输入寄存器的内容打入 DAC 寄存器。当 $\overline{LE_2}=1$ 时,DAC 寄存器的输出和输入寄存器的输出一致,$\overline{LE_2}=\overline{WR_2}+\overline{XFER}$。也就是说,数据 $D_7 \sim D_0$ 被锁存后,能否进行 D/A 转换还要看 $\overline{LE_2}$ 的电平,只有 $\overline{WR_2}$ 和 $\overline{XFER}$ 均为低电平时 $\overline{LE_2}$ 才为 0,使锁存于输入寄存器中的数据被锁存于 DAC 寄存器进行 D/A 转换,否则将停止 D/A 转换。

该芯片可采用双缓冲方式,即两级锁存都受控;也可以用单级缓冲方式,即只控制一级锁存,另一级始终直通;还可以让两级都直通,随时对输入数字信号进行 D/A 转换。因此,这种结构的转换器使用起来非常灵活方便。

(9) U_R:D/A 转换基准电压输入线。

(10) R_f:反馈信号输入线,内部接反馈电阻,外部通过该引脚接运放输出端。

(11) I_{O1}:D/A 转换器输出电流 1,它是逻辑电平 1 的各位输出电流之和。

(12) I_{O2}:D/A 转换器输出电流 2,它是逻辑电平 0 的各位输出电流之和;$I_{O1}+I_{O2}=$ 常数。

(13) V_{CC}:工作电源。

(14) DGND:数字信号地。

(15) AGND:模拟信号地。

3. DAC0832 的应用

DAC0832 与微型计算机(以 8051 单片机为例)有两种基本的接口方式,即单缓冲工作方式和双缓冲工作方式,分述如下:

(1) 单缓冲工作方式

若应用系统中只有一路 D/A 转换或虽然有多路转换,但并不要求各路信号同步输出时,则采用单缓冲方式来接口。此时使输入寄存器和 DAC 寄存器同时接收数据,只占用一个 I/O 地址,如图 8-2-6 所示。因 ILE 为接高电平(+5 V),故在 $P_{2.0}$ 为低电平时,在写信号的作用下,输入数据直接打入 DAC 寄存器,经过 D/A 转换后输出相应的模拟量。在本例中地址可设为 FEFFH(注意不要和外部 RAM 及其他 I/O 口的地址相冲突)。

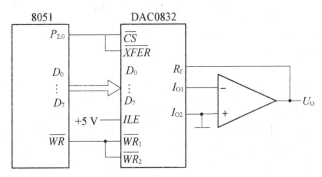

图 8 - 2 - 6 单缓冲方式 8051 和 DAC0832 的连接

(2) 双缓冲工作方式

当多路 D/A 信号要求同步输出时,则采用双缓冲方式,此时 DAC0832 的数字量的输入锁存和 D/A 转换输出是分两步完成的。首先将数字量输入到每一路的 D/A 转换器的输入寄存器中,然后同时传送数据到其 DAC 寄存器,以实现多路转换同步输出。在这种方式下,每片 DAC0832 占用 1 个输入寄存器口地址,所有 DAC0832 共用 1 个 DAC 寄存器口地址。

例如示波器要产生稳定的波形,可通过两个 D/A 转换器同时产生周期相同的 x 和 y 信号,因此可采用图 8 - 2 - 7 所示双缓冲工作方式来实现。两片 DAC0832 占用 3 个 I/O 口的地址:DAC0832(1) 的输入寄存器地址为 7FFFH,DAC0832(2) 的输入寄存器地址为 DFFFH,两片 DAC0832 的 DAC 寄存器的地址为 BFFFH。

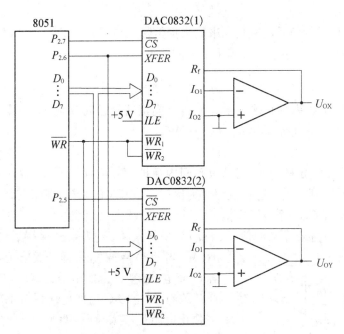

图 8 - 2 - 7 双缓冲方式 8051 和 DAC0832 接口电路

8.3 模/数转换器

8.3.1 基本概念

A/D 转换的目的是将模拟信号转换成数字信号,所以 A/D 转换电路的输入信号是连续变化的模拟信号,输出信号则是离散的二进制数字信号。从输入到输出完成上述转换过程通常经过采样、保持、量化和编码 4 个步骤。采样和保持通常在保持电路中完成,量化和编码通常在 A/D 转换电路中完成。

1. 采样

所谓采样,就是每隔一定的时间间隔,把模拟信号的值取出来作为样本,并让其代表原信号。或者说,采样就是把一个时间上连续的模拟量转换为一系列脉冲信号,每个脉冲的幅度取决于输入模拟量,如图 8-3-1 所示。

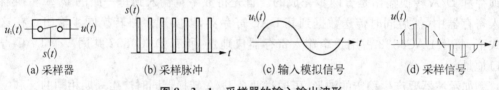

| (a) 采样器 | (b) 采样脉冲 | (c) 输入模拟信号 | (d) 采样信号 |

图 8-3-1 采样器的输入输出波形

图 8-3-1(a)中采样器相当于一个受控的理想开关;$s(t)$ 是采样脉冲,如图 8-3-1(b)所示。当 $s(t)=1$ 时,开关合上,$u(t)=u_i(t)$;当 $s(t)=0$ 时,开关断开,$u(t)=0$,即

$$u(t)=u_i(t)\times s(t)$$

为了保证采样后的信号能恢复原来的模拟信号,要求采样脉冲 $s(t)$ 的频率 f_S 与被采样模拟信号 $u_i(t)$ 的最高频率 f_{max} 应满足下面的关系:

$$f_S \geqslant 2f_{max}$$

也就是说,采样频率 f_S 必须大于等于输入模拟信号最高频率 f_{max} 的两倍,这一关系称为采样定理。实际工程上常采用 $f_S=(3\sim5)f_{max}$。

2. 保持

模/数转换需要一定的时间,在这段时间内模拟信号应保持不变,因此要求采样后的采用信号值必须保持一段时间,这一过程称为保持。最基本的采样-保持电路如图 8-3-2 所示,由一个存储电容 C、一个电子模拟开关及由运算放大器组成的电压跟随器构成,$u_i(t)$ 为输入模拟信号、$s(t)$ 为采样脉冲信号、$u(t)$ 为采样信号、u_o 为采样保持后的输出信号 $u_o=$

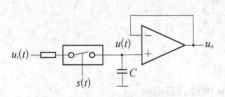

图 8-3-2 采样-保持电路

$u(t)$。当 $s(t)=1$ 时,采样开关合上,$u_i(t)$ 电压向电容 C 充电,电容 C 上的电压为 $u(t)$;当 $s(t)=0$ 时,采样开关断开,电容 C 上的电压保持不变。只要电子开关截止电阻足够大,而运算放大器的输入电阻为 ∞,所以电容上的电压可以保持不变。这里的运算放大器构成一个电压跟随器,起阻抗匹配作用。图

8-3-3为采样-保持电路信号波形,图8-3-3(c)为假设没有保持电路时(即没有电容C)采样电路的输出波形,通过比较图8-3-3(c)和图8-3-3(d),不难理解信号保持的原理。

3. 量化

经采样-保持所得电压信号仍是模拟量,如图8-3-3(d)所示。量化是将采样-保持电路输出信号u_o进行离散化的过程。也可以这样理解,量化就是将采样-保持后的输出信号幅值转化成某个最小数量单位(量化间隔,用Δ表示)的整数倍。量化过程分为以下两个步骤:

(1)确定量化间隔

$$\Delta=\frac{模拟电压范围}{分割数}=\frac{U_R}{2^n}$$

设输入模拟信号的幅值范围为0~1 V,要转化为3位二进制代码,则其量化间隔$\Delta=1/8$ V。

(2)将连续的模拟电压近似成离散的量化电平

任何一个数字量的大小,都是以某个最小数字量单位的整数倍来表示的,在用数字量表示模拟电压时,也是如此。最小数字量单位,就是量化单位。将采样电压按一定的等级进行分割,也就是说用近似的方法取值,这就不可避免地带来了误差,这种误差称为量化误差。误差的大小取决于量化的方法。各种量化方法中,对模拟量分割的等级越多,误差则越小。

量化方法一般有两种:一种是采用只舍不入的方法;另一种是采用四舍五入的方法。

例如,量化单位为1 mV,对于0.5 mV$\leqslant u_o<1$ mV,只舍不入方法取$u_o=0$,而四舍五入方法则取$u_o=1$ mV。由于前者只舍不入,而后者有舍有入,所以后者较前者误差来得小。前者误差最大为1 mV,后者为0.5 mV。

4. 编码

所谓编码就是将量化后的幅值用一个数制代码与之对应,这个数制代码就是A/D转换器输出的数字量,如常用的是二进制编码。换一种说法,编码就是用相应位数的二进制码表示量化的采样样本的量级,如果有N个量化级,二进制位的位数应为$\log_2 N$。如量化级有8个,就需要3位编码。例如在语音数字系统中,常分为128个量级,故需要7位编码。

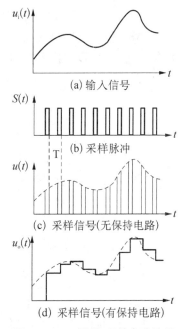

図8-3-3　采样-保持电路信号

8.3.2　A/D转换器的工作原理

A/D转换器的种类很多,常见的有逐次逼近式、并行比较式、双积分式等。不同的A/D转换方式具有不同的工作特点和电路特性,例如并行比较式A/D转换器具有较高的转换速度,双积分式A/D转换器的精度较高,而逐次逼近式A/D转换器在一定程度上兼顾了以上两种转换器的特点。

1. 逐次逼近式 A/D 转换器

逐次逼近式 A/D 转换器在转换过程中,量化和编码是同时实现的,故属于直接 A/D 转换器。这种 A/D 转换器由电压比较器、逻辑控制器、D/A 转换器及数码寄存器组成。其原理框图如图 8-3-4 所示。

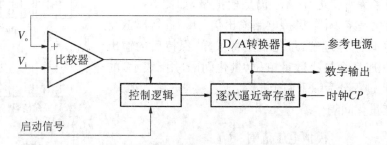

图 8-3-4 逐次渐近型 A/D 转换器原理框图

其转换原理是将输入模拟量 V_i 同反馈电压(参考电压)V_o 做 n 次比较,使量化的数字量逐次逼近输入模拟量。具体分以下几个步骤:

(1) 首先把数码寄存器最高位置 1(即从最高位开始比较),其余各位置 0(即 100…0)。该数码经 D/A 转换器转换后的输出电压(参考电压 V_o)恰为输入满量程(U_m)的一半,将输入模拟电压 V_i 与 V_o 相比较,若 $V_i \geq V_o$,比较器输出 0,则保留数码寄存器最高位的 1;若 $V_i < V_o$,比较器输出 1,则去掉寄存器最高位的 1,变为 0。

(2) 然后控制器再将数码寄存器的次高位置 1,低位还是 0。数码寄存器这时的输出再经 D/A 转换器转换为相应参考电压 V_o,再与 V_i 进行比较,若 $V_i \geq V_o$,则比较器输出 0,保留数码寄存器次高位的 1;若 $V_i < V_o$,比较器输出 1,则去掉寄存器次高位的 1,变为 0。

(3) 依此类推,在一系列时钟 CP 的作用下,直至数码寄存器的最低位置 1,经过 n 次(n 为数码寄存器的位数)比较后,数码寄存器中产生的数码就是 A/D 转换器要输出的数字量。

(4) 在第 $n+1$ 个时钟 CP(n 位比较用了 n 个 CP)作用下,寄存器中的状态送至输出端,即模拟量转化为相应数字量。

(5) 在第 $n+2$ 个时钟 CP 作用下,逻辑控制电路复初,同时将输出清零,为下一次 A/D 转换做好准备。

逐次逼近型 A/D 转换器特点是转换速度较高、价格适中、种类最多、应用最广,可用于工业多通道测控系统和声频数字转换系统,主要产品有 ADC0801、ADC0804、ADC0808、ADC0809、TDC1001J、TDC1013J、AD574A 等。

2. 并联比较型 A/D 转换器

并联比较型 A/D 转换器由电阻分压器、电压比较器、数码寄存器及编码器等组成,如图 8-3-5 所示。该电路的工作原理如下:

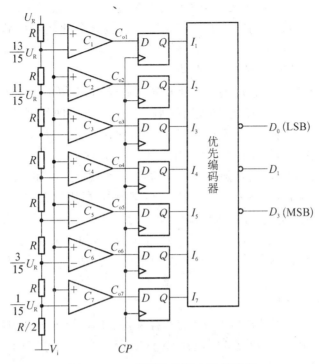

图 8-3-5 并联比较型 A/D 转换器

电阻分压器将输入参考电压量化为 $U_R/15$、$3U_R/15$、$\cdots$、$13U_R/15$ 共 7 个比较电平,量化单位为 $\Delta = 2U_R/15$。之后将这 7 个电平分别接到 7 个电压比较器 $C_1 \sim C_7$ 的反相输入端上。7 个比较器的另一个输入端连在一起,作为采样保持模拟电压的输入端。输入电压 V_i 与参考电压的比较结果由比较器输出,送到寄存器保存,以消除各比较器由于速度不同而产生的逻辑错误输出。编码器把寄存器输出的信号进行二进制编码,以输出 3 位二进制数字信号。

设 V_i 变化范围是 $0 \sim U_R$,输出 3 位数字量为 $D_2 D_1 D_0$ 与输入模拟量的关系见表 8-3-1。

表 8-3-1 3 位并联比较 A/D 转换器的输入与输出关系

模拟量输入	比较器输出状态							数字输出
	C_1	C_2	C_3	C_4	C_5	C_6	C_7	$D_2 D_1 D_0$
$0 \leqslant V_i < U_R/15$	0	0	0	0	0	0	0	000
$U_R/15 \leqslant V_i < 3U_R/15$	0	0	0	0	0	0	1	001
$3U_R/15 \leqslant V_i < 5U_R/15$	0	0	0	0	0	1	1	010
$5U_R/15 \leqslant V_i < 7U_R/15$	0	0	0	0	1	1	1	011
$7U_R/15 \leqslant V_i < 9U_R/15$	0	0	0	1	1	1	1	100
$9U_R/15 \leqslant V_i < 11U_R/15$	0	0	1	1	1	1	1	101
$11U_R/15 \leqslant V_i < 13U_R/15$	0	1	1	1	1	1	1	110
$13U_R/15 \leqslant V_i < U_R$	1	1	1	1	1	1	1	111

当 $0 \leqslant V_i < U_R/15$ 时，$C_7 \sim C_1$ 的输出状态都为 0，输出数字 000；当 $3U_R/15 \leqslant V_i < 5U_R/15$ 时，比较器 C_6 和 C_7 的输出 $C_{o6} = 0$、$C_{o7} = 1$，其余各比较器的状态均为 0，输出数字 001。

并联比较型 A/D 转换器具有下列特点：

(1) 转换是并行的，其转换时间只受比较器、触发器和编码电路延迟时间的限制，因此并行比较型 A/D 的转换速度最快，转换时间小于 50 ns。如 MAXIM 公司的 8 位高速 A/D 转换器 MAX104 取样速率可达 1.5 GSPS（注：SPS 是 sample per second 的缩写，采样速率的单位；G 是 10^9 含义），常用于视频信号和雷达信号的处理系统。

(2) 并行 A/D 的转换器每增加 1 位，比较器的个数就接近增加 1 倍，而比较器、基准电压、分压电阻的精度也需要提高 1 倍。一个 n 位转换器，所用比较器的个数为 $2^n - 1$，位数愈多，电路愈复杂，因此制成分辨率较高的集成并行 A/D 转换器是比较困难的。

并联比较型 A/D 的转换器的特点：转换速度极快，但当输出位数增加时，所需电压比较器数目将以极大比例增加。因此该 A/D 的转换器适用于高转换速度、低分辨率的场合。

3. 双积分型 A/D 转换器

双积分型 A/D 转换器是把输入模拟量采样保持后的电压 u_i 经积分转换成相应的时间间隔 t，再用 t 去控制送入计数器的固定频率的 CP 脉冲个数，即实现了输入模拟量 u_i 转换成计数器的二进制数。

图 8-3-6 所示为双积分 A/D 转换器的原理图。它由基准电压、积分器、比较器、计数器、控制门等组成。

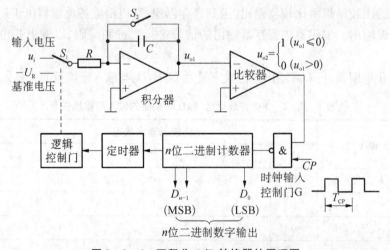

图 8-3-6　双积分 A/D 转换器的原理图

图 8-3-7 所示为双积分 A/D 转换器的工作波形图，下面结合工作波形图，介绍其转换的原理与过程。

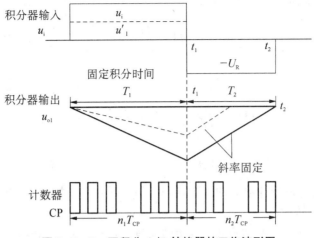

图 8-3-7　双积分 A/D 转换器的工作波形图

在转换开始前,控制电路使计数器清零,S_2 接通,使电容 C 上电压为 0,然后断开开关 S_2。

在固定积分时间 T_1 内,控制电路使开关 S_1 接输入电压 u_i 进行采样积分,设 T_1 时间内输入电压 u_i 经采样保持后可认为是直流电压 u_i,则经积分得到的输出电压 u_{o1} 为

$$u_{o1}(t_1) = -\frac{1}{C}\int_0^{t_1}\frac{u_i}{R}\mathrm{d}t = -\frac{1}{RC}\int_0^{t_1}u_i\mathrm{d}t$$

$$= -\frac{u_i}{RC}T_1 \qquad\qquad (8-4)$$

输入电压为正,在 T_1 时间内积分使输出 $u_{o1}(t)$ 直线下降,时间 T_1 固定,u_i 的大小就决定了 $u_{o1}(t_1)$ 的大小。当 $u_{o1}(t)$ 负电压加在过零比较器反相输入端(其同相输入端接地)则比较器输出 $u_{o2}=1$。u_{o2} 输出打开 G 控制门,使时钟信号通过 G 门进 n 位二进制计数器计数,n 位二进制计数器同时可以给出计数器状态数字输出。当 n 位二进制计数器计满 (2^n-1) 后送出进位信号给定时器,定时器定时为 $2^n \times T_{CP}=T_1$,即 t_1 时刻计数器计满全回 0,同时经逻辑控制门,使 S_1 开关接基准电压。

t_1 时刻之后进入比较积分阶段,这时积分器输入 $-U_R$ 也为直流电压,对 C 而言,成了反相积分,它使 $u_{o1}(t_1)$ 的负电压逐渐上升,但在 T_2 时间内,$u_{o1}(t)$ 仍为负值,则 u_{o2} 总是维持高电平。G 门打开,CP 继续进入计数器从 0 开始计数,当反相积分使 $u_{o1}(t)$ 由负值逐渐上升到 t_2 时刻,$u_{o1}(t_2)=0$,这时 $u_{o2}=0$,关 G 门,计数器停止递增计数,并给计数器状态数字输出,在比较积分阶段存在

$$u_{o1}(t) = u_{o1}(t_1) - \frac{1}{C}\int_{t_1}^{t_2}\frac{-U_R}{R}\mathrm{d}t$$

$$u_{o1}(t_2) = u_{o1}(t_1) + \frac{U_R}{RC}T_2 = 0 \qquad\qquad (8-5)$$

所以
$$T_2 = \frac{-u_{o1}(t_1)}{U_R} \times RC \qquad\qquad (8-6)$$

如果 T_2 时间内,计数器的数值为 D,也即 t_2 时刻计数器中保留的计数为 D,则

$$D = \frac{T_2}{T_{CP}} \tag{8-7}$$

把式(8-4)、式(8-6)代入式(8-7)且 $T_1 = 2^n T_{CP}$,则得到

$$D = -\frac{u_i}{RC} \times 2^n T_{CP} \times \frac{RC}{U_R} \times \frac{1}{T_{CP}}$$

$$= -\frac{u_i}{U_R} \times 2^n \tag{8-8}$$

式(8-8)说明,n 位二进制计数器的计数,当 U_R 给定后在 T_2 时间内计数器中的留存数与 u_i 成正比,实现了模数转换。

双积分型 A/D 转换器的特点:① 一次转换要进行二次积分,转换时间长,速度低,若位数要多,要求精确转换,时间更长;② 精度高,两次积分 RC 数值的变化不影响精度;③ 抗干扰能力强,在转换过程中有噪声干扰,积分器对其反应迟钝。

8.3.3 A/D 转换器的主要参数

1. 分辨率

A/D 转换器的分辨率又称分解度。其输出二进制数位越多,转换精度越高,即分辨率越高。故可用分辨率表示转换精度。常以 LSB 所对应的电压值表示。如输入的模拟电压满量程为 5 V,8 位 A/D 转换器的 LSB 所对应的输入电压为 $\frac{1}{2^8} \times 5 = 19.53$ mV,而 10 位 ADC 则为 $\frac{1}{2^{10}} \times 5 = 4.88$ mV。可见 A/D 转换器位数越多,分辨率越高。

2. 转换时间与转换速度

转换时间是指 A/D 转换器从接到转换控制信号起,到输出稳定的数字量为止所用的时间多少。转换速度为转换时间的倒数,显然,用的时间越少,转换速度越快。通常,高转换速度可达数百纳秒,中速为数十微秒,低速为数十毫秒。

3. 相对误差

相对误差表示 A/D 转换器实际输出的数字量和理想输出数字量之间的差别。常用最低有效位的倍数表达。例如,A/D 转换器的相对误差小于或等于 $\frac{1}{2}$ LSB,表示实际输出的数字量和理论上应得到的输出数字量之间的误差小于最低位 1 的一半。

4. 量程

A/D 转换器输入的模拟电压的范围,如 0~5 V、±5 V 等。

A/D 转换电路型号很多,在精度、价格、速度等方面也千差万别。一般双积分式 A/D 的转换时间为毫秒级,逐次逼近型为微秒级,而转换时间最短的是并联比较型 A/D 转换器。用双极性 CMOS 工艺制作的并联比较型 A/D 的转换时间为 20~50 ns,即转换速率达 20~50 MSPS,逐次逼近型则达到 0.4 μs,转换速率为 2.5 MSPS(注:SPS 是 sample per second 的缩写,采样速率的单位;M 是 10^6 的含义)。

8.3.4 集成 A/D 转换器 ADC0809

1. ADC0809 内部结构及功能

ADC0809 是 CMOS 工艺的 8 位逐次逼近型 A/D 转换器,它由 8 路模拟开关、地址锁存译码器、比较器、电阻网络、树状电子开关、逐次逼近寄存器、控制与定时电路、三态输出寄存器等组成。虚线框中为 ADC0809 的核心部分,如图 8-3-8 所示。8 通道多路转换器能直接连通 8 个单端模拟信号中的任何一个,最大不可调误差小于 ±1 LSB,单一 +5 V 供电,模拟输入范围为 0～+5 V,转换速度取决于芯片的时钟频率,时钟频率可为 10～1 280 kHz。当 $CLK=500$ kHz 时,转换速度为 128 μs。

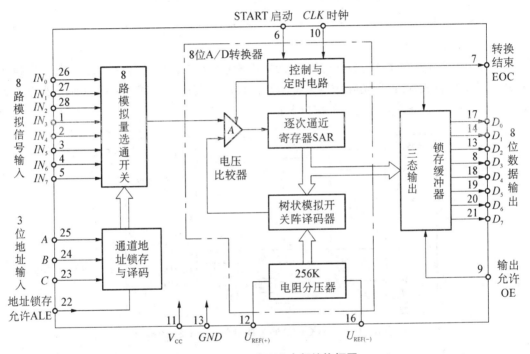

图 8-3-8 ADC0809 内部结构框图

2. ADC0809 引脚功能

ADC0809 共有 28 个引脚,功能如下。

(1) $IN_0 \sim IN_7$:8 路模拟信号输入端,它可对 8 路模拟信号进行转换,但某一时刻只能选择一路进行转换,"选择"由地址寄存器和译码器来控制。

(2) START:A/D 转换启动信号的输入端,高电平有效。

(3) ALE:地址锁存允许信号输入端,高电平将 A、B、C 三位地址送入内部的地址锁存器。

(4) $U_{REF}(+)$ 和 $U_{REF}(-)$:正、负基准电压输入端。

(5) OE(输出允许信号):A/D 转换后的数据进入三态输出数据锁存器,并在 OE 为高电平时由 $D_0 \sim D_7$ 输出,可由 CPU 读信号和片选信号产生。

(6) EOC:A/D 转换结束信号,高电平有效,可作为 CPU 的中断请求或状态查询信号。

(7) CLK:外部时钟信号输入端,典型值为 640 kHz。

(8) V_{CC}：芯片 $+5$ V 电源输入端，GND 为接地端。

(9) A、B、C：8 路模拟开关的三位地址选通输入端，用于选择 $IN_0 \sim IN_7$ 的输入通道，其状态译码与模拟电压输入通道的关系见表 8-3-2。

表 8-3-2　输入通道的状态译码

C	B	A	模拟通道	C	B	A	模拟通道
0	0	0	IN_0	1	0	0	IN_4
0	0	1	IN_1	1	0	1	IN_5
0	1	0	IN_2	1	1	0	IN_6
0	1	1	IN_3	1	1	1	IN_7

3. ADC0809 应用

ADC0809 与微型计算机的硬件接口最常用有两种方式，即查询方式和中断方式。具体选用何种工作方式，应根据实际应用系统的具体情况进行选择。图 8-3-9 所示为单片机 8051 与 ADC0809 查询方式的硬件接口电路。

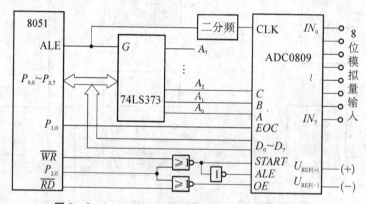

图 8-3-9　ADC0809 通过查询方式与 8051 的接口

ADC0809 内部无时钟，可利用 8051 地址锁存允许信号 ALE 经二分频获得时钟（例如，用 D 触发器分频，ALE 脚的频率是 8051 单片机时钟频率的 1/6，若单片机时钟频率为 6 MHz，ALE 信号经二分频电路，可以向 ADC0809 提供 500 kHz 的时钟，恰好满足 ADC0809 对时钟频率的要求）。ADC0809 具有三态输出锁存器，故其 8 位数据输出引脚 $D_0 \sim D_7$ 可直接与 8051 的数据总线连接。地址译码引脚 A、B、C 端可分别接到 8051 地址总线的低三位 A_0、A_1、A_2，以便选通 $IN_0 \sim IN_7$ 中的某一通道。

ADC 0809 的片选信号可由 8051 的 P2 口提供，当选用 $P_{2.0}$ 时，ADC0809 的通道地址锁存和启动转换将由 8051 的 $\overline{WR}$ 与 $P_{2.0}$ 共同决定；而 8051 的 $\overline{RD}$ 与 $P_{2.0}$ 经或非门后，产生的正脉冲接到 ADC0809 的 OE 端，用以打开三态输出锁存器，读取转换结果。此时，模拟信号通道 0～7 通道地址为 FEF8H～FEFFH。

在软件编程时，首先对某一通道执行一条输出指令，产生 START 信号，启动 A/D 转换；然后检测 EOC 信号，为高电平时，再执行一条输入指令，产生 OE 信号，打开输出三态门，读取 A/D 转换结果。

4. ADC0809 主要技术指标

(1) 分辨率:8 位。

(2) 精度:±1 LSB。

(3) 转换时间:100 μs。

(4) 输入电压:+5 V。

(5) 电源电压:+5 V。

小　结

在数字系统的输入与输出通道中,D/A 转换和 A/D 转换是数字系统中不可缺少的部件。随着计算机计算精度和计算速度的不断提高,对 A/D、D/A 转换器的转换精度和速度也提出了更高的要求。

在 D/A 转换器中介绍了权电阻网络和 T 型电阻网络,然后介绍了集成 D/A 转换器与D/A 转换器的主要参数。

A/D 转换经过采样、保持、量化和编码 4 个步骤。A/D 转换器有直接 A/D 转换器和间接 A/D 转换器两大类。在直接 A/D 转换器中介绍了逐次逼近型和并联比较型两种电路。在间接 A/D 转换器中重点介绍了双积分型 A/D 转换器。双积分型 A/D 转换器虽然转换速度很低,但转换精度很高,而且对元件的精度要求不高,所以在许多低速度系统中得到了广泛的应用。最后介绍了集成 A/D 转换器及其主要参数。

习　题

1. A/D 和 D/A 转换器在计算机系统中起什么作用?

2. 简述 D/A 转换器的基本工作原理。它一般由哪几个部分组成?

3. 试从结构、特点和工作原理等方面比较权电阻网络 D/A 转换器和 T 型电阻网络 D/A 转换器。

4. A/D 转换器和 D/A 转换器的分辨率和精度各指什么?

5. 把模拟量转换成数字量一般要经过哪几步? 每一步通过什么部件来实现?

6. A/D 转换器为什么要进行采样? 采样频率根据什么选定?

7. 什么是量化? 如何减小量化误差?

8. 简述逐次逼近式 A/D 转换器的基本原理。

9. 在图 8-2-2 所示电路中,$U_R=5$ V、$R=10$ kΩ,求对应于各位二进制数码的输出电压值,写出 U_O 的逻辑表达式。

10. 在图 8-2-2 所示电路中,$U_R=10$ V,$R=40.96$ MΩ,但反馈电阻不是 $R/2$,而 $R_f=20$ kΩ。

(1) 输入数字量增加到 12 位时,D=001101011001,求输出电压 U_O;

(2) 求 U_O 的最大变化范围。

11. 若 4 位 T 型电阻网络 D/A 转换器的参考电压 $U_R=8$ V,试求:

(1) 当 $D_3D_2D_1D_0=1001$ 和 1010 时对应的输出电压值 U_O;

(2) 当某一位 $D_2=1$，其他位数为 0 时，输出电压 U_o 的表达式。

12. 如果要求 D/A 转换器精度小于 2%，至少要用多少位 D/A 转换器？

13. 某 8 位 D/A 转换器输出满度电压为 6 V，那么，它的 1 LSB 对应电压值是多少？

14. 在实现 A/D 转换的电路中，为什么需要加采样-保持电路？对采样信号有什么要求？对保持电路有什么要求？

15. 逐次逼近型 A/D 转换器主要由哪几部分组成？它们的主要功能是什么？

16. 并联比较型 A/D 转换器主要由哪几部分组成？该电路的主要特点是什么？

17. 8 位 ADC 输入满量程为 10 V，当输入下列电压值时，数字量的输出分别为多大？

(1) 3.5 V；(2) 7.08 V

18. 一个 12 位 D/A 转换器，其输出电压在 $-50\sim50$ V 之间变化，试问该转换器的分辨率和百分比分辨率各是多少？

19. 一个 10 位 D/A 转换器的每个阶梯表示 0.025 V 的电压，试问二进制码 0010010011 表示多大电压？0101010101 表示多大电压？

20. 13 位 A/D 转换器的百分比分辨率是多少？

扫一扫见本章
习题参考答案

附 录

扫一扫见"EDA 开发技术"

参考文献

［1］刘真,杨乾明,刘芸,文梅.数字逻辑原理与工程设计[M].第 2 版.北京:高等教育出版社,2010.

［2］M.莫里斯·马诺,查尔斯·R.凯姆,汤姆·马丁.逻辑与计算机设计基础[M].邝继顺,尤志强,凌纯清,蔡晓敏,译.北京:机械工业出版社,2017.

［3］杨家树,吴雪芬.电路与模拟电子技术[M].第 3 版.北京:中国电力出版社,2015.

［4］贾立新,王涌等.电子系统设计与实践[M].第 2 版.北京:清华大学出版社,2011.

［5］陈利永,郑明.数字电路与逻辑设计[M].北京:中国铁道出版社,2008.

［6］李承,徐安静.数字电子技术[M].北京:清华大学出版社,2014.

［7］陈文楷,范秀娟.数字电子技术基础[M].北京:清华大学出版社,2014.

［8］王克义.数字电子技术基础[M].北京:清华大学出版社,2013.

［9］程勇.实例讲解 Multisim10 电路仿真[M].北京:人民邮电出版社,2010.

［10］王连英.基于 Multisim10 的电子仿真实验与设计[M].北京:北京邮电大学出版社,2009.

［11］从宏寿,李绍铭.电子设计自动化——Multisim 在电子电路与单片机中的应用[M].北京:清华大学出版社,2008.

［12］朱正伟,何宝祥,刘训非.数字电路逻辑设计[M].北京:清华大学出版社,2006.

［13］韩雁,徐煜明.C51 单片机及应用系统设计[M].第 2 版.北京:电子工业出版社,2016.

［14］徐煜明.数字电子技术与逻辑设计教程[M].第 3 版.北京:电子工业出版社,2008.